繰り返す天変地異

天体衝突と火山噴火に揺さぶられる地球の歴史

マイケル・R・ランピーノ 著
MICHAEL R. RAMPINO
小坂恵理 訳
ERI KOSAKA

化学同人

CATACLYSMS

A New Geology for the Twenty-First Century

Michael R. Rampino

The Japanese edition is a complete translation of the U. S. edition, specially authorized by the original publisher, Columbia University Press through Japan UNI Agency, Inc., Tokyo.

目次

はじめに

哲学者は、人生で一度は、教えられてきたすべての事柄に疑問を抱くべきだ。
ルネ・デカルト、『省察』

チャールズ・ライエル卿（一七九七〜一八七五）は、当時はきわめて影響力の大きな地質学者だった。三巻から成る大作『地質学原理』は一八三〇年から三三年にかけて出版され、それから四五年のあいだに一一回も改訂された。『地質学原理』は二〇世紀にいたるまで、地質学のバイブルであり続けた。地球の歴史を真に理解するための土台となる地質学においては、変化は長い時間をかけてごくゆっくりと進行することを基本原則に据えるべきだとライエルは考えた。それは、今日観察することができる地質作用も例外ではない。当時の地質学では天変地異説が脚光を浴びていたが、ライエルはそれを忌み嫌い、以下のように指摘している。

地球でいきなり造山運動が猛烈な勢いで始まり、あちこちが隆起して山脈が一瞬のうちに出来上がり、火山のエネルギーが突然爆発したと聞かされる。……地球の各地で大惨事が発生し、大洪水が連続し、休息と無秩序の時期が交互に訪れ、地球が凍りついたと言われる。……このような仮説は、大昔の根拠のない推論の再現でしかない。ゴルディアスの結び目を根気強くほどくのではなく、断ち切りたいのだ。

「過去には現在と異なる原因によって変化が引き起こされたことを強調する仮説ほど、怠惰を助長して旺盛な好奇心を鈍らせるドグマはないだろう」とライエルは語っている。

不規則かつ予測不能で、性質もわからない激変についての仮定の歴史だけを天変地異説が提供するのだとすれば、地質学者はほぼお手上げになってしまう。地球の天変地異の歴史を説明するためのいかなるパターンを発見することも、いかなる合理的な理論をまとめることもできない。破滅的な激変という「ドグマ」を擁護するふたつのグループを、ライエルはこのように厳しく非難した。ひとつは天変地異説を積極的に唱えた同時代のフランス人ジョルジュ・キュヴィエと同僚らのグループ、もうひとつはもっと支持基盤が広いキリスト教原理主義者たちのグループである。彼らにとってノアの箱舟は、最近の地球の歴史が天変地異によって形成された確固たる証拠に他ならなかった。

地球は突然の大変動に見舞われやすく、変化は調和的というより「調和のない」形で進行するという主張を単なる「憶測」として否定したライエルは、地球は徐々に合理的な形で進化してきたと考えるほうを好んだ。当時の彼は地質学の世界で絶大な影響力を持っていたため、ほどなく天変地異説に代わって漸進主義者の限定的な概念が優勢となり、一五〇年間にわたって君臨した。しかし最近になって天変地異説は地質学で復活を遂げ、革命的なアイデアで新たなフロンティアを開こうとしている。いまや地球科学は、パラダイムシフトの真っ只中だと私は確信している。これは非常に大きく刺激的なシフトで、地球の歴史を理解するうえでの重要性はプレートテクトニクスを上回るほどだ。私が大学生だった頃、大陸はまだ静止していると思われていた。それによれば、海面がゆっくり上昇と下降を繰り返し、造山運動の時期を時おりはさみながら、地球の歴史は進行してきたという。ところが私がコロンビア大学の大学院生になった頃には、地球の表面は何枚かのプレートで構成され、その上に載っている大陸はプレートの移動と共に漂っているという説が定着した。今日、地球を対象とする地質学や生命の進化において、天変地異説はプレートテクトニクスと同様の重要な役割を担っていると私は考えている。

私は生命、なかでも特に恐竜の大量絶滅に興味を持っていた。六六〇〇万年前に大量絶滅が発生した白亜紀と古第三紀の境界（K／Pg境界）〔以前は白亜紀と第三紀の境界（K／T境界）とされていた〕の地層ではイリジウム濃度が異常に高いことが、カリフォルニア大学バークレー校のウォルター・アルバレスのグループによって一九八〇年に『サイエンス』誌で発表されたが、それ以前から関心を寄せていた。イリジウムは希少な白金族元素のひとつである。ルイスとウォルター・アルバレスの父と息子のチームは、恐竜が化石記録から消えたことが確認されている粘土層から、きわめて高濃度のイリジウムを検出したのだ。この異常値は、説得力のある理由が見つからない大量絶滅を解明する手がかりになるのだろうか。これだけ大量のイリジウムが残されているのは、イリジウムを豊富に含む小惑星か彗星が地球に衝突した影響であり、それが大量絶滅を引き起こし、イリジウムに汚染された塵を世界中に拡散させたのだと、ふたりは推理した。

それまでの数十年間、地質学においてアルバレスのチームほどセンセーショナルな発見を行った事例はまずなかった。これは科学の世界全体に衝撃を与え、地質学のあらゆる部門だけでなく、天文学や生物学にも波及効果をおよぼした。ふたりの発見によって地球上の重大な出来事は、地球外の太陽系の事象と結びつけられたのである。私にとって、これは地質学における新たなコペルニクス的革命のはじまりと言える快挙で、アルバレス父子はコペルニクスの再来だった。私たちは宇宙で孤立しているわけではない。地球外の事象が、地球の歴史に影響を与えている可能性があるのだ。

一九八一年、「大きな物体の衝突と地球上の進化の関わり――地質学的、気候学的、生物学的な意味」というトピックに関する最初の会議がユタ州スノーバードで開催され、私はこの刺激的な会議に参加する機会に恵まれた。四日間にわたり、惑星地質学から微古生物学にいたるまで、幅広い分野から参加した一〇〇人以上の科学者が、小惑星の衝突が地球の歴史におよぼした影響の重要性についての持論を披露した。正直言うと私は当初、小惑星の衝突という仮説を支持していなかった。粘土層からきわめて高濃度のイリジウムが検出されたのは、海底で進行したプロセスの影響ではないかという説をプレゼンでは紹介した。このプロセスによって石灰岩（溶解性の炭酸カルシウムを含む堆積岩）が溶解し、不溶性の貴金属を凝縮させたのではないかと考えたのだ。このようなプロセスからはハードグラウンドと呼ばれる地層が生み出され、地質記録に食い違いを残すことが知られている。このアイデアは、アルバレスのチームの発想とは相容れない。私は、境界粘土層は火山由来だという立場をとった。世界の火山活動を研究中、変質した火山灰の薄い地層を数多く観察してきたからだ。白亜紀末期に火山活動がさかんだったことは周知の事実で、大きな物体の衝突という結論に、アルバレスのグループは簡単に飛びつきすぎたようにしか思えなかった。大災害は地球外からもたらされたという説に対し、私はライエルを支持する者としての偏見を未だに捨てきれなかったのである。

しかしそれからまもなく、私が意見を変えざるを得ない新しい証拠が明るみに出た。火山灰の地層とは異なり、高濃度のイリジウムを含む層は特殊なもので、それが世界中に存在していることが研究者によって発見されたのだ。しかもこの異常は、ニューメキシコ州のラトン盆地の非海成堆積物にも現れていた。そうなると、海底で進行するプロセスがイリジウムの濃度を高めた可能性は排除されなければならない。この発見をきっかけに私は、小惑星の衝突が天変地異を引き起こしたとする説の正しさを確信したのである。同僚のなかには私の変節を非難する者もいたが、科学の世界では真実に導かれるべきだ。衝突の時期が海洋生物の大量絶滅の時期と一致しており、恐竜の大量絶滅の時期ともきわめて近いことは、化石記録からも明らかだった。一九八三年には、天体衝突の問題は私のなかですっかり解消された。境界層のなかに石英の鉱物粒子が発見されたからで、そこには超高速の衝撃でしか生み出されない特徴が確認された。

アルバレスのチームの発見をきっかけに、私を含めて多くの研究者がそれまでの研究を中止して、白亜紀末期の事象に注目するようになった。科学者たちは最終的に、世界中の陸地と海底を対象に三五〇以上の白亜紀末期の地質断面を発見して分析を行い、天体衝突の壊滅的な側面について詳しく研究した。衝突の影響で地球全体が塵に覆われて空が暗くなり、落下してきた高温の破片が山火事を引き起こし、酸性雨が降り注ぎ、海底で巨大な地滑りが発生し、大きな津波が押し寄せたことは、いまでは主流の考え方になっている。一九九一年には、天体衝突の「動かぬ証拠」が発見される（むしろ、再発見と言うべきだろう）。ユカタン半島で巨大なチクシュルーブ・クレーターの衝突跡が発見され、しかも、大量絶滅が発生した時期と衝突降下物の層が堆積した時期とのあいだに正確な相関関係が成り立っていたのである。

地質学者の多くは当初、白亜紀末期の天体衝突とそれが地球上の生命に与えた影響を現実として受け入れず、なかには公然と異議を唱える者もいた（一部は未だにその姿勢を崩さない）。天体衝突という仮説への抵抗には、長年の習慣が大きく影響していると私は考えている。その土台は一九世紀はじめにライエルが築いたもので、地球外から飛来してきた物体が地質事象の原因だとは認めず、天変地異の可能性を何が何でも避けようとした。なかでも古生物者は、ルイス・アルバレスのような物理学者が自らの領域に侵入してきたことを快く思わず、恐竜を研究する古脊椎動物学者の抵抗は特に激しかった。今日、天体の衝突は事実としてほとんどの人たちから認められているが、多くの学者は相変わらず、空から降ってきた岩石が恐竜を絶滅させたことを信じようとしない。

アルバレスのチームが二〇世紀の地質学の根本を揺るがして以来、様々な方面で探究が行われた。実際、地質記録に残されている大量絶滅は白亜紀末期のものだけはないし、これが最も深刻だったわけでもない。世界中の科学者が白亜紀末期の天体衝突に関して白熱した議論を展開しているあいだに、古生物学者は、五億四二〇〇万年の歴史のなかでは大量の化石が残されている時期をはさんで大量絶滅がほかにも四回か五回は発生していることの新たな証拠を発表した。いずれも白亜紀末期の衝突と同じくらい、ひょっとしたらさらに壊滅的だったことが推測された。しかもそれ以外に、もっと小規模の絶滅は頻繁に発生していたとも考えられた。

これらもやはり、天体の衝突が原因だったのだろうか。データを見るかぎり、宇宙から飛来した物体の衝突が絶滅を引き起こしたという一般論が暗示されている印象を受ける。白亜紀末期の地層から高濃度のイリジウムが検出されて以来、それ以外の過去の地質時代からも衝突の痕跡を探そうとする動きが活発になった。しかし衝突の証拠を地質記録から見つけ出すのは容易な作業ではない。イリジウムや衝撃鉱物は微量しか存在せず、天体衝突由来の地層は非常に薄く、しかも巨大な彗星（大体は氷の塊）はほとんど痕跡を残さないからだ。しかし（大勢の地質学者による長年の研究に基づいて）私が最近指摘しているように、過去二億五〇〇〇万年のあいだに巨大クレーターが形成された時期は、大量絶滅が確認されている時期と一致しているようだ。しかもクレーターはどれも、地質記録に残されている衝突由来の岩屑（がんせつ）堆積層との関連性が見られる。これは単なる偶然として片づけられない。それにもかかわらず、多くの地質学者は白亜紀末期の衝突が一度限りの出来事だったという発想にこだわり、ほかの絶滅には専ら地球で進行するプロセスが関わっていたと信じる姿勢を変えようとしない。

一九八四年、大量絶滅が明らかに二六〇〇万年の周期で発生していることの裏付けとなりそうな驚くべき証拠が新たに明るみに出た。すでに白亜紀末期の事象は、大規模な天体衝突との関連性が確認されており、そこからは、周期的に発生する大量絶滅のほぼすべてが、周期的に飛来する彗星や小惑星の衝突によって引き起こされたのではないかと推測された。その可能性を探るため、宇宙からの飛来物はどのようなサイクルで地球にやって来てクレーターを形成するのか、確認する調査が行われた。私はＮＡＳＡのリチャード・ストーサーズと一緒に世界中のクレーターの年代を分析した結果、ほぼ三〇〇〇万年のサイクルで形成されていることを発見した。宇宙から周期的に飛来する物体の衝突で絶滅が周期的に引き起こされた可能性は、証拠から十分に考えられた。

　では、なぜ周期的に地球にやって来るのだろう。理由を説明するため、科学者はいくつかの天文学的学説を考案したが、そのひとつでは、遠く離れたオールト雲〔訳注：太陽系のいちばん外縁を雲のように取り巻く氷や雪のかたまりで、彗星の巣と考えられる〕で発生する彗星の摂動〔訳注：彗星などが外部の物体の引力によって軌道を乱されること〕の結果、地球に彗星シャワーが降り注ぐと仮定している。私も天文学的な視点から、円盤状の銀河を太陽系が上下運動しながら周回するときに彗星の摂動が促されるという仮説を立てている。なかには、太陽系の小さな伴星ネメシスもしくは未発見の惑星Ｘによって彗星の動きが乱されると主張する科学者もいる。このように複数の相容れないアイデアが新たに提案されると、予想通り、競合する様々なメカニズムの支持者のあいだで白熱した議論が展開された。たとえば、ストーサーズと私が思い描く銀河モデルでは、混み合った銀河の中央平面を太陽系がおよそ三〇〇〇万年ごとに通過するとき、星団あるいはガスや塵の雲（いまではここに、リサ・ランドールやハーバード大学の同僚が最近提唱している、目に見えないダークマターも含まれる）が太陽系の外縁部のオールト雲を激しく揺さぶり、大量の彗星がはじき出されて地球に向かってくると考える。

一方、白亜紀末期は、インドのデカン高原で大規模な洪水玄武岩噴火が発生した時期と重なることを一部の地質学者は指摘している。このときは一〇〇万立方キロメートル以上もの溶岩が噴出し、比較的短期間にインド亜大陸の三分の一が覆われてしまった。破壊的な火山活動は、白亜紀末期やそれ以外の時期の大災害に関わっていたのだろうか。ストーサーズと私は、過去に地球で大規模な洪水玄武岩噴火が発生した時期の多くは、大量絶滅の時期だけでなく、海がよどんで溶存酸素が激減した時期とも一致することを確認し、謎は深まるばかりだった。実際、大規模な洪水玄武岩噴火は環境に深刻な影響をおよぼすので、大量絶滅の引き金に十分なり得ると複数の研究グループが論じている。そうなると、破壊行為は地球の上からも下からも引き起こされた可能性が考えられる。なかには、大規模な天体衝突をきっかけに火山活動が活発になったという指摘まである。

かつて私は一九八〇年代にＮＡＳＡに勤務していた当時、様々な種類の地質事象――激しい火山活動、造山運動、ホットスポット火山の形成、海面や気候の変動（すべてプレートテクトニクスに関連している）――は、どれも同じように三〇〇〇万年の間隔で発生していることに注目した。これについては二〇世紀はじめに一部の地質学者から指摘されていたが、科学界ではほとんど無視されていた。しかし、天体物理学の理論に基づいてシナリオを描くのは可能だ。このシナリオでは、天の川銀河の中央平面の近くに凝縮しているダークマター（重力効果以外は検出不可能）が地球に捕獲されると仮定する。その後、高密度で凝縮したダークマター粒子は地球内部で対消滅を繰り返し、それが地核の温度を急上昇させる。したがって三〇〇〇万年のサイクルで地質活動や火山活動が大きく促され、大量絶滅など深刻な影響がもたらされたという結論が導き出されるのだ。そうなると、地球内部の活動や破壊的な火山活動というエピソードにも、地球外にペースメーカーが存在していたことになる。

アルバレスの発見とそれに続く研究によって、二一世紀には新しい地質学が幕を開けた。それは天変地異の存在を肯定する地質学で、太陽系や銀河が地球にもたらす影響がここでは考慮される。驚いたことに、地球を形づくった地質作用の多くは、地球外のサイクルや、銀河のダークマターと地球との相互作用に由来しているのかもしれない。一部の地質学者にとって、これは良いニュースではない。あるとき私がこの話題について語ったあと、ひとりの地質学者が歩み寄ってきて不安を打ち明けた。私の言う通りなら、地質学は天文学者に乗っ取られてしまうと。しかし実際には、太陽系や銀河で進行している現象と地球上の事象のあいだに新たな結びつきが発見されれば、地質学と天文学の双方によって従来よりも一貫性のあるストーリーが紡ぎ出される可能性が期待できる。

本書のストーリーは、以下のような形で進行する。まず第1章では地質学の歴史に焦点を当て、地球の歴史の解釈に関して漸進主義説と天変地異説がいかに対立してきたかという問題を取り上げる。第2章では、いわゆる「ライエルの法則」が確立された経緯を解説する。この法則はかなり最近まで、地質記録の解釈方法を決定づけてきた。第3章では、アルバレスの革命的な仮説について考える。ここでは白亜紀末期の生命の大量絶滅が、宇宙から飛来してきた巨大な小惑星または彗星の衝突と関連づけられている。ほかには、ユカタン半島で発見された巨大なチクシュルーブ・クレーターについても紹介する。

つぎに第4章では、デイヴィッド・ラウプとジャック・セプコスキーが公表した大量絶滅の記録に目を通し、ふたりが記述している大量絶滅が周期的に発生している可能性について考察する。第5章では、巨大な物体の衝突が環境に与える影響について考える。第6章では、この新しい天変地異説のコンテキストに、自然選択による進化がどのように収まるかという問題に取り組む。そして、これまでほとんど正当に評価されてこなかった一九世紀はじめの園芸家パトリック・マシューについて論じる。実際、彼はダーウィンより以前に自然選択による進化という理論を提唱しており、地球の歴史で発生する天変地異が生物種の誕生や消滅に重要な役割を果たしたと信じていた（ダーウィンはそれを信じなかった）。第7章では、一部の大量絶滅と天体の衝突とのあいだに考えられる相関関係について議論する。白亜紀末期に発生した最大の大量絶滅とその原因に関しては、第8章で取り上げる。そして、大規模な洪水玄武岩噴火が環境に影響をおよぼし、それが原因で大量絶滅が引き起こされた可能性は、第9章の主題である。

第10章では、古代の堆積物について論じる。これまでその原因として指摘されてきたのは氷河作用などだったが、実際には天体が衝突した結果として形成された可能性が考えられる。第11章では、銀河の振動が引き金となって周期的に地球に飛来する天体が、衝突して大量絶滅を引き起こしたという仮説を紹介する。ここでは、銀河円盤内のダークマターに関する新しい情報も提供する。第12章では、ほかの重要な地質事象（たとえば火山活動、造山活動、海水面の変化、気候変動など）も周期的に発生しており、それには地球が銀河を周回する際に遭遇するダークマターという謎の物質との相互作用が関わっているのではないかというアイデアを紹介する。そしてエピローグでは、天変地異説に基づいた新しい地質学で天変地異やその周期性について考慮されるようになれば、天文学と地質学の融合が促進される状況について手短にまとめる。

1

天変地異説 vs 漸進主義説

地質学の歴史を冷静に振り返ってみると、保守主義がいかに深く根づいているか観察されて興味深い。

アレクサンダー・デュ・トワ、『移動する大陸』

私は七歳の頃、地質学者になろうと決心した。きっかけは、学校の友人の母親にアメリカ自然史博物館に連れていってもらったことだった。スティーヴン・ジェイ・グールドと同じく、四階にある恐竜の巨大な骨格に圧倒されたが、一階に展示されている鉱石や宝石の素晴らしさにも私は目を奪われた。ブルックリンの自宅近くの空き地や公園から集めてきた様々な岩石や鉱石で、すでに子ども部屋の本棚は埋め尽くされていたが、博物館のコレクションは、美しい鉱石の見本は世界中に存在していることを教えてくれた。地図や切手の収集が大好きだった私は、遠い場所を訪れてみたいと以前から考えていたが、博物館の訪問によってその思いはさらに募り、岩石や化石を探しに出かけたいと夢を膨らませた。ちょうど同じ頃、祖父から天文学に関する本をプレゼントされたが、そこには銀河や星雲の美しい写真が掲載されていた。私はそれに魅せられ、無限の宇宙のなかで地球などちっぽけな存在であることに少々不安を覚えたが、ニューヨーク市の夜空は天文学の研究の助けにならなかった。

学校では、グリセロールと過マンガン酸カリウムを使って火山を製作した（現在の教室では、このようなやり方は不可能だろう。いまでは火山は、酢と重曹を使って安全に製作される）。ほかのみんなは化学実験の部分を手がけたが、私は地質学の部分を受け持ち、必要な器具を使いながら、たくさんの鉱石の様々な特性をテストした。しかし、地質学についてもっと知りたいという思いは募るばかりで、地元の古本屋で地質学の関連本を探しまわり、そのときの掘り出し物がかなり年代の古い、ジェイムズ・ドワイト・デーナ（一八一三〜九五、**図1-1**）著『地質学概略』（一八七五）だった。当時の私は知る由もなかったが、デーナは生存中、アメリカを代表する地質学者で、彼の著書『地質学便覧』（一八六二）は、一九世紀後半に地質学の教科書として広く使われ、いくつもの版を重ねた。

イェール大学の地質学教授だったデーナは、宣教師や教育者を輩出する家系に生まれた。まだ若い一八三八年から四二年にかけて、ウィルクス率いるアメリカ探検隊に加わって太平洋を巡航し、チャールズ・ダーウィンが最初の航海記を発表した時期と並行し、サンゴ礁やサンゴ島に関する論文を発表する。のちに一八八〇年代には、ハワイの火山研究を目的とする最初の地質学調査の隊長を務めた。

私は最近、デーナの本を読み返してみた（いまでも手元に置いてある）。これは「一般読者や科学の初心者」を対象にしたものだ。ところが、黄ばんだページをめくっていくうちに、子どもの頃には十分に考えなかった点に驚かされた。デーナの地質学には、神学による強い裏付けがあったのだ。彼は繰り返し、地質作用の仕組みについての記述に神学的な解釈を織り交ぜている。デーナの見解によれば、過去の地質事象のすべては神の導きによるもので、人類の出現という、ひとつのゴールに向かっていた。

なぜ私はこれを見落としていたのだろう。ダーウィンの『種の起源』が出版されてから一六年後の一八七五年に、デーナがこのような内容を書いていたとは信じがたい。自然選択という発想が導入された結果、神の導きによる進化（指向性進化）という概念は一掃されたはずだ。しかし科学的な姿勢は一夜にして変化するものではない。私の本の余白には、どこかの学生の手書きのメモが残されており、地質学の講義では一九〇〇年頃までデーナの本が使われていたことがわかる。

私にとって、デーナは世界有数の観察者であり科学者だった。そして、地質作用の進化を人類の創造や幸福のための奇跡のプロセスの一部と見なす時代遅れの発想は、彼の本が出版されるまでには科学界から消滅していたとばかり思っていた。ところが、その有名

図1-1　ジェイムズ・ドワイト・デーナ（1813〜95）、『地質学概略』の著者。

なデーナが、数えきれないほど多くの時期を通じて世界中で進行した地質作用は、この地球をホモサピエンスにとって住みやすい場所にするためのものだったと主張しているのだ。「世界は徐々に段階を踏みながら、現在のような完璧な状態に達した。あらゆる面で人類の必要や安寧だけでなく、体にふさわしい状態が出来上がった。そのすべてには一貫して、神の目的が反映されている。大きな目的はただひとつ、人類の物質的・精神的幸福である」と語っている。

キャリアが晩年に差しかかった一八八五年になっても、地質作用の歴史と聖書の天地創造の物語を折り合わせるための努力は続けられ、『天地創造――聖書が語る宇宙の起源を近代科学から読み解く』というタイトルの本まで出版された。そんなデーナが進化という発想に反対したのも意外ではない。「中間種が実際に発見され、長い時間的な隔たりが埋められるまでは、中間種が存在していたと宣言するのは確実に危険だ。危険なだけでなく、哲理にも反する」と語っている。そこからは、一九世紀末から二〇世紀はじめになっても、一部の地質学者は未だに天地創造の物語にこだわっていたことがわかる。岩石にじっと目を凝らすときには、地質作用の歴史と聖書の教義を結びつけることを目標に据えた。そして、何百万年もの歳月をかけた進化の大きな目的は、現在のような姿の人間の創造だと確信していたのである。

私は一九七〇年代はじめにコロンビア大学の大学院生になると、著名なマーシャル・ケイのもとで地史学を学んだ。当時六〇代だったケイは、一九二〇年代に大学生だった。つまり、彼の教師は一九世紀末に学生だったわけで、その頃はデーナのような発想が科学界で未だに広く普及していた。私の教師のそのまた教師は大学時代、神学的解釈の影響が色濃い地質学を学んだことになる。その頃には地球の歴史は、海水面の変化の歴史として記録された。複数の大陸を隔てる海は、海進・海退サイクルをゆっくりと着実に繰り返してきた点が注目された。これでは、設計図に基づいた平和な世界の創造という概念が、地質学で長期間にわたって優勢だったのも無理はない。しかも実際、ある意味で現代の地質学は一九世紀末の地質学と大差ない。

地質学は科学のなかでも比較的新しい。一七七九年にようやく、オラス＝ベネディクト・ド・ソシュールによって呼び名が定着した学問で、神学者のウィリアム・ペイリー（一七四三～一八〇五）が有名なエッセイ集『自然神学――自然の外観に込められている神の存在と属性の証拠』（一八〇二）のなかで支持した「自然神学」〔訳注：神についての知識は、人間が天啓なしに理性によって得られると主張する神学〕の一環として発達した。この本は、一九世紀から二〇世紀にかけて出版された書籍のなかでも特に人気が高く、神の存在について神学や宇宙論の視点から様々な議論を展開している。この世界と生きとし生けるものが神の合理的な計画の一環としてどのように設計されたのか、解明するための手段として自然神学は提唱された。その原点は、「自然の書」すなわち神の創造の物語を信じて疑わない昔の神学者たちである。自然神学においては、神は聖書にも創造物にも姿を現しており、聖書と世界というふたつのテキストが平行して提供されていると考える。聖書のなかには、人間に関わる事象に神が直接手を下した証拠が記されている。やがて「啓蒙された」時代に入り、聖書の物語が単なる寓話と見なされるようになっても、心配はいらない。神の創造物である地球の特徴を理性的に研究すれば、神の目的の証拠を見つけられるからだ。さらに自然神学では、生きとし生けるもののなかには「底辺」から「最高位」までの「序列」がある（人間は最高位に位置する）と考える。すなわち、創造主から理性と知識を与えられた人間は創造物の頂点に君臨しており、存在そのものが神の摂理のさらなる「証拠」として見なされるのだ。

当初、キリスト教の教義によれば、今日のような地球は六日間で創造されたことになっていた。一六五〇年代に入ると、アイルランドのジェイムズ・アッシャー司教（一五八一〜一六五六）が、聖書に登場する預言者の寿命やその他の情報についての計算を行い、地球が創造された正確な時間の推測作業に取り組んだ。その結果、聖書に記されている天地創造の時間として、キリスト教徒のあいだでは西暦紀元前四〇〇四年一〇月二三日（日曜日）の午前九時が正式に認められたのである。この結果には、地球の研究にとって重要な意味が込められている。もしも世界が本当に六日間で創造され、誕生から六〇〇〇年しか経過していないとすれば、実際のところ地球には長い歴史など存在しない。必然的に、いかなる地質の変化も歴史が浅く、天変地異によって引き起こされたことになってしまう。

一八世紀末には、フライベルク鉱山大学の教授として影響力の大きいドイツ人の地質学者アブラハム・ゴットローブ・ウェルナー（一七四九〜一八一七、**図1-2**）が、画期的な仮説を提唱した。おそらく創世記の大洪水の時代に原始海洋が氾濫したとき、海底には様々な物質が急速に沈殿して積み重なったので、こうして形成された岩石層には地質の成り立ちの記録が刻み込まれていると彼は考えたのである。都合のよいことに、この説明は聖書との矛盾がなかった。ウェルナーは一般海洋［訳

注：ある時期、地球の表面を完全に覆っていた海」という発想を利用して、底辺の層（始原岩類）は硬い岩石で構成され、上の層になるほど岩石は軽くなるパターンがおそらく世界中に共通している理由の解明を試みた。それによれば、始原岩類に含まれる結晶質岩の花崗岩は、氾濫した水が引き始めたとき、アルカリ性の水溶液から結晶作用によって生じた化学的沈殿物だった。その後、密度が高い順に沈殿物が積み重なっていくプロセスが短期間のうちに繰り返された結果、岩石層は形成されたのだという。かつて世界中を覆っていた大量の水がどこに消えたのか、ウェルナーの理論は説明していない。それはどうでもよかった。

図１-２　アブラハム・ゴットローブ・ウェルナー（1749～1817）、フライベルク鉱山大学教授。

岩石は一般海洋から沈殿して生じた堆積物だというウェルナーの発想は、水成説として知られるようになった。ウェルナーが野外地質学者でなかった点は、しばしば指摘される。野外調査を行っていれば、岩石層が秩序正しく形成されているという理論の限界に気づいたはずだ。なぜなら、多くの場所で時代の古い堆積岩が花崗岩の貫入を受けているのが観

図1-3　ジェイムズ・ハットン（1726～97）、『地球の理論』の著者。

察され、これは温度が上昇した痕跡と考えられるからだ。しかも、ウェルナーの予測とは反対に、様々なタイプの岩石はどこでも秩序正しく積み重なっているわけではない。

　こうした水成説に対し、スコットランド人のジェイムズ・ハットン（一七二六～九七、**図1-3**）の提唱した理論は真っ向から反対した。それによれば、地球は地中の熱を原動力として機械のようにダイナミックに変動し続けてきた。天地開闢（かいびゃく）以来、激しい隆起運動と侵食作用が進んだ結果、崩壊と修復のサイクルが壮大なスケールで繰り返されてきたのだという。ハットンは農場を経営するジェントルマン〔訳注：階級社会だった当時のイギリスの支配層〕であり、ビジネスマンであった。スコットランド啓蒙運動のメンバーでもあり、アダム・スミス、デイヴィッド・ヒューム、ジェイムズ・ワットなどの重要人物と科学や哲学について論じた。

　ハットンの地質学的発想は「火成」説と呼ばれた。彼は自ら集めた標本や地層の露出部を詳しく観察した結果、花崗岩や玄武岩などの結晶質岩はもともと溶融物質だったものが地中深くから押し上げられ、一部はすでに存在している岩石に貫入し、一部は噴火によって地表に流出してから冷えて固まったと主張した。彼と弟子たちは最終的に、いまでは火成岩と呼ばれているものがかつては溶岩だったことの決定的な証拠を提供した。地球内部の熱で溶融したマグマが岩石の起源だと考えたのである。

ハットンは漸進主義者でもあった。そのため、侵食、堆積、隆起などのプロセスが大地でゆっくりと着実に進行した結果、地球の地質は長い年月をかけて大きな変化を遂げたというシナリオを思い描いた。このように長期におよぶサイクルでは、ひとつの期間に六〇〇〇年よりもはるかに長い年月が必要とされる。そのためハットンは「地質学的時間」を発見したとも言われる。地球の歴史には、気の遠くなるほど長い時間が関わっているのだ。たとえば、ある有名な野外調査でハットンは岩の露出部分を観察し（**図1-4**）、隆起・湾曲した海底堆積物が、新たに形成された地層によって完全に侵食され覆われていることに注目した。これは、地球の信じられないほど長い歴史を裏付ける何よりの証拠だった。

一方、英仏海峡の向こう側では、パリ植物園の教授にもなったジョルジュ・キュヴィエ男爵（一七五六〜一八三〇、**図1-5**、「脊椎動物古生物学の父」ともしばしば呼ばれる）をリーダーとする一九世紀はじめのフランス人地質学者や古生物学者たちが、地質の変化に関して天変地異説を擁護した。キュヴィエは優秀な比較解剖学者だった。同僚と共にパリ盆地の化石や岩石層を注意深く研究した結果、大惨事を伴う大きな変化が気まぐれに発生していることを裏付ける経験的証拠について報告した。

図1－4　スコットランドのシッカーポイント。海洋岩が変形・隆起して垂直に曲げられ、そのあと侵食してから新しい時代の海底堆積物に覆われている。地質学者はこの状態を傾斜不整合と呼んでいる。一連の事象には、途方もなく長い時間がかかっている（写真提供：デイヴ・ソウザ）。

岩石層に刻まれている記録から、平穏な時期が長らく継続したあと、地球はいきなり大災害に見舞われたことを発見したのだ。化石種が一時的に消滅している部分には、天変地異による大量絶滅が関与している可能性が十分に考えられた。未知なる破壊的な力が、いきなり大量絶滅をもたらしたとキュヴィエは解釈したのである。「地球の表面では未だに様々な力が作用しているが、地層にあれだけ多くの痕跡を残すほどすさまじい変化や大惨事は、そこに原因を求めても答えは得られない」と論じている。

新しい生物体が登場したあとに発生する大量絶滅は、「進歩主義的」理論のコンテキストで解釈されるのが一般的だった。地球の歴史は完全を目指す運動の反映であり、その最高点は人類および近代世界だという発想である。キュヴィエは天変地異が繰り返し発生する理由には言及せず、通常の地質作用の範囲外の出来事だという事実を述べるにとどめた。キュヴィエの著書の「序論」の節は、ウェルナーのかつての教え子で、エディンバラ大学に所属するロバート・ジェイムソン（一七七四～一八五四）によって英語に翻訳され、『地球の成り立ちに関するエッセイ』というタイトルで出版された。ところが不幸にも、ジェイムソンは英訳版のなかで、キュヴィエのオリジナルには含まれない聖書の創世記と大洪水について言及した。そのため英語圏の世界では、キュヴィエは聖書の天変地異を信じるグループにきわめて近いと見なされてしまったのである。

図 1-5　ジョルジュ・キュヴィエ（1756～1830）、「脊椎動物古生物学の父」。

　対照的にハットンは、かつて地球に引き起こされた変化について、通常のプロセスのみに言及して、つぎのように説明を試みた。

　ごく普通の現象の出現を説明する

ために、地球には自然に存在しない力を動員することも、我々が知る原則外の運動を認めることも、尋常ならざる事象の発生を想定することも必要ない。……全体に目を向けられないと、無秩序に発生しているとしか見えないものもあるが、だからといって、カオスや混乱が自然の秩序に組み込まれているわけではない。従来の経験からは十分な説明ができそうにないものがあっても、その原因をねつ造するべきではない。

これは、聖書や超自然的な力に原因を求める理論から一歩離れ、正しい方向に踏み出しているが、それでもハットンは地質学を理神論〔訳注：創造者としての神は認めるが、神を人格的存在とは認めず、啓示を否定する哲学・神学説〕的に解釈する姿勢を崩そうとせず、地質活動を単なる二次的な原因と見なした。そして理論を前進させ、「世界の活動は目的と手段に基づいて規則正しく進行しており、これらの定期的な出来事から一般論を推論すれば、完全な知性による活動が世界を設計していく仕組みを理解できるようになる」と考えた。自然神学の教えは、未だに強い影響力を持っていたのである。

ハットンの著書『地球の理論』は一七九五年に出版され、そのわずか二年後に彼はこの世を去った。著書のなかで彼は、自然は破壊と再生の大きなサイクルを繰り返しているというアイデアを中心に据えた。そしてこの理論では、世界は陸と海のバランスに支配されていることが基本的前提とされた。まず大陸が水没し、海底で沈殿物に覆われると、つぎに隆起して山が形成されるが、侵食作用によって削り取られ、再び海中に没し、同じサイクルが繰り返されていく。したがって、かつて陸地だった場所は海になり、海だった場所は陸地になるが、世界全体としてはほぼ変化がなく、定常状態が維持されるので、人類も動植物も生き残りが可能なのだ。完璧にバランスがとれた地質活動のサイクルは、天地開闢以来ずっと継続し、その結果として現在のような地球が出来上がったのだという。

ハットンの神学理論の内容は、つぎの発言からも明らかだ。「全能の神の力を信じるならば、そして動植物の美しい体系を支えてくれる神の英知を信じるならば……生きとし生けるものの体系が拠りどころとする地球は、必要な目的にふさわしい原則に基づいて構築されていると結論しなければならない。そのような地球の完全な姿の全容を明らかにするため、我々は未踏の領域を探査しなければならない」。目的因〔訳注：事物が何のために存在するのか、行為のために何がなされるべきか示す目的〕に関してては、ハットンは創造主に言及している。

海から陸が、陸から海が形成され、自然が明らかに入れ替わり、破壊が進み、それでも本来の目的に見事なまでに適合している。これだけの規模と重要性を備えた活動を研究していると、目的因は何かと問わずにはいられない。この地球を構成する物質が形成され、その物質に能動的な力や受動的な力が吹き込まれ、知恵を授けられたうえで数えきれないほど多くの物体に分け与えられた結果、あらゆるものがひとつの体系のなかで調和のとれた活動を続けている。これは偶然の産物なのか、それとも意思が介在しているのだろうか。

しかしハットンは、もっと急激な事象についての可能性を残し、こう述べている。「したがって我々は、特定の目的が達成される際、すべては斉一的に進行するという前提で計算を進めるが、自然は常に穏やかに画一的に進歩していくものだと発想を限定すべきではない」。そしてつぎのようにも結論している。「これまで実際に何があったのか確認してデータがそろえば、これから何が起こるか結論することは可能だ」。

つまりハットンは、自然界に残されている過去の地質作用の記録を研究すれば、それを手がかりにして、将来何が起こるか推測できると指摘している。彼は「過去は未来を解く鍵」という表現も使っており、かつてコロンビア大学で私のメンターだったマーシャル・ケイの言葉を借りれば、「過去に発生した出来事は、これからも発生する可能性がある」のだ。私はこれを地質学の第一原理と呼んでいる。最近、「過去は未来を解く鍵」というハットンの発言は、米国地質学会のモットーとして生まれ変わった。このように新しく生まれ変わったのは、大昔の世界の再構築に成功し、過去に地質活動や進化を起こした原因を特定し、しかも環境の大きな変化は現在も進行中（いまでは一部の地質学者は、新しい地質年代を人新世（アントロポセン）と定義している）だと認識するようになった結果だと私は考えている。

2 ライエルの法則

振り返ることができる大昔から現在に至るまでには、様々な原因によって様々な作用が引き起こされ、いまなお進行中のものもあるが、そのエネルギーの規模は今日と常に変わらなかった。

チャールズ・ライエルからロデリック・マーチソンへの書簡、一八二九年

近代地質学の中核となる原理は、イギリス人地質学者チャールズ・ライエル（一七九七〜一八七五、**図2－1**）から受け継がれた。スコットランド生まれのライエルには不労所得があったので、弁護士としての訓練を受けたものの、大好きな地質学の研究に自由に没頭する余裕があった。新婚旅行で訪れたスイスとイタリアでは岩石層を巡り歩き、北米を訪問後には地質学をテーマにした旅行ガイドを二冊出版し、評判を呼んだ。彼の代表作で、三巻から成る『地質学原理――地球表面の過去の変化を、現在も働く原因により説明する試み』は一八三〇年から三三年にかけて出版され、売れ行きもよく、著者であるライエルの懐具合は豊かになった。ナイトに引き続き准男爵の爵位を授けられ、一九世紀半ばでは最も影響力の大きな地質学者としての評判が定着した。そして地質学は長いあいだ、ライエ

図2-1　チャールズ・ライエル（1797〜1875）、『地質学原理』の著者。

ルの著書に記されている以下の三つの基本的な前提を採用し続けることになった。

（一）地質構造の変化は、ゆっくりと徐々に進行するプロセスの結果であり、長い時間が費やされ、いまなお観察することができる。地球の歴史では天変地異が変化を引き起こしてきたという発想をライエルはあざ笑い、天変地異説を信じる地質学者をつぎのように激しく非難した。「天変地異はめずらしくないと言う。大洪水がつぎつぎ発生し、休息と無秩序の時期が交互に訪れ、地球が凍りつき、すべての動植物がいきなり絶滅したとは笑止千万だ」。

（二）地球には地質営力が内在している。彗星などの天体によって、地質構造の歴史を説明することはできない。ライエルにとって、天体が引き金となる天変地異説は「真実の進歩を妨害し、地球の法則の研究から人々の目をそらせ、彗星の力が海の水を陸地に引き寄せた証拠の発見に無駄な時間が費やされている。彗星の尾の蒸気が凝縮して水になったと主張するかと思えば、他の物質についても、同じように教化的な説を並べ立てている」ものでしかなかった。

（二）地質構造には、周期的に訪れる天体の影響を繰り返し受けた証拠となるようなパターンが記録されておらず、これはライエルにとって予定説との矛盾がなかった。神が自ら創造した世界に対し、星々が影響をおよぼすことなどあり得なかった。何も知らない天文学者が提唱する理論をライエルは冷笑した。地球の事象を天体の周期と比較して解明を試みるなど、とんでもない。「彼らは地球のすべての事象が天体の影響下にあると考えるだけでなく、宇宙でも地球でも、同じ現象がいつまでも繰り返されてきたと教えている」と指摘している。

ライエル以前にも同じ発想を支持する地質学者はいたが、彼らの主張はライエルの『地質学原理』で成文化され、その後何世代にもわたって地質学の教科書で受け継がれた。これこそまさにライエルの遺産で、地球科学の基本的なパラダイムとなり、「現在は過去を解く鍵」が地質学のモットーになった。つまり、現在も地質作用はごくゆっくりと進行しており、この徐々に進行するプロセスを遡っていけば過去を解明できるという発想である（「過去は未来を解く鍵」というジェイムズ・ハットンの見解との大きな違いに注目してもらいたい）。いまから五〇年前に発表された革命的なプレートテクトニクス説も、地質学におけるライエルの見解の優越性にほとんど変化を引き起こさなかった。むしろ、プレートテクトニクス上で機械のように動く地球という発想は、目に見えない地球内部の力に促されてゆっくりと秩序正しく進行するシステムのモデルに他ならなかったのである。

多くの地質学者が認識したわけではないかもしれないが、私たちが暮らす地球は人間による支配を目的に設計されたことを、ライエルの宣告は前提としている。これはハットンやジェイムズ・デーナの見解と変わらない。人間による地球の支配という目標に向かって、地質構造の歴史は穏やかに秩序正しく進行しているという発想で、変化は常にゆっくりと徐々にもたらされるものだと考える。ライエルによれば、神はこのような形で地球のための計画を立てたという。「どの時代やどの場所を対象にして研究を進めても、全知全能の創造主の存在ならびにその先見の明と知恵と力を示す明らかな証拠は、いたるところで発見される」とも述べている。地質構造には一定の地球営力が影響をおよぼし、その結果として徐々に静かに変化が引き起こされてきた歴史をライエルは思い描いたわけだが、これは神学的ルーツを持ち、地質構造に残された記録を冷静に観察・評価して得られた結論ではない。実際、地質構造がいきなり変化を遂げたような痕跡に直面するとかならず、それは幻想にすぎず、地質記録が不完全だからだと決めつけた。ライエルが執筆した地質学の教本は大きな影響力をおよぼしたが、一九世紀はじめの自然神学の発想に未だにとらわれていた点は否定できない。

過去三五年間の地球科学の分野での様々な発見からは、ライエルは三つの宣告のすべてにおいて間違っていた可能性が示唆される。まず、地質構造の変化はかならずしも徐々にゆっくりと進行するわけではなく、何度かの大変動を経験している。第二に、地球の生物や地質の進化を引き起こしたのは、すべてが地球営力ではない。そして第三に、地質構造が大きく変化するサイクルは、実は宇宙の状況に促されて発生している可能性があった。地質学や天文学や関連分野の最前線での新たな発見の数々は、ライエルの法則とはあまりにもかけ離れていた。そのため新しく提唱される地質学は、地球の歴史上の重要な事象の多くを解明するため、ライエルの主張の大半を否定しなければならない。

従来の地質学は主に内向きで、地球についての観察は長いあいだ、場所が一部に限定されて規模も小さかった。そして今日の私たちは、世界を自己中心的な視点で眺める傾向に未だにとらわれている。地球を宇宙の中心と見なし、宇宙の他の場所とは切り離すおかしな発想をなかなか改めようとしない。しかし、地球や生命の歴史と進化は大きな宇宙と密接に関わっていることの証拠が、いまでは手に入っている。私たちの太陽系を構成する要素は、恒星と恒星のあいだの宇宙空間に形成された。そこで超新星の激しい爆発が起こると、新しく生まれた太陽を周回する星間雲のガスや塵が凝縮し、惑星が誕生したのだ。つまり惑星や恒星が形成されるプロセスは、近くの超新星の爆発による衝撃波が引金になったと考えられる。微惑星は衝突を繰り返し、次第に大きなかたまりとなり、そのひとつが地球になった。誕生したばかりの地球には微惑星がつぎつぎと衝突して、その結果、揮発性物質や有機物成分が地球にもたらされたのである。そうなると地質学は、天体物理学の一部門である惑星科学の一部門と見なすべきだろう。真に天文学的なコンテキストでは、地球は大きな宇宙のごく一部であり、大海の一滴にすぎない。

天文学と地質学は独自に発展した。一九世紀半ばになると地質学は、聖書に記されている大災害によって自然界の成り立ちを解明しようとする方針を変更していた。身近な自然の力が途方もなく長い時間をかけて徐々に働きかけた結果、自然界は進化を遂げたという発想が定着し、その集大成がライエルの学説だった。同じ頃、天文学は天体の運動を記述するレベルから脱却し、地球、月、太陽系、宇宙全体の進化について仮説を立てるようになった。やがて二〇世紀半ば、月や惑星に関する優れたデータが手に入るようになると、天文学は地質学の分野への進出を始め、月や惑星は地質学にとって格好の研究対象になった。衝突クレーターの形成と火山活動のふたつは、惑星に最も大きな影響をおよぼす地質作用であることがわかり、ほどなく惑星地質学と惑星天文学は重複する学問分野と見なされるようになった。そしてどちらも、太陽系を研究対象とする新しい地質学の確立に貢献することになる。

ジョルジュ・キュヴィエらフランス人学者は天変地異説を唱えたが、それに対してライエルは、天変地異によって地質構造や生物に突然大きな変化が引き起こされたように見えるのは、地質構造に残された記録が完璧とは程遠いからだと反論した。はっきりと区別された地質境界について天変地異主義者は、突然発生した劇的な事象の証拠と解釈したが、ライエルから見れば、これは不完全な地質記録が生み出した幻想にすぎなかった。地質記録はきちんと読み進められる本に似ているが、侵食が進んだり、堆積が不十分だったりすると、多くのページが欠落しているような状態になってしまうという。つまりライエルによれば、私たちは観察結果を信じることができない。アプリオリ（先験的）に推測可能な秩序ある「自然界の計画」に反するときは特に、観察結果は当てにならないものになってしまう。

ライエルのアプローチは明らかに主観的であり、理神論に影響されている。それでも多くの地質学者は、地質構造に残された痕跡は過去の記録として不完全だというライエルの宣告を素直に信じた。ライエルは法律を学んでおり、実のところ『地質学原理』は法律上の事実と要点を記した文書のようなものだという点は指摘されてきた。地質記録に関する独特の神学的・哲学的見解が冒頭に紹介されてから、自説の擁護が長々と展開され、見解をサポートするための具体例が紹介されている。アプリオリで妥協のない主張の実例にふさわしく、結論からは論争の余地がないような印象を受ける。

簡潔に言うなら『地質学原理』は、当時の科学者たちの見解にきわめて大きな効果を発揮した。最終的に漸進主義は勝利を収め、ライエルは「地球全体やそこに生息する動植物に突然激しい災害や変革がもたらされたことを前提とする理論は、すべて否定された」と高らかに宣言した。『地質学原理』の以下の一節は、引用される機会が多い。「これらの難しい疑問を解明する試みのなかから、従来とは異なる方針が採用されるだろう。ただし研究の範囲は、既存の原因について確認ずみ、もしくは確認される可能性のある仕組みの解明に限られる。現在のところ自然の成り行きに関する研究において、私たちが貴重な手がかりのすべてに注目したとは、未だに断言することができない。そんな科学の揺籃期に、尋常ならざる力が働いた可能性を再び持ち出すことは認められない」。

ライエルは読者に対し、自分はハットンの説を受け継ぎ、理に適った唯一の方針を採用していることを納得させた。彼によれば、変化を促す要因として今日観察できる力は、過去においても常に最も重要な力であり続け、変化は常に少しずつ進行してきた。この仮定においては、尋常ならざる変化の力という発想に立ち返る必要はなかった。この学説は斉一説として知られ、地球科学へのライエルの大きな貢献として見なされている。『地質学原理』の出版は、天変地異主義者の見解を地質学からほぼ放逐してしまった。漸進主義の論拠は強力としか思えず、研究対象となる地質記録がきわめて不完全なことも特に問題視されなかった。こうして地質学者も生命の歴史を学ぶ学生も、ほとんどがライエルの斉一説を擁護するようになった。『地質学原理』は一八七五年までに一二回も改訂され、その間、何世代にもわたる地質学者が斉一説について学んだ。

ライエルの時代には、地質学の大きな疑問に対する答えは帰納法によって見出されるという考え方が一般的だったようだ。つまり、十分な事実が集められたら、地球に関する理論は自ずと明らかになるという発想である。しかしほとんどの時代、科学はそのように機能していない。十分なデータが手に入り、実際にアイデアの正しさを試す段階よりもずっと以前に、誰かが何らかのパターンを発見しているものだ。まずは理論が存在し、その理論に基づいて、どんなデータが収集されるべきか特定されている。

私が関わりはじめた一九六〇年代末の地質学は、ちょうど革命の最中だった。それまでの地質学は科学として教条的で活気に乏しく、地球の複雑な特徴を説明できる理論に支えられているわけでもなく、何年間も低迷状態が続いていた。地球は収縮しているのか、それとも膨張しているのか。大陸は固定されているのか、それとも地球全体を漂っているのか。かつては大陸間を結ぶ陸橋があって、いまは波の下に沈んでいるのだろうか。

一九一二年、アルフレート・ヴェーゲナーは、南米大陸の東海岸線とアフリカ大陸の西海岸線を合わせるとぴったり重なり、しかも両大陸の岩石や化石はよく似ていることを発見した。海底から収集された地質データによって、大陸が移動している決定的な証拠が提供されるよりもずっと以前のことだ。これは、氷河期の気候サイクルに天体力学が果たした役割に関しても当てはまる。地質記録から決定的な証拠が発見されるよりもずっと以前、氷河期がいつごろ何によって引き起こされたのか、すでに計算によって見当が付けられていたのである。テレビのクイズ番組『ジェパディ！』と違って科学は、最もたくさんの情報を用意していれば勝利が手に入るわけではない。むしろ、別のクイズ番組『ホイール・オブ・フォーチュン』のように、限られたデータを上手に使って最初にパズルを解く人物が勝者となる。

では、ライエルの説を支えるアプリオリな前提が、本当は間違っているとしたらどうなるのだろう。地層には劇的な変化の痕跡が記録されているように見えるが、それが実は本物で、劇的な事象が劇的な変化を引き起こしていた可能性はないだろうか。しかしこのような発想は、地質学入門の講義の第一日目に教えられ、長らく地質学の主流であり続けた典型的なストーリーを否定するようなものだ。とにかくライエルは地質学の巨人とも言える偉大な存在で、聖書の物語を信じる天変地異主義者や、おそらく無意識にせよ彼らをサポートしたキュヴィエやその同僚たちと、真っ向から対決した。地球が突然の変化に見舞われた記録が地層に残されているにもかかわらず、自然は神の定めた秩序にしたがって進化していることを前提に、ライエルは理論のほとんどを組み立てた。しかし、地質作用が進行する速度にばらつきはないとライエルは論じたが、実はそれは間違いだった。巨大地震、火山の大噴火、大洪水、大津波のいずれも、地層に記録として刻み込まれているのだ。地質プロセスが本当に一様であっても、進行する速度が一様であるわけではない。

ライエルにとって最も受け入れがたい異常な事象は、一八三〇年に書かれた書簡で明らかにされている。彼はそのなかで、気候の大きな変動は「彗星の飛来など、天体のいかなる変化とも無関係に」発生できると主張している。この辛辣な言葉は、ウィリアム・ホイストン（一六六七〜一七五二）をはじめとする学者たちが熟慮のすえに考案した仮説に向けられたものだ。ケンブリッジ大学でルーカス教授職の称号を持つホイストンは、地質記録のなかに残された事象を引き起こしたのは彗星の衝突だと考えた。一六九六年に出版された『地球の新説』のなかで彼は、彗星から創造された理想的な世界が私たちの地球の起源だと論じている。当初、地球は円軌道で太陽を周回し、地軸の傾きはなく、自転もしていなかった。やがて神は別の彗星を地球に送り出し、それが衝突すると円軌道に変化が引き起こされ、自転が始まった。このときの大きな衝撃によって地殻が裂け、地球内部の水があふれ出して大洪水が発生し、彗星の尾に含まれる蒸気が濃縮されて雨となり、激しく降り注いだのだという。この説の通りなら、彗星は局地的な災害を引き起こすどころか、地球全体を巻き込んだ天変地異の自然要因だったことになる。エドモンド・ハレーやアイザック・ニュートンでさえ、地質の歴史は神によって定められているが、ところどころで彗星が天変地異を引き起こすと推測した。

このような発想が受け入れられれば、地質学では無謀な推測がまかり通ってしまうとライエルは案じた。そこで彼はハットンと同じ道をたどった。ハットンは「地質学的時間」の意味を最初に理解した人物で、侵食や隆起や岩石の崩壊が徐々に少しずつ進行した結果、地質には大きな変化が引き起こされたのであり、それには気が遠くなるほど長い時間が必要だったことを認識した。しかしハットンもライエルも、地球の歴史の長さを認めはしたが、その意味を十分に理解していなかった。もしも理解していれば、緩やかに進行する地質作用のみで地球が形成されたシナリオなど、思い描けなかったはずだ。

様々な事象の頻度と規模には、反比例の関係が顕著に見られる。規模の小さな事象は、規模の大きな事象よりも発生する頻度が高い。たとえば、小さな地震は日常的に発生し、大きな地震はそれよりも頻度が少なく、巨大地震は滅多に発生しない。ただし規模が大きければ、地質の変化を簡単に観察できる。同じことは火山活動（小さな噴火は大きな噴火よりも頻繁に発生する）、洪水、地滑り、嵐、そして隕石の衝突にも当てはまる。理由は様々だが、事象の規模と頻度のあいだの反比例の関係は、全般に見られる傾向である。たとえば隕石の衝突の場合には、小惑星帯に存在している小惑星同士が衝突すると隕石が出来上がるが、その多くは小さな破片で、大きなものの数は少ない。あるいは火山の噴火の場合には、地球内部から大量の熱い溶岩が稀に上昇して地殻に到達すると、大きな火柱となって地上に噴き出し、最大規模の洪水玄武岩噴火が発生する。

そうなると、地質学的時間という概念に基づいて地球を研究するときには、最大規模の事象が稀に発生している事実を考慮しなければならない。実際、巨大な事象が発生する間隔は、何百万年も空いているかもしれない。そうなると、地球の非常に長い歴史については以下のように解釈するのが正しい。巨大規模の事象はごく稀にしか発生しないが、地質学的時間の尺度で見れば、何度か発生していたことはほぼ間違いない。そして大きなエネルギーを伴う事象は、地質記録を創造する支配的な要因になった可能性が考えられる。

「現在は過去を解く鍵」という斉一主義者の行動原則にしたがって地球の歴史を研究すると、地質学的時間という事実そのものが無視されてしまう。私たちが実際に観察できる期間はごく限られているのに、大きな事象は非常に長い間隔を空けて発生するのであれば、それを目撃できる可能性はまずない。地質学において、これはきわめて重要な洞察のひとつだ。地質記録の研究では、残された記録を頼りにしながら、過去に発生した事象がどれだけの規模だったのかを判断しなければならない。たとえば天体や隕石の衝突は滅多に発生しないが、どんな規模の隕石や彗星がこれまでにいくつ地球と交差したのか、衝突によって地球や近くの惑星にクレーターが形成されていないか探っていく。そうすれば、様々な大きさの天体がどれだけの間隔で地球に衝突したのか推定できるだけでなく、最大級の天変地異がどれだけの規模だったのか、何らかの知識を学ぶこともできるだろう。

デーナやハットンやライエルを地質学の偉人として認めるときには、当時の地質学者の特徴だった宗教への傾倒については触れない。しかし、地質学には彼らの研究にまで遡る重要な傾向があって、それもひとつの理由となり、地質学者は未だに天変地異の存在を認めたがらず、発生を裏付ける地質学的証拠にも目を向けたがらない。この傾向は見過ごされることが多く、無意識のなかでのみ存在している。すなわち私たちにとって、地球の研究とは自分たちの惑星の研究に他ならず、歴史を解明するときに客観的なアプローチを維持しにくいのだ。地球は私たちのふるさとである。地質学の創始者であるハットンやライエルにとって、地球は慈悲深い神の創造物であり、神から人類に贈られた秩序正しく平和な住みかだった。そんな惑星が周期的に天変地異に見舞われ、多くの種類の生物が消滅することがあるだろうか。神を信じる者にとって、地球が神から人類に贈られた住みかであることは教義の根本であり、それが裏切られるはずがなかった。地質構造に引き起こされた変化は「偶然の産物でも、時おり発生する事象の結果でも」ない。彗星などの天体が衝突したわけでも、火山の大噴火が地球全体に影響をおよぼしたわけでもなかった。

地質学には未だに自然神学の側面が残されている。自然の壮大な建造物を前にすると地質学者は厳粛な気持ちになり、創造までにどれだけ長い時間を要したのか思いを馳せ、そんなときに自然を身近に感じる。多くの地質学者にとって、地質学は未だに宗教や哲学に深く根差した学問だと私は確信している。平和な地球との一体感に居心地の良さを感じる地質学者が、地球の歴史のなかで天変地異はめずらしくなく、破壊的な事象が不規則に発生しているという発想に直面できるだろうか。侵食作用や堆積作用がゆっくり進行して景観を変化させ、海面は規則的に上昇と下降を繰り返し、地面が隆起して山が形成されては侵食されて徐々に消滅するプロセスが長い時間をかけて進行するなど、変化の影響はいたって穏やかだったと考えるほうが、ほとんどの地質学者にとっては都合がよかった。たとえこの世界が人類のために創造されなかったとしても、人類の生き残りのためには適した場所であることが理性的に保証されるのだ。絶滅でさえ、様々な生物種が公平な立場で競い合った結果であり、適応能力の優れた生命体が生き残り、生命は改善のプロセスを進めていったのである。生物学者のデイヴィッド・スター・スローンは、地質学者のそんな思いをつぎのように見事に要約している。

宇宙は我々と共にある。我々の宇宙であり、我々はその一部であり、宇宙をできるかぎり謹んで受け入れる以外の選択肢は考えられない。宗教の良い面は、神の創造した世界に居心地の良さを感じられるところだ。神をどのような形で信じるにせよ、この姿勢は変わらない。我々にとって神の世界は、見知らぬ土地ではない。我々のふるさとであり、大昔の先祖の時代からふるさとであり続けている。

しかし、地質学で新たな発見がなされた結果、宇宙のなかで精神的に居心地の良さを感じる姿勢を今後は改めるべき可能性が生じた。

3 アルバレスの仮説

大量絶滅よりずっと小規模の、単なる絶滅の事実さえ、人びとにとっては非常に受け入れ難いものだった。

ケネス・シュー、『大絶滅』

一九七三年、ノーベル化学賞受賞者のハロルド・ユーリーは『ネイチャー』誌に「彗星の衝突と地質年代」というタイトルの短報を発表し、生命の大量絶滅は小惑星か彗星の衝突が原因だったという仮説を明らかにした。このような説を提案したのはユーリーが最初ではない。地質学の文献を調べれば、もっと早い時期の推論が見つかる。たとえば一九五六年には、無脊椎動物が専門の古生物学者M・W・デ・ローベンフェルスが、恐竜の絶滅には巨大な隕石の衝突から発生した熱が関わっていたという説を論文のなかで提案した。彼の説は、衝突する物体から発せられる熱に関する単純な計算に基づいている。一方、ユーリーは、直径一〇キロメートルの物体が地球に衝突したときに発せられる莫大なエネルギーについて概算を行った。そして「地球全体の気象条件が非常に大きく変動し、地球表面のかなりの部分に非常に激しい物理的影響がもたらされたはずだ」と推測している。

衝突の時期は生物が絶滅して動物相が変化した時期と一致していると、ユーリーは述べている。しかも、彼の発想は検証可能だった。恐竜が姿を消した六六〇〇万年前の白亜紀など、生物絶滅の痕跡が残された境界層からテクタイトを探すよう地質学者に提案している。テクタイトは天然のガラスで、隕石衝突によって作られることが知られていた。それでも当時、化学者が提案する天変地異説に対し、地質学者のコミュニティはほとんど注目しなかった。斉一説というパラダイムの範囲に収まらなかったからだ。しかし、その後の展開が示すように、ノーベル賞受賞者が提案するアイデアは、簡単に否定すべきではない。

そのわずか七年後、ライエルの学説に最初の大きな打撃が与えられた。大きな彗星か小惑星が六六〇〇万年前に地球に衝突したことの動かぬ物理的証拠が発見されたのだ。この天変地異の最初の証拠は、恐竜だけでなく、陸地や海に生息していたそれ以外の生物の最後の化石が含まれる薄い粘土層を丹念に調べた結果、明らかになったものだ。一九七〇年代末、カリフォルニア大学バークレー校の地質学者ウォルター・アルバレスは、スカグリア・ロッサと呼ばれるピンク色の海洋石灰岩の地層を調査した。いまや海底は隆起してイタリアのアペニン山脈を形成しており、調査の対象となった地層は、中世・ルネサンスの香りが漂う美しい丘の町、グッビオの近くの険しい峡谷にあった。アルバレスは、同行した地磁気学の専門家ビル・ローリーと一緒にグッビオの岩石の堆積層を観察し、そこに刻まれている地球磁場逆転の記録を丹念に調べた。堆積層は白亜紀末期から古第三紀初期のあいだに、数千万年の時間をかけて作られたものだ。

アルバレスとローリーが逆方向に磁化されたグッビオの石灰岩に注目したのは、大洋中央海嶺で形成された海洋地殻のなかにも、地磁気の南北逆転にしたがって逆向きに帯磁している縞模様があったからだ。今回の調査は、ふたつを照合することが目的だった。海嶺に沿って海底が押し出されていった時代の岩石に記録されている地磁気と、化石の混じった地層がグッビオで堆積していく際に残された地磁気を照らし合わせて比較すれば、どちらの地層の年代もより正確に推定できるはずだった。陸地の堆積層に残された磁場逆転の記録（堆積速度は一〇〇〇年につき一センチメートル単位以下）は、大洋中央海嶺沿いに地場の縞模様が形成される速度（一年ごとにセンチメートル単位で伸長する）の一〇〇〇分の一である。したがって、陸地の地層がメートル単位で形成されるまでには何百万年もの時間が必要とされることになる。アルバレスとローリーは、このような相関関係に悪影響をおよぼしかねない地質記録の乱れに、特に関心を払った。

白亜紀の地層とその上に重なっている古第三紀の地層を調査中、アルバレスはある奇妙な点に注目した。グッビオの地層には白亜紀の海洋プランクトンが化石として残されているが、そのなかには、ほとんどのタイプの化石が消滅している薄い粘土層が存在していたのだ（図３‐１）。化石が欠落している粘土層はすでに一九六〇年代、ミラノ大学の古生物学者イサベラ・プレモリ・シルヴァによって観察されていた。この粘土層は白亜紀の地層とその上の古第三紀の境界にあって、Ｋ／Ｐg境界層と呼ばれ、六六〇〇万年前に形成された。フィールド調査において、この境界は拡大鏡だけで確認できる。白亜紀末期の岩石には、ミリサイズの浮遊性有孔虫（単細胞の原生生物で、小さな石灰質の殻

図3-1　イタリアのグッビオにあるK／Pg境界層の拡大写真。ハンマーのヘッドの先端が触れているのは、白亜紀の地層の最上部を形成する石灰岩。頻繁に採集されて薄くなった境界層は、ハンマーの後ろでくぼんでいる。

を持つ）の化石が残されているが、古第三紀との境界部分の薄い粘土層のなかだけは消滅していることがわかる。Ｋ／Ｐg境界は地質時代のなかで重要なマーカーであることをアルバレスは認識した。海洋生物のおよそ七五パーセントだけでなく、恐竜を含む陸上生物の大部分が消滅していることからは、尋常ならざる事象によって大量絶滅が引き起こされた可能性が考えられた。

　生物がほぼ消滅している薄い粘土層の上に形成された石灰岩の地層には、大量絶滅を生き残ったわずかな生物や、その後に進化した新種の海洋プランクトンの化石が含まれている。これは、地質記録の乱れの可能性が考えられる。ではこの粘土層は、どれくらいの時間をかけて堆積したものだろうか。そこでアルバレスは、父親に相談した。父親のルイス・アルバレスはノーベル賞を受賞した素粒子物理学者で、科学の謎の解明に情熱を傾けていた。一九四〇年代にはロスアラモスで原子爆弾の開発に取り組み、ネバダでの最初の実験に参加しただけでなく、広島への投下も科学調査機から目撃した人物である。宇宙線を使い、エジプトの大ピラミッドの隠し部屋を探したこともあった。

アルバレス父子は検討のすえ、粘土層が堆積した時間を推測するためには、層のなかの地球外物質の量を測定するべきだと結論した。宇宙からやって来た微小隕石は通常、地球上層大気に入ると燃え尽きるので、地上には少量の破片が継続的に降り注いでいる。ただし、この場合には地質作用の進行が非常に遅い。粘土層に大量の破片が含まれるなら、薄い地層が長い時間をかけてゆっくり堆積し、流星塵が年々増えていったと結論するのが最もわかりやすい。そして粘土層から少量の地球外物質だけが発見されたら、この層が短期間に急速に形成された結果だと考えられる。

地球外が起源であることを示す指標として有力なのは、地殻を形成する岩石に通常は滅多に含まれないが、隕石には大量に含まれる何らかの元素だろう。隕石衝突の理想的なトレーサーとして、アルバレス父子は希元素のイリジウムに注目する。地球では、ほとんどのイリジウムは金属核に存在しており、地殻岩石には検出不能なほど低い濃度しか含まれない。イリジウムは金属の鉄に対する親和性が強いので、まだ溶融状態の初期の地球で高密度の鉄のほとんどが中心部に沈み込んでいくとき、イリジウムも一緒に沈んでしまった。対照的にほとんどの隕石は、原始の姿をとどめた宇宙物質から構成されるので、鉄だけでなく、イリジウムなど鉄を好む元素も本来の量が残されている。つまり隕石の破片にはイリジウムが豊富なので、境界粘土層が時間をかけて形成されたとすれば、この希少金属が多く含まれるはずだった。

アルバレス父子は、ローレンス・バークレー国立研究所のふたりの優秀な核科学者の協力を仰いだ。フランク・アサロとヘレン・ミシェルのふたりは、中性子放射化分析を使って様々な微量元素を測定する技術に熟達していた。このようなタイプの分析では、サンプルはまず原子炉のなかで中性子を大量に浴びる。するとイリジウム原子は中性子の一部を吸収し、つぎに特定の速度とエネルギーでガンマ線を放出する。その放出の仕方を観察すれば、ごく微量のイリジウムを検出できる。ppt(一兆分の一)、すなわちサンプルに含まれる一兆個の原子のなかから、ただひとつのイリジウム原子を検出することも可能だ。

化学分析の結果は、バークレー校のグループを驚かせた。グッビオのK/Pg境界には、ゆっくり堆積した地層と比べても、三〇倍以上も多くのイリジウムが含まれていたのだ。一方はわずか三〇ppt、もう一方は数ppb(一〇億分の一)という大きな違いだ(**図3-2**)。しかも、この境界粘土層には、様々な微量元素が通常の隕石と同じ割合で含まれていた。そうなると、大量のイリジウムが堆積したのは、何らかの事象によって、隕石の構成物質が宇宙から地球表面に大量に持ち込まれた結果としか説明できない。

アルバレスのチームは、境界粘土層のサンプルをデンマークからも入手した。こちらのほうが層はやや厚いが、やはり短期間に形成され、大量絶滅の痕跡を残しているような印象を受けた。そして分析作業からは、イタリアよりもさらに驚くべき結果がもたらされた。イリジウム濃度は、境界層の上と下の通常の堆積層より一六〇倍以上も高かったのだ。ほかにもアルバレスは、南半球のニュージーランドからも境界粘土層のサンプルを手に入れたが、こちらもやはりイリジウム濃度は高く、これが世界的な現象であることが証明された。そこからアルバレスのグループは衝撃的な結論を導き出した。

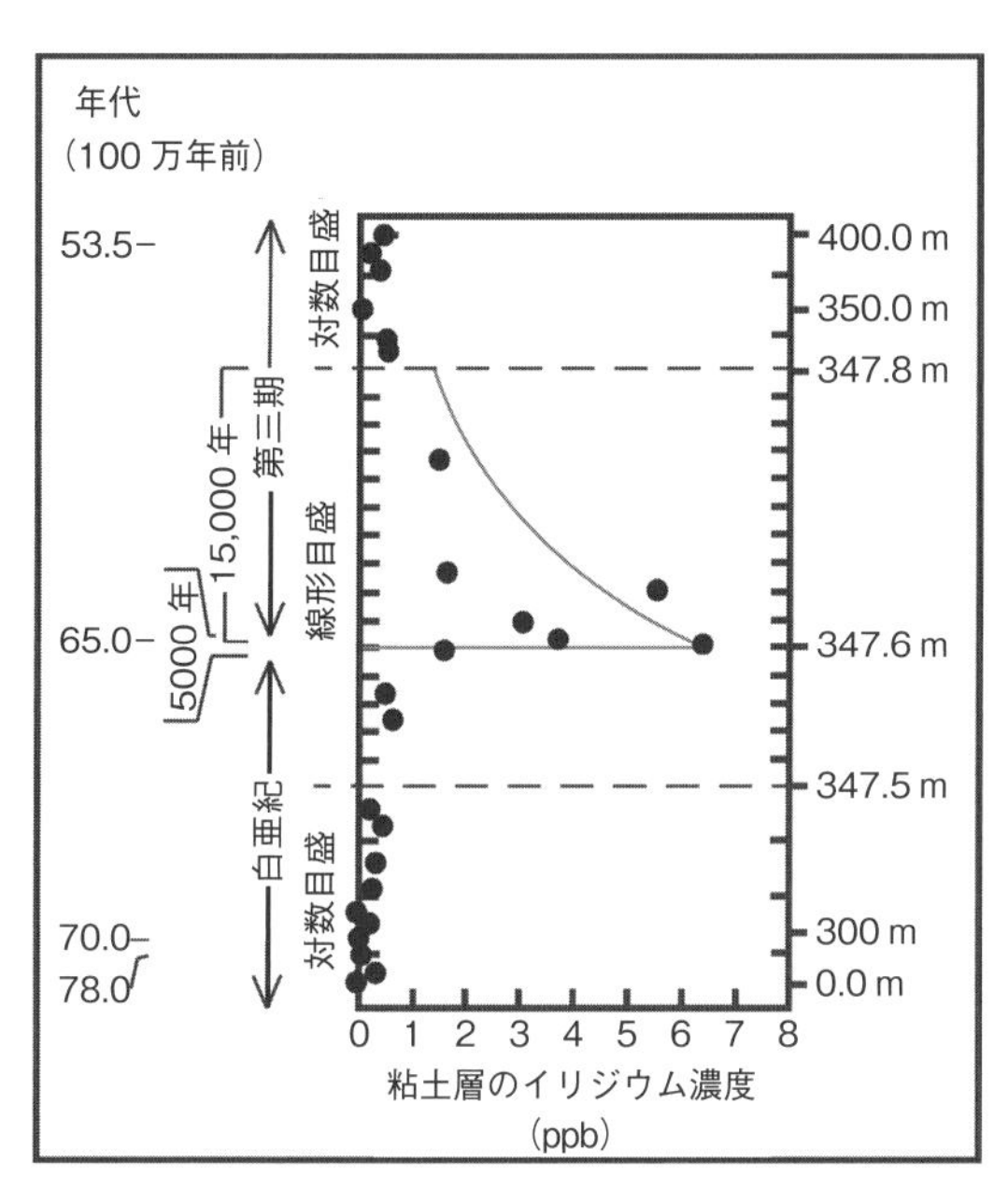

図 3－2　グッビオの K／Pg 境界層はイリジウム含有量が異常に多い。この例外的な濃度は、厚さがおよそ 20 センチメートルにわたって発生している。L. W. Alvalez et al., *Science*, 208, 1095-1108（1980）より描き直し。

かつて地球に巨大な小惑星か彗星が衝突し、イリジウムを大量に含む塵を地球全体に拡散した可能性である。

この発見は地質学コミュニティに衝撃を与えた。バークレー校の科学者たちはほかの多くの研究グループと協力し、世界各地の境界粘土層からサンプルを集め、最終的には三五〇カ所以上のサンプルの分析を手がけた。境界粘土層の成分が明らかになると、イリ

図3-3　ニューメキシコ州のラトン盆地の陸上堆積物から、K／Pg境界層のサンプルを採集するアラン・ヒルデブランド。

ジウムが極端に多いケースがほとんどだった。これら地層の多くはグッビオの地層と同じく、深海で堆積して形成されたが、なかには浅い大陸棚で堆積したものもあった。さらに、イリジウム濃度が極端に高い地層は、かつて恐竜が生息していた沼地の砂や粘土から作られた堆積岩の層にも少なからず見られた（**図3-3**）。世界のあちこちで確認された地球化学的な異常値は、生物の大量絶滅と時を同じくして、地球外物質が空から地球に大量に降り注いだことの確かな証拠に他ならなかった。

私はグッビオの境界層をはじめて見たときのことを覚えている。生命の歴史に大きな影響をもたらすほどの大変な事象の記録が、何の変哲もなさそうな粘土層の地質に残されているという結論は、素直に受け入れ難かった。同じような影響の名残をとどめた地層が、ほかにいくつ隠されているのだろう。地球に壊滅的な被害を与える天体の衝突は、つぎはいつ起こるのだろうか。グッビオで衝撃を受けて以来、私はヨーロッパ、メキシコ湾岸、カリブ海、アメリカ西部など、全部で二五カ所以上の白亜紀末期の地層を訪れた。そしていつも、一見すると取るに足らない薄い境界粘土層に宇宙の謎が隠されているという事実に驚かされる。

衝突によって発生した炎と爆風は、イリジウムを大量に含む小天体を気化させ、巨大なクレーターを形成し、粉塵雲を遠くまで広げていったはずだ。雲は地球を覆いつくし、太陽の光を完全に遮断しただろう。大量のイリジウムを含む塵は地球全体に拡散し、最後は大気から地上に舞い降り、世界中で粘土層を形成した。大気が塵雲ですっぽり覆われると、ほぼ完全な暗闇が訪れて気温は一気に下がった。一方、飛び散った高温の破片が空を明るく照らしながら大気圏に再突入すると、山火事が引き起こされて煤が大量に発生する。その結果、光合成は完全に途絶え、地球の食物連鎖は断ち切られ、陸でも海でも生存する動物種や植物種の大半が死滅したと考えられる。世界中の粘土層に含まれるイリジウムの量を計算し、隕石の平均的な組成に関する知識を参考にした結果、世界を一変させた小惑星または彗星の直径はおよそ一〇キロメートルだとアルバレスのチームは推測した。これはかつてユーリーが推測した数字と近い。

地球の表面から成層圏までの距離は、多くの場所で一〇キロメートルにも満たない。したがって、秒速二〇～六〇キロメートルで地球に侵入する天体は、ほんの一瞬で成層圏から突き抜けてくる。衝突について警告を発する時間的余裕などない。恐竜には、近づいてくる天体が見えなかったはずだ。衝

図3－4　K／Pg境界層から採集された衝撃石英の粒。砕けた表面に複数の線が十字に交差しているのは、衝撃の特徴である。粒の直径は、およそ0.1ミリメートル。

天体がものすごい衝撃を伴って衝突したときには、とてつもない圧力と高温が生じただろう。衝突した天体も衝突された岩石も気化・融解あるいは粉砕した。そして、とてつもない圧力の衝撃によって、衝撃石英などの鉱物が生み出されたのである（**図3－4**）。衝撃石英の粒子の結晶面には、顕微鏡で観察できる微細な平行線が一定の角度で刻まれており、何かを物語っているような印象を受ける。実際、このような平行線は、超高速度で何かが地球に衝突して巨大な圧力が発生しないかぎり、生み出されることはない。火山の噴火ぐらいでは不可能だ。衝突によって放出されたエネルギーは、地球全体に石英の小さな粒子をまき散らしていった。一九八三年、デンバーの米国地質調査所に所属するブルース・ボホー

図3－5　ハイチのK／Pg境界層から採集された微小テクタイト（直径は最大で数ミリメートル）。写真提供：デイヴィッド・クリング。

ルと同僚らは、アメリカ西部でK／Pg境界粘土層を調べた結果、衝撃石英の粒子を発見した。隕石衝突の紛れもない証拠が、新たにひとつ加えられた。

さらに境界層には、様々な組成の微小粒子の存在も確認されているが、その多くはもともとガラスからできていた（大体は変形しているが、中心核はガラス質の状態をとどめている）。これらのサンプルは、アムステルダム自由大学の地質学者ヤン・スミットによって、スペインの境界粘土層ではじめて観察された。かつてユーリーは、境界層にガラス質のテクタイトが存在する可能性について指摘していたが、地質境界で発見された微小テクタイトはそのミニチュア版とも言える（**図3－5**）。大きさは平均でおよそ〇・一ミリメートルだが、いちばん大きなものは直径が数ミリメートルある（テクタイトと見なしてもよい大きさだ）。これらの小さなビーズは、もともとは溶岩の滴だったもので、巨大な衝突クレーターから飛び散り、広く分散していった。どれも一様に涙の滴のような球状をしているのは、空中を移動したことの証拠だ。一方、境界粘土層に残されている小球粒の一部は、衝突によって気化した岩石がそのまま急速に凝縮・凝固したようだ。これらの非ガラス質のビーズは微小球体と呼ばれる。

スミットは、イリジウムの異常値の発見にも不思議な役割を果たした。一九七〇年代末、彼はスペインでK／Pg境界層の調査に取り組んでいた。薄い粘土層の部分だけ、海洋プランクトンの小さな死骸が見つからないことに興味を持ったのだ。スミスは同僚と共にスペインの境界層の元素分析を行ったが、当初は大量のイリジウムの存在を信じなかった。あまりにも数値が高く、正確に測定されたとは思えなかったのだ。イリジウムの異常値は本物だとスミットが認識した頃には（ちょうど病気から回復中だった）、すでにアルバレスのチームが自分たちの発見を公表していた。スミットはイギリスの『ネイチャー』誌に論文を発表し、実際のところ、アルバレスの論文が『サイエンス』誌に掲載される前に世に出たのだが、アルバレスのグループに優先権があることを認めた。ウォルター・アルバレスは何度となく、スミットはイリジウム異常値の共同発見者であると語っている。

この時期は、天変地異説復活の気配が漂っていたようだ。アルバレス父子の発見に先立つ一九七九年、天体衝突がどのように大量絶滅を引き起こしたのか想像して克明に記した書籍が出版された。『地球を襲った衝撃』というタイトルで、ふたりの地質学者、インペリアルカレッジのバシル・ブースとロンドン大学のフランク・フィッチが執筆した。ふたりは「大きな衝突によって発生した水蒸気と塵が高層大気にまで上昇し、かなりの期間にわたって世界の気象に影響をおよぼした」という仮説を提案している。この本によれば、「特定の生物種、たとえば恐竜が過去にいきなり絶滅した現象に、宇宙からの天変地異が関わっている可能性は大いにあり得る」という。かくして、天体衝突が大惨事を招いたとする説は主流になり始めた。

一九八二年、ダートマス大学の粘土鉱物学者のボブ・レイノルズと私は、複数の場所で採取したＫ／Ｐｇ境界粘土層のサンプルをスミットから手に入れた。粘土層にはどんな鉱物が含まれているのか確認することが目的で、おそらく何か外来の鉱物が発見され、境界層誕生のヒントになるのではないかと期待した。ところが、私たちはサンプルのなかでも細かい粒子（微粒粘土鉱物）をＸ線回折分析によって調べたが、衝撃石英粒や微小テクタイトが存在していたかもしれない粗い粒子には注目しなかったため、隕石衝突の証拠を発見する機会を逃してしまった。

衝撃石英と微小テクタイトは天体が衝突した有力な証拠である。それがＫ／Ｐｇ境界層で発見されたということは、地球のどこかで起こった大衝突からの降下物によって境界層が形成されたことを示唆する。それでも疑念はなかなか解消しなかったが、一九八九年、決定的な証拠が浮上する。衝突に関する研究が専門のジョン・マクホーンとアリゾナ州立大学のチームがスティショバイトを発見したのだ。これは密度の高い石英で、衝突クレーターでしか発見されない。その結果、衝突クレーターからの降下物で粘土層が形成された可能性はさらに高くなった。境界層をさらに詳しく調べると、マイクロダイヤモンド、大量の煤、地球外アミノ酸が発見されたが、いずれも天体の衝突とそれがおよぼした影響に深く関わっている。

一九九〇年までには、パズルで欠落している重要なピースはただひとつ、衝突クレーターだけになっていた。巨大なクレーターは、未だに発見されなかった。衝突のシミュレーションや実験からは、通常では、クレーターの直径は衝突した物体のおよそ二〇倍に達する可能性が考えられた。この計算によれば、六六〇〇万年前に形成された直径一八〇〜二〇〇キロメートルのクレーターが、地球のどこかに存在するはずだった。これだけの規模のクレーターなら簡単に見つかりそうだと考えるかもしれないが、時間の経過と共に証拠は消滅していく。クレーターは侵食するか、あるいは新しい時代の沈殿物が積み重なっていく。もちろん、衝突した場所が海だと発見はさらに難しい。衝突によって沈み込み破壊された海洋底から、クレーターを掘り起こすのは容易ではない。

衝突の証拠が残された境界層をアルバレスのチームが発見した一九八〇年には、そのようなクレーターは地球のどこにも見つかっていなかった。クレーターの所在地を突きとめる手がかりのひとつが、境界層のなかの衝撃石英の存在である。石英が花崗岩など大陸性岩石の主要構成鉱物であることを考えれば、天体は大陸に衝突した可能性が最も高そうだった。当時、K／Pg境界層のなかで最も多くの衝撃石英が発見されたのは、アメリカ西部の地質断面だった。ここの境界層には菌類やシダの胞子が存在していた痕跡が残されているが、これは大変動のあとに植物相がいち早く回復した証拠と見て間違いない。さらにアメリカ西部の境界粘土層はヨーロッパの地質よりも厚く、そこからは天体が西

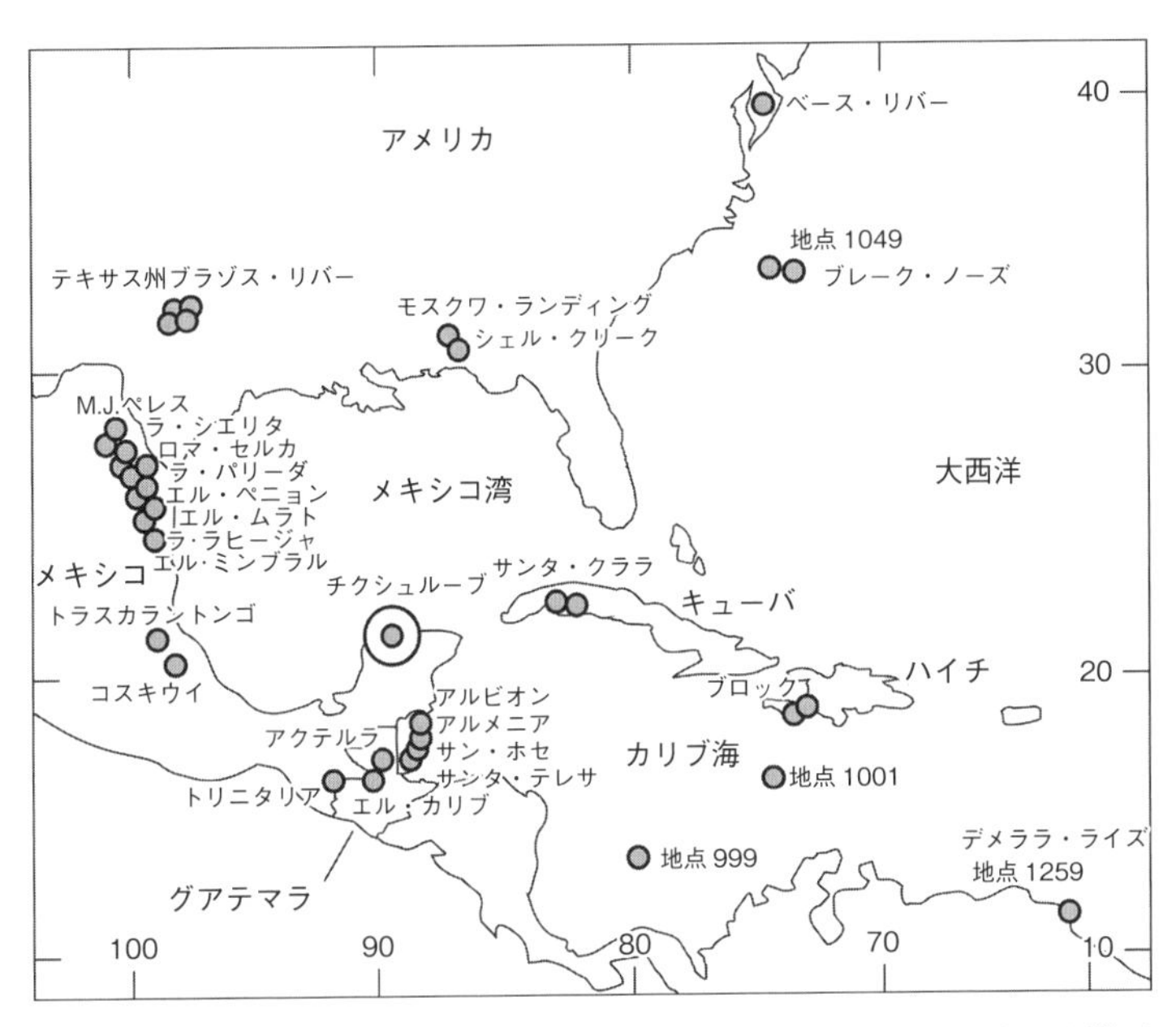

図3-6　メキシコ湾ならびにカリブ海周辺で確認されている、衝突した隕石の破片を含むK／Pg境界の堆積物の分布。チクシュルーブ・クレーターの場所も示されている。津波関連の堆積物は広く分散している。

半球のどこかに衝突した可能性が考えられた。アメリカ南部とメキシコの湾岸地域やカリブ海諸国の一部を対象にした研究からは、K／Pg境界層は堆積が乱れている粗砂の地層であることが確認された（**図3-6**）。ワシントン大学のジョディ・ブルジョアは、このような地層をまずテキサス州沿岸で研究した。津波由来の堆積物に関する研究の専門家であるブルジョアは、堆積物やその内部構造のタイプから推定した結果、湾岸地域の地層は高さ一〇〇メートル以上の巨大な津波によって堆積した証拠だという結論に達した。

メキシコ東部のアロヨ・エル・

図3-7　メキシコ東部のアロヨ・エル・ミンブラルのK／Pg境界層。周囲から突き出している厚さ2メートルの砂岩は津波堆積物。

ミンブラル（図3-6参照）は、衝突当時はメキシコ湾に水没していたが、ここではK／Pg境界層が厚さ二メートルの粗砂で形成され、木の化石がたくさん観察される。砂の層の下には変質した微小テクタイトが厚い層を形成しており、この時期に天体が衝突したことを示唆している（**図3-7**）。一方、厚い砂の層の真上では、砂が波形模様（リップルマーク）に堆積し、激しい水流が断続的に押し寄せた結果、砂がねじれた形で堆積した可能性が考えられた。そしてこれらの層の真上には、異常なほど大量のイリジウムと衝撃石英の粒子が発見され、天体の物質が衝突後にはるか上空から飛散した証拠だと思われた。粗砂の厚い層は、津波によって堆積したものと解釈できる。海岸に押し寄せた津波が引き返すとき、海岸の沈殿物やマングローブの湿地の砂がさらわれ、メキシコ湾の海底深くに沈殿したのだ。リップルマークは明らかに、メキシコ湾のなかで津波が何度も寄せては返した結果として形成されたのである。

カリブ海周辺の海底では、天体衝突の衝撃によって巨大な地滑りも発生した。これは十分に理解できる。とてつもない衝撃からは最低でもマグニチュード一〇の地震が引き起こされたと考えられるが、これは歴史上のいかなる大地震よりもはるかに大きなエネルギーを発散させた。地震の影響は広範囲で感じられたことだろう。たとえば、私がキューバ西部で観察した境界層の沈殿物は、およそ四〇メートルの厚さの巨大な地層を形成していた。底の部分には目の粗い岩屑（がんせつ）が、上の部分には細かい粒子の砂が堆積しているが、これは浅瀬の炭酸塩堆積物や岩礁が大量に崩壊し、深海に押し流されて形成されたもので、そのきっかけは間違いなく、天体の衝突が引き起こした巨大地震だった。

一九八〇年代末、当時は血気盛んな若者で、アリゾナ大学の大学院生だったカナダ人地質学者のアラン・ヒルデブランドもまた、テキサス州の湾岸地域で津波による堆積物を調査した。彼は仲間と共に、メキシコ湾・カリブ海地域に存在すると思われるクレーターの発見を目指した。そして地質上の痕跡にしたがい、ハイチに向かった。そこではフロリダ国際大学に所属するハイチ人地質学者のフロレンティン・モラッセが、白亜紀と古第三紀の地層をすでに調査していた。モラッセは古代の化石や堆積岩に関する観察眼の鋭い専門家で、私とは一九七〇年代はじめ、コロンビア大学で共に学んだ間柄だ。一九七〇年代末、ハイチで地層の露出部を観察していたモラッセは、粗砂が五〇センチメートルの厚さに堆積している部分を発見し、これを火山タービダイトと呼んだ。海中の沈殿物が混濁流によって運ばれ、海中火山の斜面を勢いよく流れ下り、形成された地層だと考えられた。タービダイトの堆積物が発見されたのが白亜紀と古第三紀のまさに境界層であることは、沈殿物のなかの微化石によって確実視された。

ヒルデブランドは、ハイチの地層の厚さと構成に大いに興味をそそられた。しかもかつてモラッセは、この地層のなかに、カリブ海でかつて調査した始新世のものと同じ微小テクタイトが含まれている可能性も示唆していた。天体衝突に関してユーリーが一九七三年に発表した論文の内容と、モラッセが調査した境界層でのテクタイトの存在を考慮すれば、白亜紀から古第三紀への移行期に天体が衝突した可能性は誰でも推理できるはずで、アルバレスのチームによる発見を待つまでもなかった。ところが、そうはならなかった。当時はまだ地質学者のあいだでライエルの法則が幅を利かせていたので、地質に変化を引き起こした可能性のあるメカニズムとして、地球外の物質の衝突を真剣に考えることができなかったのだ。

直ちにヒルデブランドは、（アリゾナ大学・月惑星研究所の）デイヴィッド・クリングと共にハイチを訪れ、厚く堆積した境界層からサンプルを収集した。その結果、ほとんどは小さな粒で構成され、一部は中心核がガラス質であることがわかった。確認された形状（球、滴型、ダンベル型）は、テクタイトや微小テクタイトの空気力学的形状と一致している（図3‐5参照）。おまけに境界層には、大きな衝撃石英の粒も含まれていた。衝突の残骸が厚く堆積した地層がハイチに存在していることから、実際に天体が衝突したのはカリブ海地域のどこか近くの場所だとヒルデブランドは結論した。

それから少し経過した一九九六年、私はモラッセと共にハイチのK／Pg境界層を訪れた。最も状態の良い露出部はベロックという町の近くにあって、急な斜面にある。斜面の中間地点に到達するためには、ロープを使わなければならない。しかもようやく到着してみると、毒を持つ黒いゴケグモが何匹も這い回っている。ふたりともおそるおそるサンプルに近づいたが、そんな様子に興味をそそられた現地の子どもたちは、はだしで勢いよく急斜面を上り下りしていた。

一方ヒルデブランドは、一九九〇年にハイチを訪れたあとも幸運が続いた。彼はある記者から、一九八一年にロサンゼルスで開催された米国物理探査学会の会議での面白い話を聞かされた。この会議では、石油地質学者のグレン・ペンフィールドとアントニオ・カマルゴ、それにメキシコの石油公社ペメックスの同僚らが、メキシコのユカタン半島に存在する巨大な地下クレーターについて報告していた（**図3－8**）。しかも彼らは、それが白亜紀末期に天体が衝突したことの「決定的証拠」ではないかとも示唆していた。この巨大クレーターは堆積物に厚く覆われ、巧妙に隠されていた。それでもクレーターに穴を開けてサンプルを収集し、クレーター上の重力場測定など地球物理学的測定を行った結果から、直径約一八〇キロメートルの多重円形型の構造を地球物理学者たちは地図で示すことができたのである（**図3－9**）。この発見に関しては、（私も読む機会が多い）一般誌の『スカイ・アンド・テレスコープ』の一九八二年三月号でも報告された。しかしなぜか、天体衝突説を唱えるコミュニティ全体が、巨大クレーターの可能性を示唆する記事を見過ごしてしまったのである。

一九九〇年にヒルデブランドは、クレーター内部の奥深い層から切り取られた貴重な収集物の一部

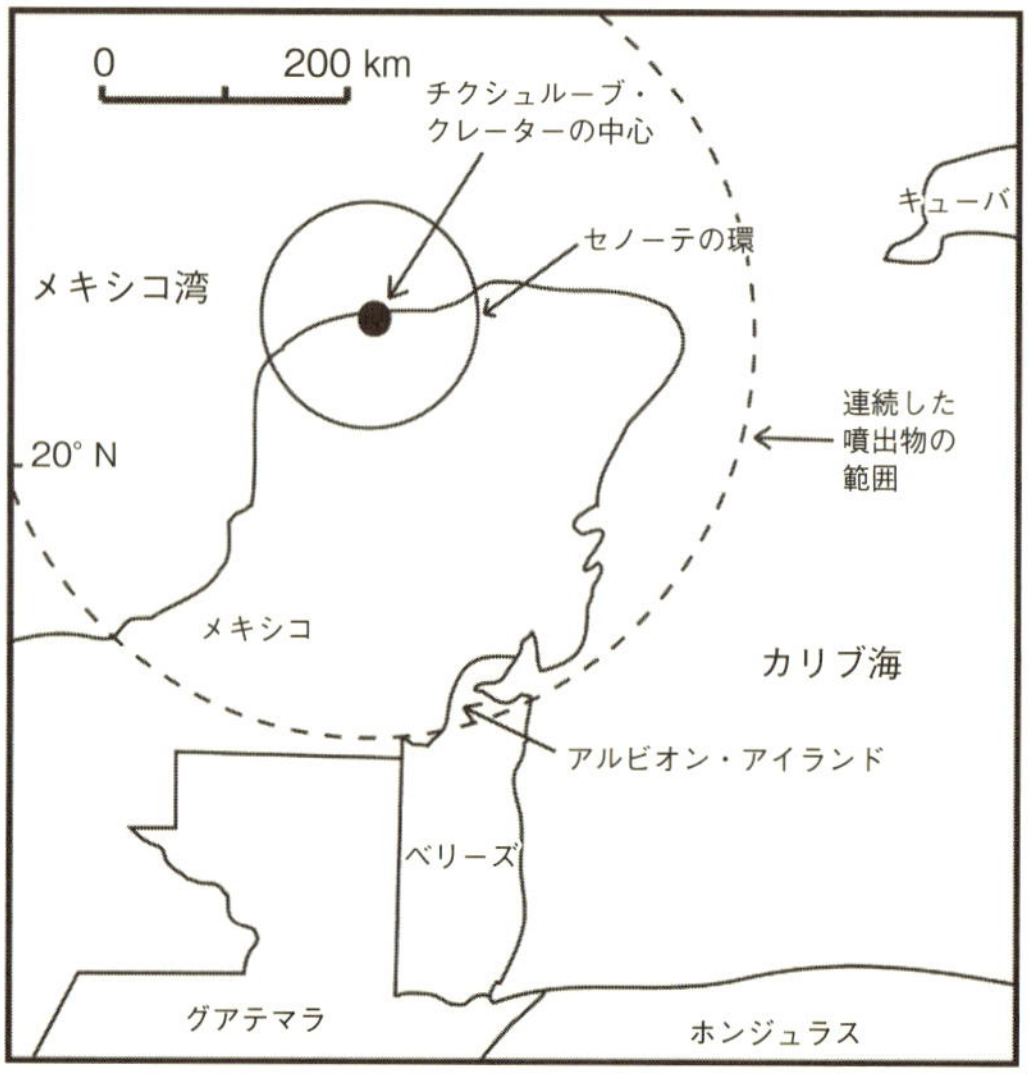

図３－８　ユカタン半島で確認されたチクシュルーブ・クレーターの衝突構造。連続的に堆積している噴出物は、主に土石流の堆積物である。ベリーズのアルビオン・アイランドの場所も示されている。

を手に入れた。ペメックス社の現場作業員によれば、火山岩の一種の安山岩だという。顕微鏡でサンプルを一目見ただけで、正真正銘の衝撃石英と融解したガラス質の残余物が確認された。このクレーターこそ、K／Pg境界を形成した天体が衝突した場所で、探し求めてきたものがようやく見つかったとヒルデブランドは確信した。地質学者はこの場所を、埋没したクレーターの中心に位置する町にちなみ、チクシュルーブと名づけた（これは「悪魔の尻尾」を意味する）。私なら、近くの町の名まえのプログレッソを選んでいただろう。発音しやすいだけでなく、天体衝突に関する仮説が大きな進歩を遂げたことの象徴にもなる。

ヒルデブランドの発見と同じ頃、ジェット推進研究所の地質学者アドリアナ・オカンポとケヴィン・ポープが、空中からの証拠の獲得に貢献した。ユカタン半島の衛星写真から、セノーテ、すなわ

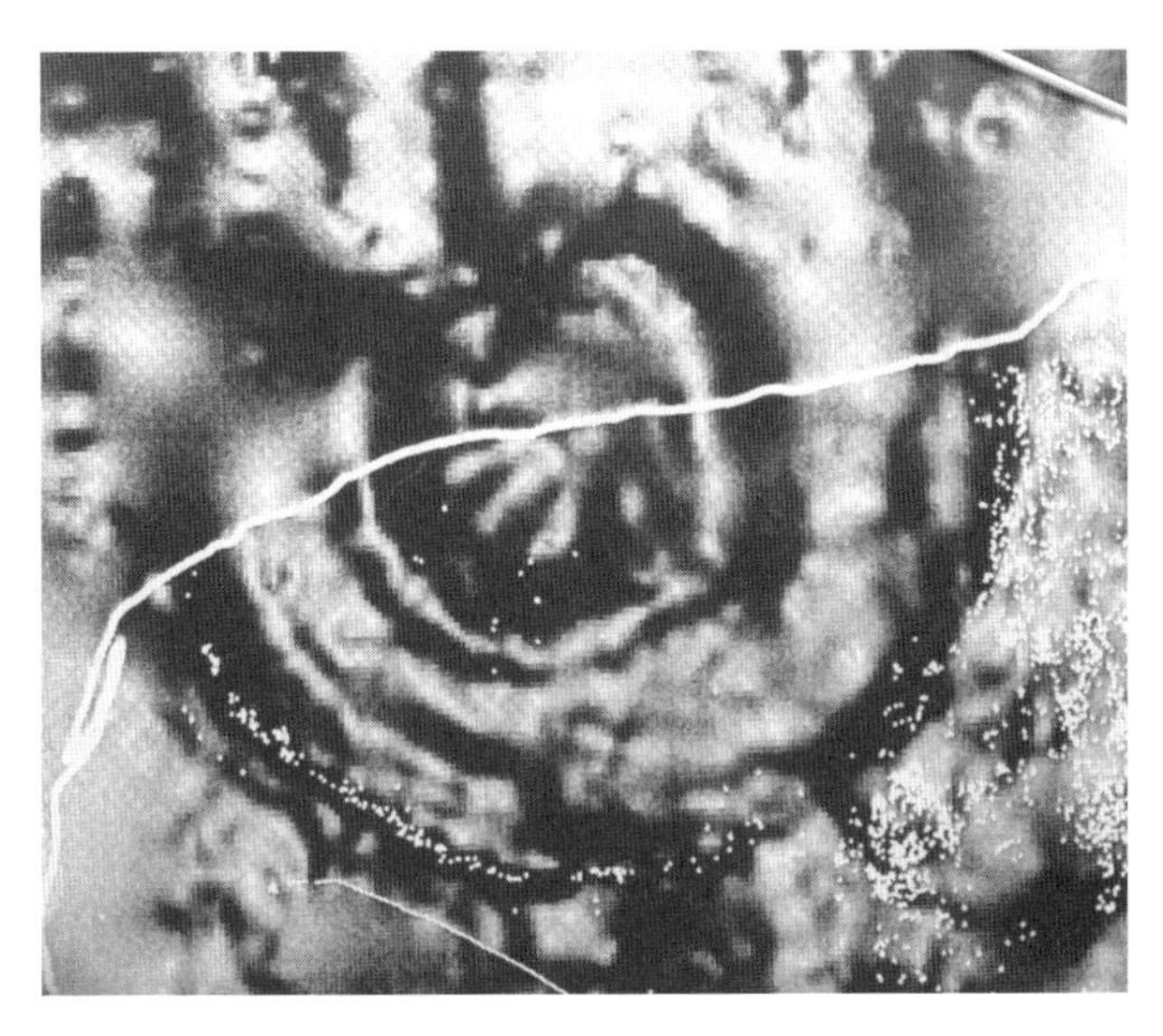

図3-9　ユカタン半島北岸で確認されたチクシュルーブ・クレーターの衝突構造の重力異常を示した地図。白い線はユカタン半島の北の海岸線。白い点は、クレーターの外輪に沿って連なるセノーテ（小さな陥没湖）。A. R. Hildebrand et al., *Nature*, 376, 415-17（2002）より。

ち小さな陥没穴に水が溜まって形成された泉が数多く確認されたのだ。セノーテは大きな弧を描くように連なっており、実際のところ、チクシュルーブのクレーターの円周をきれいにたどっていた（図3-9参照）。泉がクレーターの縁に沿って並んでいるところでは、表面に弓形の割れ目が生じ、そこから湧き出てきた地下水が上層部の石灰岩の一部を溶かしていた。

もちろん、クレーターの発見には新たな反論が返ってきた。一部の研究者は、クレーターの年代が境界粘土層の年代と異なり、互いに無関係だと論じた。しかしバークレー校のカール・スイッシャーと同僚らは、一カ所の研究室で放射能年代測定を慎重に行った結果、チクシュルーブの溶岩とハイチのテクタイトはまったく同じ年代だと、かなり確信を持って結論に達した。さらに、カナダのロイヤル・オンタリオ博物館のトム・クローグと同僚らは、境界層から発見された鉱物ジルコンの小さな衝撃粒に関して、素晴らしい研究を行った。ウラン・鉛年代測定法で年代を確認されたこれらの粒には、ふたつの事象が記録されていた。ジルコンの起源はおよそ五億四〇〇〇万年前で、チクシュルーブの地層の底辺を構成している調査対象の花崗岩と、年代がマッチしていた。そしてもうひとつ、積み重なった地層が形成されたのは六六〇〇万年前で、天体が衝突した時期と一致していたのである。

ガラス質は火山に由来するものではないかと指摘する批評家もいたが、ロードアイランド大学の著名な火山学者ハーオルダー・シガートソン率いる研究チームは、天体の衝突場所で観察されるガラス質と同じく、ハイチの微小テクタイトのガラス質の中心部も、カルシウムと硫黄を異常に多く含む組成であることを発見した。存在が知られるいかなる火山ガラスとも異なっているが、天体が衝突したと思われるユカタン半島の地層とは一致しており、石灰岩（炭酸カルシウム）と硬石膏（硫酸カルシウム）を含んでいる。これらは衝突の際、溶岩に取り込まれたものと考えられた。

チクシュルーブ・クレーターが発見され、それが形成された年代が明らかになると、白亜紀末期に天体の衝突によって大量絶滅が引き起こされたという仮説は、地質学コミュニティで広く受け入れられるようになった。白亜紀から古第三紀にかけて発生した天体の衝突と生物の大量絶滅に伴う問題に関する三〇年におよぶ研究は、二〇一〇年に『サイエンス』誌に発表された論文によってまとめられた。四一人の共著者は、天体衝突や大量絶滅についての専門知識を持つ様々な分野の出身だが、天体の衝突が大量絶滅を引き起こしたという発想を全員が支持した。そのうえで、直径一八〇キロメートルにおよぶチクシュルーブのクレーターこそ、世界を一変させた衝突の現場だったという結論に達したのである。

しかし、どんなにうまく立証された理論も中傷されるものだ。恐竜専門家の一部は、恐竜は長い時間をかけて徐々に死に絶えたと主張し続けた。そして、恐竜の化石の分布からも、白亜紀末期の数百万年のあいだに徐々に数が減少していったと解釈することは可能だと論じた。このような反論が成り立つのは、地質記録にムラがあるうえに収集されるサンプルが不完全なので、地中に保存されている恐竜の化石が発見されるのは偶然の事象だという事実による。統計的には、天体が衝突したときの地層から最後の恐竜の骨格が発見される可能性は非常に小さい。

そうなると、突然の事象も徐々に進行したかのように見えてしまう。たとえば、アメリカ西部でイリジウムを含む地層が発見されたとき、最後の大型恐竜の骨が白亜紀末期の地層から発見された場所は、イリジウム濃度が異常に高い地層よりも三メートル下にあった。これだけの地層が堆積する速度は様々だが、地質学者の推定によれば、三メートルの堆積物が積み重なるには一万年以上の時間が必要だという。そうなると、恐竜の絶滅は天体衝突のずっと以前から始まったと考えてもおかしくないような印象を受ける。しかし恐竜の化石、特に原型をとどめた大きな骨格が保存されている可能性は、滅多にない。化石の記録がわずかでサンプルの収集が難しいことを考えれば、天体が衝突するまで恐竜が生きていたことは大いにあり得る。

このアイデアの正しさを確認するため、ミルウォーキー公立博物館に所属する古生物学者のピーター・シーハンとデイヴィッド・ファストボスキーは一九九一年、モンタナ州とノースダコタ州のＫ／Ｐg境界層を注意深く観察した。このときは、特別に訓練を受けた地質学者のグループがボランティアとして参加し、白亜紀の最上部の地層からすべての骨の破片を収集して確認した。その結果、恐竜が徐々に死滅した証拠は発見されなかった。しかもこの時期には、アメリカ西部の数カ所で恐竜の足跡が地質学者によって発見されており、その下の層の数十センチメートルの範囲内に該当する時代に、恐竜が存在していた紛れもない証拠として解釈された。しかも境界層の上には、足跡はひとつもなかった。それでも古生物学者の一部は、天体の衝突が大量絶滅を引き起こしたという仮説を認めようとしなかった。ロンドンの自然史博物館のノーマン・マクレオドの以下の発言は、研究に対する彼らの視点を如実に物語っている。「科学の世界で生産的な生涯をおくるための秘訣は、慢性的に解決不能の問題があって、それに取り組み続けることだ」。しかし多くの科学者にとっては、問題を解決して意味を解明することこそがゴールである。

微化石、たとえばグッビオの石灰岩を形成している小さな石灰質プランクトン（炭酸カルシウムの殻を持つ有孔虫やコッコリス）などの場合には、普通は化石記録のサンプル収集や標本作成がそれほど問題にならない。どのサンプルにも無数の小さな化石が含まれるからだ。ただし、イリジウムが例外的に多い部分の真下の地層では、希少種の一部のサンプルが採集できなかったり、あるいは古い時代の地層の化石が白亜紀の地層に取り込まれて新たに堆積している可能性も考えられる。たとえば、穿孔(せんこう)生物が境界層の上下の地層から取り込まれることはあり得る。このような可能性があるにもかかわらず、世界中の多くの場所ではイリジウムを異常に多く含む地層に石灰質プランクトンが発見されず、大量に絶滅したとしか考えられない。

少なくとも、プリンストン大学の微古生物学者ゲルタ・ケラー率いる地質学者のグループは、生物は一気に大量に絶滅したのではなく、Ｋ／Ｐg境界の事象を生き残った海洋生物種は多かったと指摘している。彼女たちの発想は、境界粘土層についての独自の研究だけでなく、ユカタン半島のクレーターのドリル掘削で得られたコアの分析に基づいており、チクシュルーブのクレーターと生物の大量絶滅は無関係だと確信している。チクシュルーブに天体が衝突したのは、微化石やイリジウム濃度異常で確認されるＫ／Ｐg境界に該当する時代の三〇万年前だという主張にこだわった。しかし最近、バークレー校のポール・ルネと同僚らは、正確な年代測定の結果、アメリカ西部の境界層の年代（境界層に近い火山灰層によって測定された）とハイチの境界層の衝撃石英の年代との違いは、三万七〇〇〇年以内であることを明らかにした。これは誤差の範囲内で、本質的に両者はまったく同じ年代だと考えられる。

天体衝突と大量絶滅を関連付ける意見は、いまでは圧倒的に有利なように思える。それでもケラーのグループは自説にこだわり続け、メキシコ湾沿岸で観察される津波の堆積物（図３‐６参照）は、実際には海抜の大きな変化の結果としてもたらされたもので、その証拠に、ほかでは記録されていないようだと主張している。結論を言えば、天体の衝突地点に比較的近い地質断面（メキシコ湾やカリブ海の堆積物など）は津波や火山活動の影響を受けた可能性が高い。そのため、K／Pg境界の事象は歪んだ不正確な形で思い描かれたのだ。

K／Pg境界層は、メキシコやアメリカの湾岸沿いでは何メートルもの厚さにおよぶが、アメリカ西部では数センチメートル、そしてクレーターから遠く離れたイタリアでは数ミリメートルにすぎない。では、ユカタン半島の衝突地点に近い場所では、衝突で発生した岩屑はどうなっているのだろう。一九九六年、ベリーズのアルビオン・アイランドのK／Pg境界層で、惑星協会のグループ（リーダーはオカンポとポープ）が行うフィールドワークに、私は参加することにした。境界層の岩石がむきだしになっている場所としては、（これまで確認されているなかでも）チクシュルーブのクレーターにかなり近い。クレーターの外輪からは数百キロメートルの距離にある。そして実際、ここの堆積物は、これまでいかなる場所の境界層で観察したものとも異なっていた。

ベリーズを訪れた惑星協会のグループは、天体の衝突という大事件によって引き起こされた劇的なプロセスの副産物にユニークな見方を提供した。それは、弾道を描いて飛散した岩石が発生させた土石流だ。天体が衝突してクレーターが形成されると、そこから岩石が猛烈なスピードで飛び出し、周囲に広がっていった。この岩屑は弧を描きながら空中を移動して、最後は地上に落下する。衝突地点から岩屑がつぎつぎと舞い上がり、猛スピードで広がった後に、地面に激しく衝突したところを想像してほしい。岩屑が落下したところでは地面の岩石が粉々になり、飛んできた噴出物と混じり合い、土石流となって流れていった。恐ろしい土石流は前方のあらゆるものをなぎ倒し、一帯は何十メートルもの土砂の下に埋もれた。クレーターから何百キロメートルも離れた地点で、ようやく猛威は衰えたのである。

新しい時代の地層が厚く積み重なってしまうと、放出された物質について研究するためには掘削しなければならない。ベリーズの地層はその必要がなく、しかもチクシュルーブに近い。アルビオン・アイランドでは、K／Pg境界層の岩石が大きな採石場でむきだしの状態になっており、上の部分、すなわち白亜紀のバートン・クリーク・ドロマイトの堆積物が採掘されている。砕けた岩石から成るバートン・クリーク層の上には、K／Pg境界層の堆積物が積み重なっており（**図3-10**）、境界層の堆積物の基底部には、衝突の痕跡を残す地層が発見された。厚さはおよそ一メートルで、緑に変色した小球体がぎっしりと詰まり、衝撃石英も含まれている。一方、真上の地層は混乱を極めていた。あらゆる大きさの物質、すなわち土石流となって一気に流れてきた微細粘土や大きな石灰岩、さらには直径何メートルもの巨大な白雲石が混じり合っているのだ。地質学者はベリーズの複数の場所でこのように統一感のない堆積物を調べたが、似たような混乱状態の堆積物は中米のあちこちで発見されている。ベリーズの一部では、巨石を含む土石流で形成された堆積物の上に、古第三紀の最も古い海底堆積物が積み重なっており、土石流は白亜紀末期に発生したものだと考えられた。

このような衝突由来の角礫岩（かくれきがん）の地層（地質学で「角礫岩」はきめの粗い堆積物を指す用語で、ほとんどは角ばった岩石の破片から成り立っている）は、天体の衝突で形成されたことが確認されている

図3-10　ベリーズのアルビオン・アイランドのK／Pg境界層。チクシュルーブ・クレーターからは、およそ300キロメートル離れている。砕けた岩石が堆積している白亜紀末期のバートン・クリークの白雲石の上には、厚さ1メートルの色の濃い堆積物が重なっており、微小球体や衝撃石英が含まれる(左側のケヴィン・ポープと右側のデイヴィッド・キングの頭の部分)。さらにその上には衝突角礫岩が重なっているが、これは土石流となったチクシュルーブからの噴出物が堆積したものだ。

複数のクレーターの内部や周辺で発見されている。たとえばドイツ南部のリースでは、およそ一五〇〇万年前に形成された直径二六キロメートルのクレーターの周囲に、様々な色の岩石が複雑に入り混じったブンテ角礫岩が分布している。ほかにも、天体衝突の影響を受けた堆積物が地層に隠れているのはほぼ確実で、様々な岩質の岩石が混じり合って土石流が発生したときに出来上がったものと解釈できる。この問題については、あとの章で取り上げる。

全般的に見て、世界各地のK／Pg境界で観察される堆積物の起源を解明するうえで、アルバレスの仮説はきわめて役に立った。地質の歴史では、ほかにも生物の大量絶滅が何度か発生しているが、その原因が天体の衝突だったことを確認できる証拠を探すうえで、Ｋ／Ｐｇ境界層の堆積物は大いに参考になる。

4 大量絶滅

時として古生物学者は、研究対象を単に記述する段階を超えて、「原因」や「法則」や「原理」をまとめようとする。

T・H・モーガン、『進化論への批判』

地球は明らかに危険な場所だ。絶滅した動植物の残骸は、地質記録のあちこちに散乱している。実際、これまで地球に生息してきた生物種の九九パーセント以上は、永久に姿を消したと推測される。現在では一〇〇〇万以上の生物種が確認され、今後はさらに多くが発見され分類されると予想されるが、少なくとも何億もの絶滅種が化石として記録されている。実のところ、ほとんどの生物種にとって存在は束の間のもので、存在している年数は平均でわずか数百万年にすぎない。そのあとは子孫を残さず消滅し、今度は新たな種が枝分かれして進化する。さらに、生物種は一度に一種類が死滅するとはかぎらない。大量絶滅の際には、生存している多くの生物種がいきなり消滅することもめずらしくない。

なぜ生物は絶滅しなければならないのか。『種の起源』（一八五九）に記されているチャールズ・ダーウィンの見解によれば、同じ生態的地位を巡ってふたつの生物種が競い合うとき、負けたほうの生物種が絶滅するのだという。勝ち残れるのは一種類のみ（これは本質的に自然選択ではなく、種の選択である点に注目してほしい）。ダーウィンは、丸太と楔（くさび）を比喩に使って種の選択を説明している。特定のニッチに適応した生物種は、丸太にきれいに打ち込まれた楔にあたる。ダーウィンにとって、競争とは丸太に新しい楔を打ち込むようなもので、新しく打ち込まれれば、代わりにほかの楔のひとつが抜け落ちてしまう。「存在を巡る戦い」が進行するかぎり、その一環として生物の絶滅は避けられないのだという。

では、大量絶滅はどうか。チャールズ・ライエルや彼の影響を受けたダーウィンによれば、大量絶滅は存在しない。『地質学原理』のなかでライエルは、ある地層に存在の記録を残している生物種がつぎの地層で大量にいなくなっているとしたら、それは中間に介在しているはずの地層が欠落しているからだと主張している。岩石層が侵食されたせいで、あるいは、そもそも堆積しなかったせいで、ひとつの生物種が徐々に消滅していく痕跡が残されなかったのだという。大量絶滅とは、地質記録の不備が作り出した幻想にすぎないとライエルは結論したが、ダーウィンもそれに同調した。そして『種の起源』のなかで、「地球に生息しているすべての生物種が、断続的に発生した天変地異によって絶滅したという古くからの主張は、いまやほとんど認められない。……生物種や生物種群は、徐々に消滅する」と記している。一方ライエルは、白亜紀と古第三紀の地層のあいだの欠落部分の時間的長さは、ふたつの地層に含まれる化石の非類似度から判断して、Ｋ／Ｐｇ境界全体におよぶとまで推察している。いまではこの地層は六六〇〇万年前に形成されたことが知られているが、ここだけごっそりと消滅するのは明らかに不自然だ。実際、ラモント・ドハティー地球観測研究所ならびにラトガース大学に所属するデニス・ケントが境界層の岩石に含まれるマグネシウムを研究した結果からは、欠落部分は一万年に満たないことが明らかになった。これなら、地質に一時的に発生する異常事態の誤差の範囲内だ。

白亜紀末期の大量絶滅が天体の衝突によって引き起こされたことの論拠は強力だが、これは地質記録に残された唯一の大量絶滅ではないし、最も被害が深刻だったわけでもない。一九七〇年代末から一九八〇年代はじめにかけて、白亜紀末期の天体衝突を大量絶滅の原因とする仮説を巡って激しい議論が展開されている頃、シカゴ大学の古生物学者ジャック・セプコスキーは、生物多様性に関する貴重なデータベースづくりに黙々と取り組んでいた。彼はスティーブン・ジェイ・グールドに師事し、ハーバード大学で博士号を取得している。一九七八年からシカゴ大学に所属して、フィールド自然史博物館の助教にもなったが、不幸にも一九九九年、絶頂期に心不全で帰らぬ人となった。享年五〇歳。

聡明かつ勤勉な古生物学者だったセプコスキーの主な活動の場は図書館だった。最も有名なのは、海洋動物の科と属を時代ごとに区分した地球規模のデータベースで、未だに古生物学者の研究を支え続けている。彼はデータベースの編纂を始めた当初、過去六億年の海洋記録に残された三五〇〇以上の動物の科を対象に、発生や絶滅の層序区分の一覧表を作成した。分類する基準として科を選んだのは、もっと細かい属や種の記録は信頼性に欠けると考えられたからである。基本となる時間間隔には、年代層序区分のなかでも識別しやすい階が採用された（平均でおよそ五〇〇〜六〇〇〇万年）。これならほとんどの場合、化石動物相の移り変わりによって自然に範囲が定められる。

セプコスキーはデータベースの集計に何年も費やした。はじめ、編纂作業は標準的なソース（主に『化石記録』と『無脊椎動物に関する論文』）を使って行われたが、ほどなく、化石に関する何百もの個人的な研究で引用されている主要文献に注目するように方針を変更した。これはインターネットが普及する以前のことだ。古生物学の文献の量は膨大で、しかも多くの言語で執筆されており、発表時期も古いものは二〇〇年以上も遡る。一九八二年、セプコスキーは『海洋動物の科の化石の概要』を発表する。膨大なデータのコレクションは直ちに役に立った。このときの重大な発見のひとつが、カンブリア紀初期に生物多様性が急激に増加していることだ。五億四二〇〇万年前の現象は、カンブリア爆発として知られる。

新しく編纂されたデータは、海洋生物の多様性や、海洋生物の特定の属の進化の歴史に関する新たな分析の土台となった。カンブリア紀が始まって以来、化石記録の多様性が大量絶滅によって五回から六回にわたって中断していることが、セプコスキーの著書では指摘されている。種の絶滅に関しては、白亜紀末期より深刻な時期もある（**図4-1**）。これらの大量絶滅のあとには回復期が訪れ、空白となった生態的ニッチで新しい生物が主役に躍り出た。なかには回復に何百万年もかかっているケースもある。さらに、規模の小さな生物絶滅が何度も発生していることもデータからはわかる。

生物種の絶滅は競争が原因だとするダーウィンのアイデアでは、大量絶滅の発生を説明するのは難

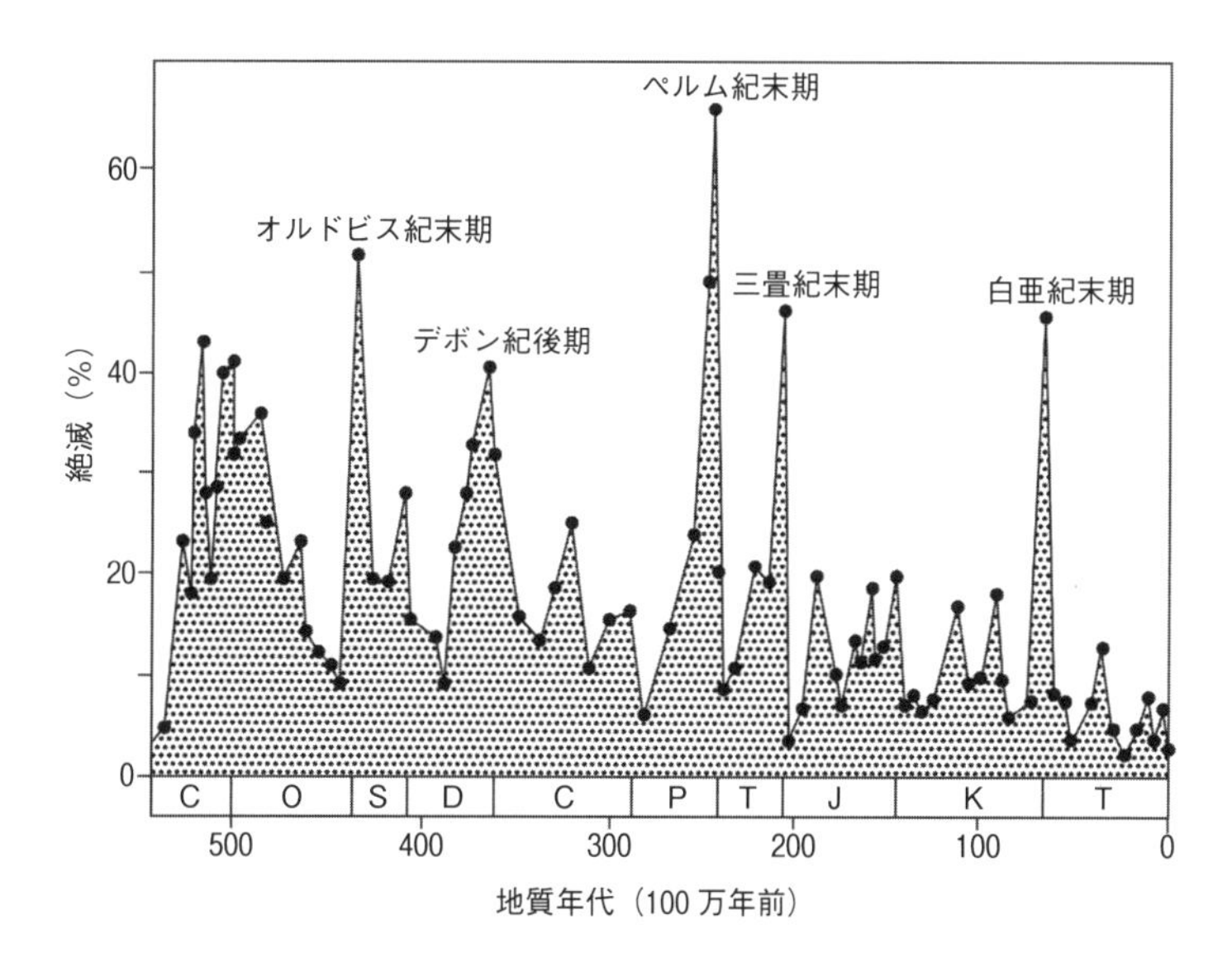

図4-1　過去5億4000万年にわたる海洋属の絶滅の割合がパーセントで表されている。グラフは、大規模な大量絶滅が5～6回、それより小さな規模のものがおよそ20回発生していることを示している。海洋属が絶滅した割合からは、種が絶滅した割合を簡単に導き出せる。地質時代は古いほうから順に、カンブリア紀（C）、オルドビス紀（O）、シルル紀（S）、デボン紀（D）、石炭紀（C）、ペルム紀（P）、三畳紀（T）、ジュラ紀（J）、白亜紀（K）、第三紀（T）と続く。ビッグ・ファイブに該当する大量絶滅のピークは、オルドビス紀末期（4億4400万年前）、デボン紀後期（3億7200万年前）、ペルム紀末期（2億5200万年前）、三畳紀末期（2億100万年前）、白亜紀末期（6600万年前）に訪れている。もうひとつ、大規模な大量絶滅だった可能性のある事象のピークは、ペルム紀末期（2億6000万年前）に訪れている。

しい。生態系はきわめて微妙なバランスによって支えられているので、重要な鍵となる生物種がいくつか絶滅するだけで、生態系の機能は完全に停止して、大混乱に陥るのだとも一部では指摘されている。しかしほとんどの生態学者は、生物種が――特に陸と海のあいだでは――それほど深く結びついているとは考えない。ところが長年にわたって提案されてきた仮説の多くは、大量絶滅が環境の物理的変化によって引き起こされたことを前提にしている。たとえば、地球の気候、海水面、火山活動などの変化が気候変動に結びつき、うまく適応できなかった生物種は死に絶え、最終的にその空白を新しい生物種が埋めたと、一部の科学者は指摘している。あるいは、海洋によって隔てられていた生物種が大陸の移動によって混じり合った結果、生存競争が発生したという説もある。さらには、大陸同士が衝突したあとや海面が低下したときに大陸棚が減少した結果、生物種のあいだで競争が激しくなって絶滅に至ったと信じる科学者もいる。しかし、これらはいずれも徐々に進行するメカニズムであって、大量絶滅はいきなり発生する。地質記録を見るかぎり、海水面や気候や火山活動の変化は頻繁に発生している。突然の事象である大量絶滅は、もっと過激なプロセスを伴うと考えられる。

セプコスキーの編纂作業は次第に細かくなり、最終的に生物種は属のレベルまで、地質年代は亜階のレベルまで分類し、出来上がったものは地質学のコミュニティに提供された。ジャックは自分のデータの共有に関して、いつでもきわめて開放的だった。一九九一年九月には、生物絶滅に関する属レベルのデータベースの最新版を私に送り、「データを楽しんで」と激励してくれた。化石記録の変遷をまとめた研究はほかにもあって、マイク・ベントンの『化石記録2』（一九九三）もそのひとつだ。

ここには、海洋生物と非海洋生物の七一八六種類の科に関する研究結果が掲載されている。最近では古生物学のデータベースにオンラインでアクセスできる。このデータセットは、特定の化石コレクションのなかでの属と種の発生について記録している。いまではデータベースには一万八〇〇〇以上の属が含まれ、情報は更新され続けている。『化石記録2』を使って一九九五年に行われた研究も、データベースを使って二〇〇八年に行われたべつの研究も、セプコスキーのオリジナルのデータとの矛盾はなかった。

希薄化という方法を使うと、属や科の絶滅に関するデータから種のレベルの絶滅を推論できる。これはセプコスキーの親しい協力者であり、シカゴ大学に所属する古生物学者のデイヴィッド・ラウプが開発したもので、属が絶滅するためには、その属に該当するすべての種が絶滅しなければならないという事実に基づいている。したがって、たとえば属の四五パーセントが絶滅した場合には、種の七五パーセントが絶滅したと解釈することができる（図4－1参照）。ラウプは定量古生物学が専門分野で、野外で化石を収集するよりもコンピュータの画面を眺めているほうが明らかに性に合っている（一九八〇年、ラウプは『サイエンス』誌に投稿されたアルバレスの論文を論評したうえで不合格としたが、いくつもの改善点を指摘した）。彼は絶滅に関するデータを駆使しながら、五、六回の大量絶滅は規模で劣る絶滅の延長線上の事象ではなく、まったく別の例外的な事象であることを証明した。

最も深刻な大量絶滅は、地質年代のペルム紀（二畳紀）末期（およそ二億五二〇〇万年前）に発生した。ラウプの希薄化テクニックを使ってまとめられたセプコスキーのデータからは、海では殻のある現存種のおよそ九六パーセントが絶滅し、陸上生物も同じだけの数が絶滅したと推定される。ほかのソースによれば、爬虫類と陸生植物と昆虫の被害は特に深刻だった。森林が突然に消え、荒廃した風景が広がった。ペルム紀末期のほかには、オルドビス紀末期（四億四〇〇〇万年前）、デボン紀末期〔フラーヌ紀とファメニアン紀の境界を含む（三億七二〇〇万年前）〕、三畳紀末期（二億一〇〇〇万年前）、そしてもちろん、白亜紀末期（六六〇〇万年前）に大量絶滅は発生している（図4－1参照）。

これらの大量絶滅はかねてより、古生物学者から「ビッグ・ファイブ」として認識されている。ほかにはカンブリア紀（五四二〇万年前から四八五〇万年前）にもかなりの規模の大量絶滅が発生したように見えるが、その期間は化石データが比較的少ないために人為的に作り出された結果だと考えられる。あるいは二億六〇〇〇万年前のペルム紀末期グアダループ世にも大量絶滅が発生したように見えるが、そのわずか八〇〇万年後にペルム紀大絶滅が発生していることから、部分的にはサンプリングの人為的な結果で、ペルム紀末期の大量絶滅によるものを前倒しに解釈したとも考えられる。セプコスキーのデータによればデボン紀後期にも大量絶滅が発生しているように見え、その期間はおよそ三〇〇〇万年にわたる。さらに彼は、規模の小さな大量絶滅もいくつか確認している。規模が小さいと言っても、地質の時代や年代を区切る目安として一般に使われる標準的な絶滅と比べれば、かなり深刻な影響をもたらした（図4－1参照）。

白亜紀末期の大量絶滅が天体の衝突によって引き起こされたことには有力な証拠が存在しているのだから、ほかの時期の大量絶滅も地球外から飛来した物体の衝突が原因だったのではないかと、科学者が考えるのは当然だろう。ところが一部の地質学者はこのような発想を頑として拒み、ペルム紀末期をはじめ、ほかの大量絶滅の引き金となったのは専ら地球上の出来事で、それが長い時間をかけて進行したからだと主張した。それとは反対の紛れもない証拠があるというのに、生物の大量絶滅は地球上の様々な事象によって引き起こされたとする説に一部の地質学者はこだわり続け、種の競合、気候や海水面の変化、火山の噴火、さらには生態系の崩壊などを具体例として挙げた。しかし、過去二〇〇〜三〇〇〇万年のあいだには、氷河期末期に気候や海水面が急激に大きく変化したが、陸でも海でも生物が死に絶えたわけではなかった。

なかには、地質構造に様々な事象が異常な頻度で発生した結果、とてつもない大量絶滅が引き起こされたと指摘する地質学者もいる。これは「オリエント急行殺人」モデルと呼ばれるが、アガサ・クリスティの有名な連続殺人ミステリーにちなみ、スミソニアン協会の古生物学者ダグラス・アーウィンが命名したものだ。このモデルを称賛する学者たちによれば、専ら地球上で発生した様々な事象の連鎖反応が大量絶滅をもたらしたと説明するのがベストだという。つまり、通常は「騒音に紛れて聞こえない」複数のプロセスが共謀した結果、大量絶滅というシグナルが創造されたというのだ。

このように地質学者は様々な説明を試みたが、それはプレートテクトニクスが受け入れられる前の状況を連想させる。当時の地質学者は、地球表面の大きな変動には大陸移動のプロセスが関わっている可能性が最も高いことを認めようとせず、ありとあらゆる仮説を考え出したものだ。大量絶滅を引き起こした有力な原因として天体の衝突を受け入れようとしない偏見は、そもそもライエルの影響ではないかと思われる。地球はゆっくりと変化しながら地質記録を残していくという彼の発想に制約されている。しかし、日常的に進行する様々な地質作用が何らかの形で積み重なった結果、尋常ならざる結果が引き起こされたと説明されても素直には認められない。地球上や地球外で発生した異常な原因が、異常な結果を生み出したと説明するのが最もわかりやすい。ここにはオッカムの剃刀［訳注：ある事柄を説明するためには、必要以上に多くを仮定すべきでないという指針］の法則を当てはめるべきだろう。

大量絶滅が周期的に発生している点も注目に値する。生命の絶滅を周期的な現象と見なす発想は、アメリカ自然史博物館の古生物学者で天変地異説を支持するノーマン・ニューウェルが、一九五二年に発表した論文のなかではじめて明らかにした。海水面の周期的な変化が、浅海や大陸棚に生息する生物の分布や多様性に影響をおよぼしたとニューウェルは指摘している。

セプコスキーは周期を確認するために化石データを集めたわけではないが、新しいデータセットをラウプ（65頁参照）と共有した結果、過去二億五〇〇〇万年のあいだにおよそ三〇〇〇万年の周期で大量絶滅が発生しているらしいことを発見した。それよりも以前の一九七七年には、著名な地質学者のアル・フィッシャーと、彼の教え子で当時はプリンストン大学の学生だったマイク・アーサーが、生物の危機やそれに関わる海洋循環と気候の変動は、およそ三二〇〇万年の周期で繰り返されていることを指摘している。しかし、古生物に関するセプコスキーのデータのほうがはるかに完成度は高く、年代も正確だった。そして、実際におよそ三〇〇〇万年の周期で大量絶滅が発生しているか確かめるため、彼はラウプとチームを組み、統計の面から大量絶滅の記録を詳しく研究した。

一九八三年の早春、ラウプとセプコスキーは絶滅に関するデータの数値演算を行った結果、過去二億五〇〇〇万年のあいだに生物が二六〇〇万年というかなり正確な周期で絶滅していることを明らかにした。ふたりはこの結果について、一九八三年五月にベルリンで開催された「地球の進化における変化のパターン」と呼ばれる会議で発表したが、セプコスキーのプレゼンテーションが地味だったため、報道機関に注目されなかった。しかしその年の八月、アリゾナ州フラッグスタッフで開催された「絶滅の力学」というシンポジウムでセプコスキーが講演をした際には、彼の研究の革命的な中身を数人の記者が認め、九月には『サイエンス』誌、『サイエンス・ニュース』誌、『ロサンゼルス・タイムズ』紙に記事が掲載された。

私はラウプとセプコスキーの発見に関する記事を早い時期に読み、そこに重要な意味が込められていることを認識した。そこでラウプに手紙を送り、まだ刊行前の論文のコピーを所望して、数日後にコピーを受け取った。したがって、革命的ではあっても確実な印象の研究の内容について、刊行される前から理解していた。もしもふたりの発見が正しければ――大量絶滅は周期的な現象で、白亜紀末期の事象は天体の衝突が原因だったとすれば――それ以外の大量絶滅も周期的な現象の一部で、そこには地球外の何らかの周期が関わっている可能性も考えられる。これは大いに興味をそそられた。

ラウプは大量絶滅に関してまとめた原稿を『米国科学アカデミー紀要』に提出した。彼は同アカデミーの会員だったため、外部の研究者による査読を免除され、短期間のうちに掲載された。このときラウプは、すでに山が動き始めていたことなどほとんど知る由もなかったが、未発表の論文の中身は地質学者や天体物理学者のあいだでつぎつぎと行動を引き起こした。詳しくは第11章で紹介するが、彼の研究をきっかけに、大量絶滅は周期的な現象か否かを巡って議論が交わされるようになった。反対の陣営からも論文は発表され、たとえば『サイエンス』誌には、シカゴ大学の著名な統計学者スティーブン・スティグラーとメリッサ・ワグナーの共著による論文が掲載され、データや時系列の分析に異議が唱えられた。大量絶滅の年代を特定するためにラウプとセプコスキーが使った地質年代区分は、およそ二六〇〇万年という期間への偏向が強すぎる点が、そこでは指摘されていた。しかし、スティグラーもワグナーも地質学者ではなかったため、地質年代は一般の時代区分と異なることを知らなかった。実際には世界中の地層から集められた化石を分析し、化石に変化が起こった時期を確認したうえで、地質年代の見当をつけてから、放射分析法や補間法によって具体的な年代を決定する。したがって地質年代の時間尺度のなかには、絶滅の記録が確実に組み込まれているのだ。

その後、私と同僚のリチャード・ストーサーズは、複数の競合する時間尺度を使って大量絶滅の記録を分析した結果、すべてのケースにおいて生物の絶滅は二六〇〇万年の周期を示すことを発見した。ラウプとセプコスキーが過去二億五〇〇〇万年に研究の範囲を絞り込んだのは、このあいだに発生した事象の年代は特定しやすく信頼性も高いからだ。しかし最近では、年代測定の技術が改良されている。おかげで私は、およそ二六〇〇〜二七〇〇万年という生物絶滅のサイクルは五億四〇〇〇万年前から始まっていることの証拠を発見した（**図4−2**）。二〇一三年にはカンザス大学の物理学者エイ

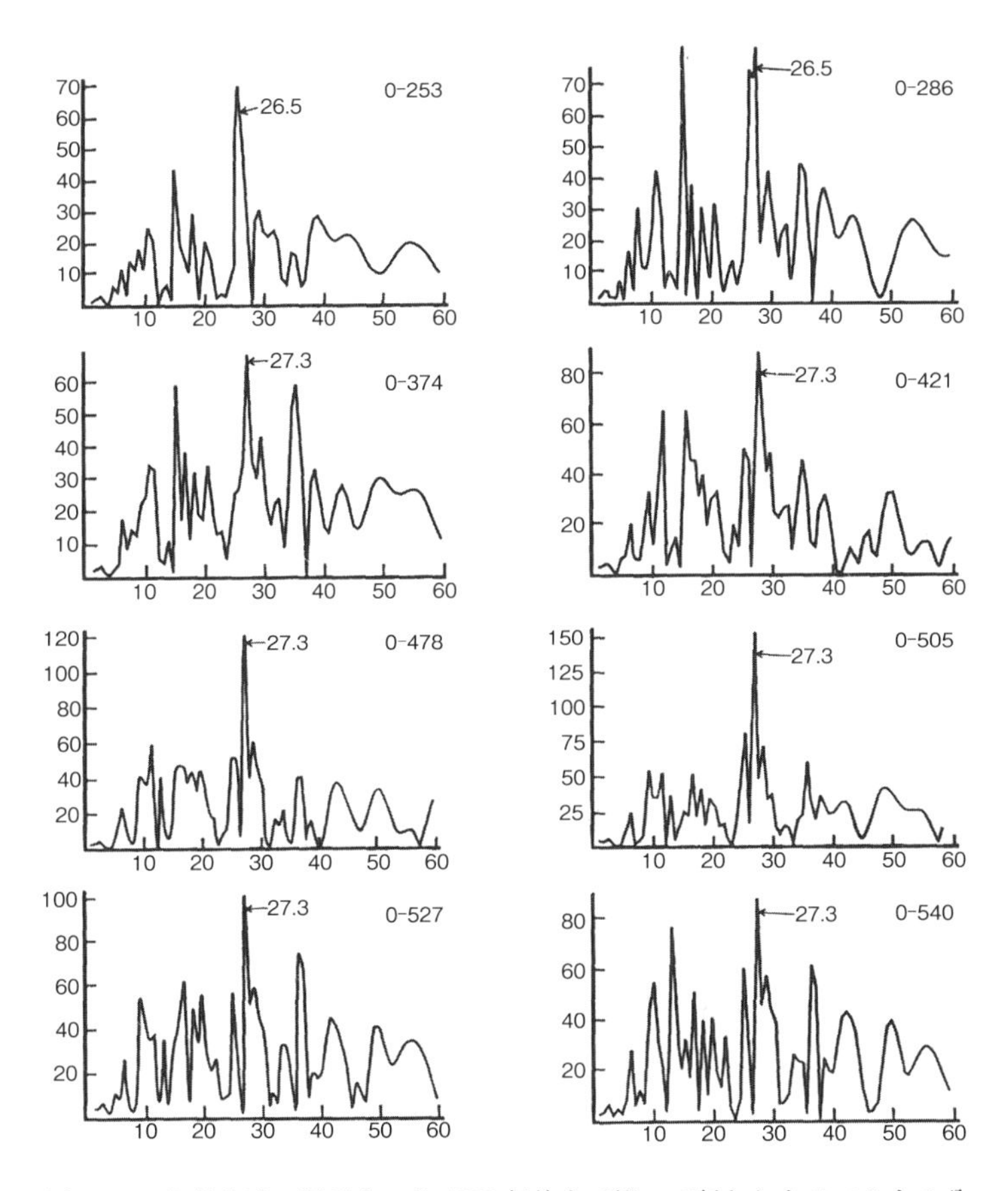

図4-2　大量絶滅の記録を5億4000年前まで遡って行われたスペクトル分析。横軸は期間（100万年単位）、縦軸はスペクトル強度を表す。265～273万年の周期でスペクトル強度は高くなっている。

ドリアン・メロットとスミソニアン協会の古生物学者リチャード・バンバックが、カンブリア紀まで遡る最新改訂版の地質年代区分を使い、私が発見した証拠の正しさを立証してくれた。

科学は精密な調査を得意とする。そのためここ何年にもわたり、複数の異なる方法のスペクトル分析や、絶滅に関するデータの様々なサブセットを利用しながら、多くの研究者がラウプとセプコスキーの結果の再検討を行ってきた。データを調べた研究者の数人は、たとえ大量絶滅が周期的な現象だったとしても、入手可能なデータが不足していて確認は不可能だという結論に達した。一方、ジョンズ・ホプキンス大学のスティーブン・スタンリーなどは、大量絶滅の時期が均等に分布しているのは「危機発生後の回復期間が何回かに分けて訪れるため、本来は連続している大量絶滅が一定の期間を開けて発生したかのように」見えるだけで、周期は偽りにすぎないと指摘している。しかしそれが理由で、大量絶滅の記録が統計的に二六〇〇万年という意味深長な周期性を示すものだろうか。最終的にラウプは、後日行われた研究のおよそ半分は大量絶滅の周期性を裏付けているが、残りの半分は、統計手法の不備や入手可能なデータの不足が問題として指摘されると結論した。

もっと最近では、ハイデルベルクのマックス・プランク天文学研究所のコライン・ベイラー＝ジョーンズが、大量絶滅のデータに対して高度なスペクトル分析を行ったが、顕著な周期性は発見されなかった。ただし彼は、周期的な事象とそうでない事象が入り混じったデータから周期性を確認することの難しさを認めており、大量絶滅のデータはまさにそれに当てはまる。それでも数年前にはスミソニアン協会のダグ・アーウィンが「周期的なシグナルは混乱状態のなかでもはっきりと認められる。

埋没するどころか、浮上してくる」と発言している。

こうして研究は足踏みしたが、二〇一五年、私は教え子のケン・カルデイラ（現在はスタンフォード大学に所属）とチームを組み、時系列分析の新しい手法を試みた。ケンは完璧な大学院生で、どんなアイデアでも実行に移すことができる。現在は、気候変動やエネルギー政策といった問題に関してビル・ゲイツに提言を行っている。私たちはこのときの研究成果を二〇一五年、『王立天文学会月報』に発表し、過去二億五〇〇〇万年のあいだに大量絶滅が二六〇〇万年の周期でかなり正確に発生していることを報告した。ただし、周期性を批判する陣営から今後も攻撃され続けるのは間違いないだろう。大量絶滅の周期性という問題に関しては、未だに判決が下されていない。

しかし大量絶滅が周期的に発生しているとすれば、いくつかの非常に興味深い疑問が浮上する。白亜紀末期に天体が衝突した証拠が存在しており、それ以外にも大量絶滅が発生した記録が残されているのであれば、白亜紀以外の大量絶滅も天体の衝突が引き金だったのだろうか。私たちの危険な世界は、破壊のサイクルを定期的に繰り返しているのだろうか。これらの疑問に取り組む前に、地球に衝突した天体が環境にどのような影響をもたらすことが予測されるのか、少しページを割いて考えてみよう。

5

キルカーブとストレンジラブ・オーシャン

それまで自分が信じていた理論を覆すような何らかの証拠を示されると、物理学者は即座に反応するものだ。しかし、私自身の体験から言えば、それは科学のあらゆる領域に当てはまることではない。

ルイス・アルバレス、「六五〇〇万年前の大量絶滅を小惑星の衝突が引き起こしたことの実験的証拠」

宇宙から眺めた地球は青い大理石のように美しい。しかし、この美しい惑星に割り当てられた場所は決して安全ではない。夥(おびただ)しい数の小惑星や彗星が地球をかすめており、そのどれかが衝突するのは、地球の天文および地質プロセスの自然の成り行きである（図5－1）。衝突の影響を理解するためには、月の表面を見れば十分だ。月よりも大きな地球はもっと大きな標的になるのだから、衝突する数はもっと多い。いまも様々なサイズの彗星や小惑星が地球をかすめているが、その様子を天体観測してみれば、大小の物体が平均するとどのくらいの周期で衝突するか推測するために役立つ。変化し続けるこの惑星のストーリーを地質学者が解き明かすためには、地面を見下ろすだけでなく、空も見上げな

図 5－1　地球をかすめている最大規模の 100 個の小惑星の軌道と、地球の軌道。地球は「射撃練習場」のなかに存在しているようなものだ。

ければならない。

あるいは、地球や月やほかの惑星に残された様々な大きさのクレーターを数えても、衝突率を推測することができる。小惑星の動きを観測しても、クレーターの数を数えても、いずれにせよ割り出される数字は良く似ている。この数字には大きな物体だけでなく、夥しい数の小さな物体も考慮されており（宇宙では天体同士の衝突が頻繁に繰り返され、その結果として多くの物体が作られる）、その結果からは、小さな物体の衝突は日常的な事象だが、大きな物

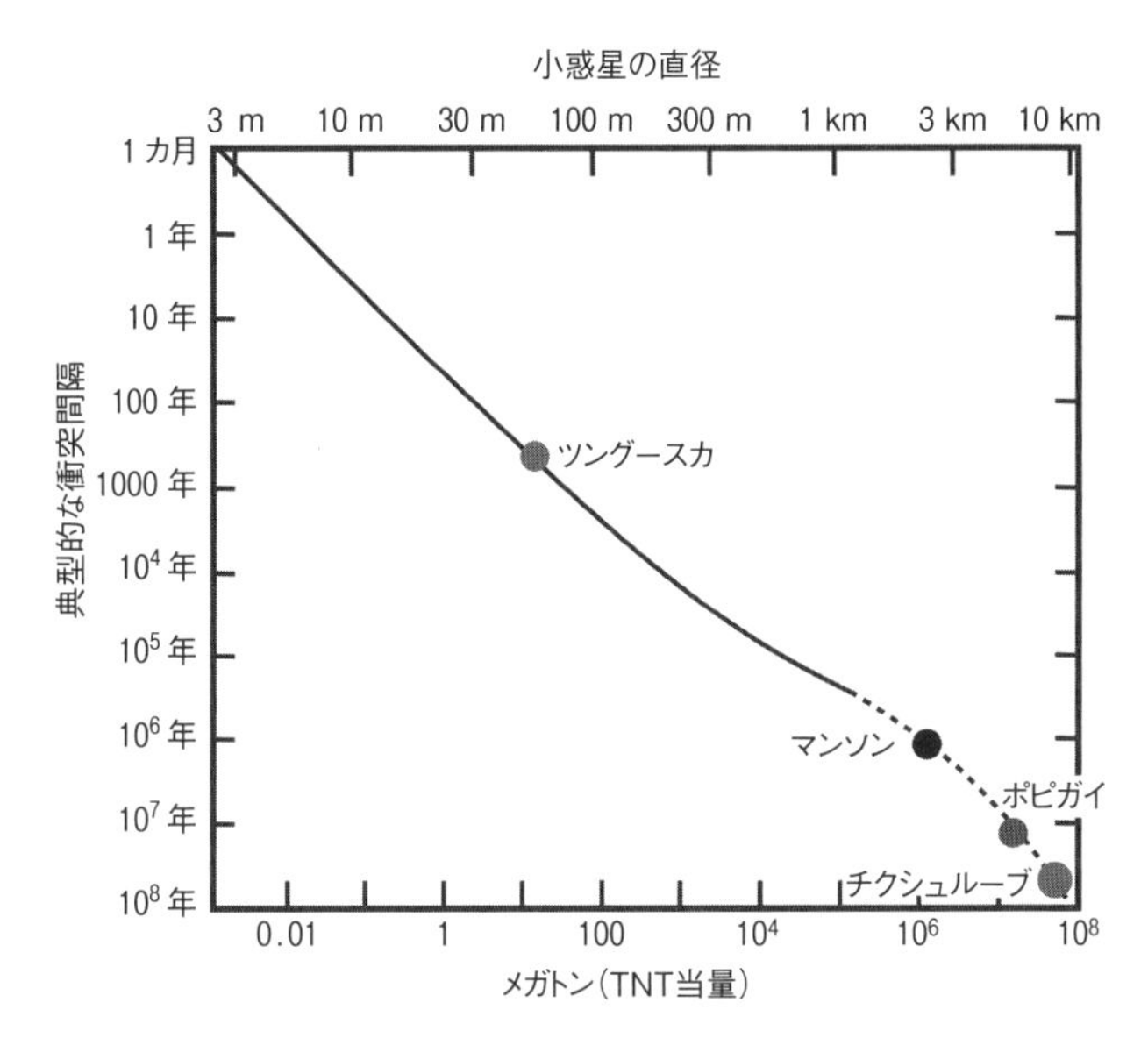

図5-2　小惑星の大きさと衝突の時間的間隔との関係。マンソンのクレーターは直径40キロメートル、ポピガイのクレーターは直径100キロメートル、チクシュルーブのクレーターは直径180キロメートルである。

体の衝突は比較的めずらしいことがわかる。アリゾナ州フラッグスタッフにある米国地質調査所の宇宙地質学センターに所属するジーン・シューメーカーは、小惑星の衝突ならびに衝突クレーターの世界的権威のひとりだが、このように衝突が確認された小惑星を対象に、様々な大きさの天体が地球に衝突する間隔を推測した結果をグラフに描いた（**図5-2**）。小惑星の衝突に関する研究のパイオニアとして注目されたシューメーカーは、アリゾナのバリンジャー・クレーターが実際に衝突の傷跡であることをはじめて証明している。

このクレーターの起源については、火山活動と地球外からの飛来物のど

図5－3　1908年にシベリアで発生したツングースカ大爆発の現場。森林の破壊は、大気上層での直径50メートルの小惑星または彗星の爆発によって引き起こされた。

ちらが原因なのか一〇〇年以上にわたって議論され続けてきたが、一九六〇年代に入ってシューメーカーは、これが衝突クレーターであることの決定的な証拠を手に入れた。それは、石英鉱物の高圧相である。残念ながら一九九七年、彼はオーストラリアの奥地で新しいクレーターを探索中に自動車事故で悲業の死を遂げた。彼の遺灰は月に散骨された。

図5－2からわかるように、地質史の尺度では小さな衝突の発生がかなり頻繁に予測される。しかも、小さな衝突でも劇的な影響をもたらしかねない。一九〇八年にはシベリア上空で、幅五〇メートルの物体によってツングースカ大爆発が引き起こされ、激しい爆風で森林の大部分が焼け焦げて地肌がむきだしになった（**図5－3**）。ツングースカを襲った物体が上空で爆発したときの規模は数メガ

トン級（一メガトンは一〇〇万トン）のTNT爆弾に相当し、そのエネルギーは核爆弾に匹敵する。これだけの爆発は都市を焦土と化してしまう。幸い、ツングースカ級の爆発のほとんどは海上や僻地で発生したので、観察されることがなかった。一方、二〇一三年にロシアの上空で発生したチェリャビンスクの大爆発では何千枚ものガラスが砕け散ったが、このときの物体はさらに小さく、幅数メートルにすぎない。「空からやって来た火の玉が破壊を招いた」と大昔から伝説が残されているが、それが小惑星や彗星の破片の衝突についての記述だとしたらどうだろう。

一方で、小惑星や彗星が引き起こす規模の大きな衝突に関しても、データや残されたクレーターの記録から推測が行われた。それによれば、直径一〇キロメートルの物体が地球に衝突する確率は平均すると一億年に一回で、その一億年のあいだには幅数キロメートルの物体の衝突を何度も経験するという（図5－2参照）。相対的に大きな彗星ほど、衝突による衝撃は大きい。このような物体が衝突すれば、地球の一部や全体に大きな被害がもたらされることは十分に予想される。このほかにも、メインベルト［訳注：火星軌道と木星軌道のあいだにある小惑星が集中する領域］に位置する大型の小惑星の崩壊によって生じた断片が、時として地球に向かってくる可能性も否定できない。そしてあとから解説するが、遠いオールト雲に属する彗星の重力摂動の影響で、彗星の飛来が通常よりも多い状態が一時的に発生し、数百万年継続する可能性も考えられる。

大型の小惑星や彗星が秒速二〇～六〇キロメートルの宇宙速度で地球に飛来すると、桁外れの量のエネルギーが放出される。衝突体の運動エネルギーは、質量と速度の二乗を掛け算した値に比例する。

そうなると、直径一〇キロメートルの小惑星や彗星が秒速数十キロメートルで衝突したときに放出されるエネルギーは、およそ一億メガトンのTNT爆弾が炸裂したときのエネルギーに匹敵する。これは、第二次世界大戦末期に日本に投下された原子爆弾のおよそ一〇億個分に等しい。白亜紀末期に多くの生物が消滅したのも無理はない。

一九八六年にシューメーカーは、大体は小惑星よりも大型の彗星が、大きな衝突クレーターの半分以上の形成に関わっているのではないかと推測した。彼の作成したグラフによれば、過去五億四二〇〇万年のあいだには直径一〇キロメートル以上の物体が五回か六回衝突しているはずで、それが原因となり地球全体で大量絶滅が発生した可能性が考えられる。七五パーセントから九五パーセントの種の損失が、このような大量絶滅では起こったという。さらに同じ時期には、直径五キロメートルほどの物体がおよそ二五回、すなわち約二二〇〇万年に一度の割合で地球を直撃したとも考えられる。これらの衝突によって生み出されるエネルギーは、直径一〇キロメートルの物体の一〇パーセント程度なので、比較的深刻な絶滅にはいたらず、種の損失の割合は三〇〜五〇パーセントだったと推測される。地球という惑星が危険な物体に包囲されている現実を、シューメーカーのデータは如実に物語っている。

これに対し、同じ時期の海洋生物種の絶滅に関するセプコスキーの記録は、大量絶滅のピークは五回か六回、それよりも規模の小さい絶滅のピークはおよそ一九回、やはり二二〇〇万年ごとに発生していることを示している（図４－１参照）。ふたつの数字、すなわち大きな物体が衝突した頻度に関して予想した天文学の数字と、大量絶滅の頻度と程度に関して予想した古生物学の数字が一致しているのであれば、ここはデータに詳しく目を通すべきだろう。一見すると、セプコスキーのデータで確認された大量絶滅のピークはすべて、大きな天体の衝突と関連している可能性が統計から浮かび上がってくる。これは画期的なアイデアだ。

この可能性に最初に気づいた人物のひとりがデイヴィッド・ラウプだった。彼は、様々な大きさの衝撃クレーターが形成される周期に関するデータと大量絶滅に関するデータを結びつけ、大量絶滅と衝撃クレーターのあいだに関連性が存在する可能性を明らかにしようと試み、いわゆるキルカーブのグラフを作成した（**図５-４**）。グラフで両者の関係はシグモイド曲線、すなわちS字型で表され、そこからは、小さな衝突の影響はそれほどでもないが、大きな衝突は大量絶滅を引き起こすことがわかるとラウプは指摘している。一方、非常に大きな天体の衝突による被害も最終的には飽和レベルに達し、そうなると、とてつもない衝撃を生き延びたわずかな生物種を絶滅させるのは困難になる。地質学者であり作家でもあるワシントン大学のピーター・ウォードは、ふたつの現象の関係を数量的に示したキルカーブという概念について、大量絶滅を巡る論争から生まれた最も強力なアイデアのひとつだと評している。

天体の衝突が引き起こした大量絶滅がとてつもない規模に発展した背景に、多くの変数（周囲の気候条件、動植物の感受性、衝突箇所など）が関わっていることは間違いないと思われるが、衝突体の規模とエネルギーが特に重要な要因である可能性は高い。そこで私は、過去二億六〇〇〇万年のなか

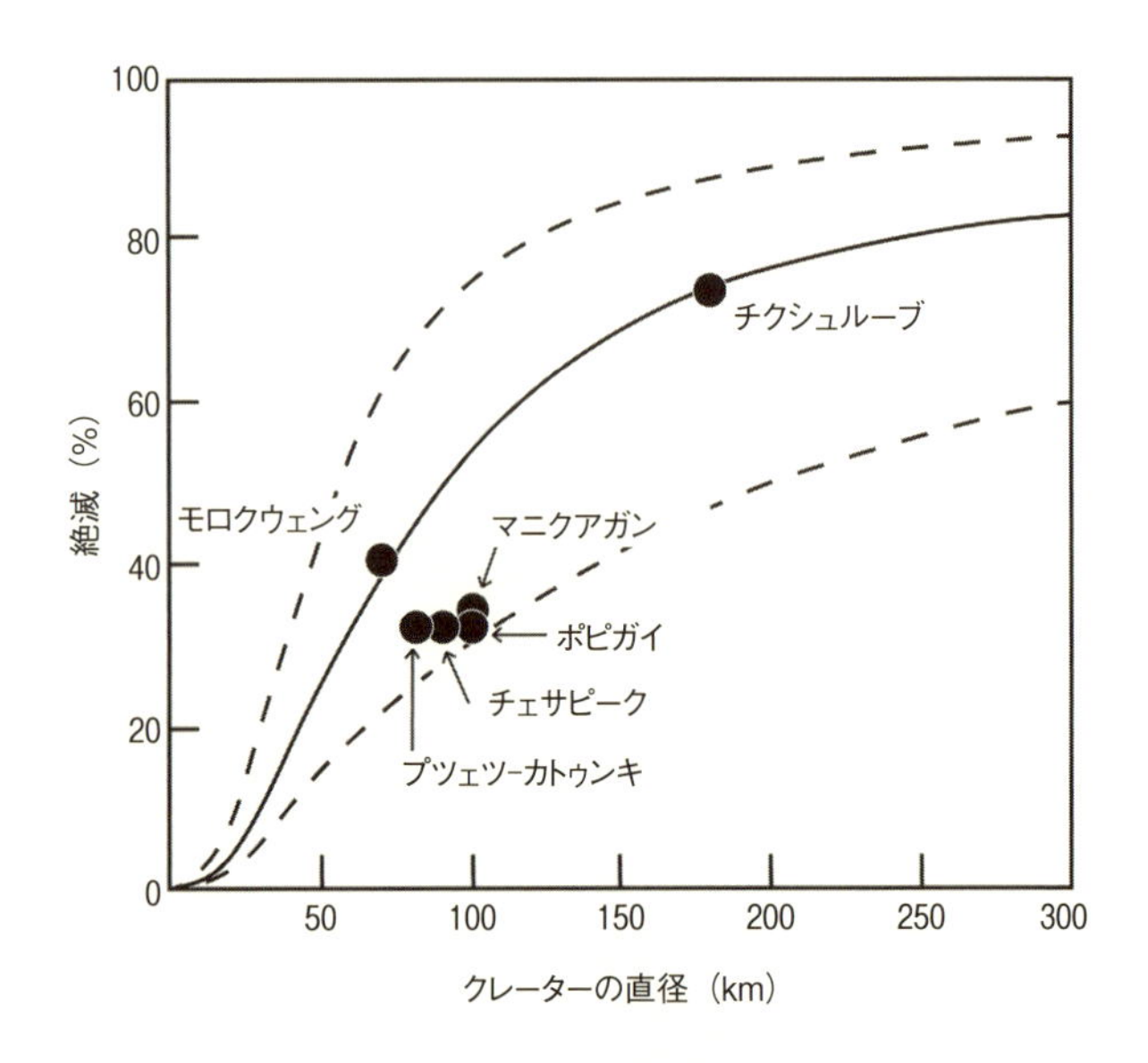

図5－4　デイヴィッド・ラウプによる海洋種のキルカーブ（破線は推定される誤差範囲）。過去2億6000万年のあいだに形成された最大級の六つの衝突クレーターが黒丸で記されており、どれも大量絶滅と同年代である。チクシュループ（6600万年前、メキシコ）、モロクウェング（1億4500万年前、南アフリカ）、マニクアガン（2億1400万年前、カナダ）、ポピガイ（3600万年前、ロシア）、チェサピーク（3600万年前、アメリカ）、プツェツ-カトゥンキ（1億6800万年前、ロシア）。

で形成時期が確認されている大型衝突クレーター（直径七〇キロメートル以上）に関するデータとラウプの理論による曲線の比較を試みた。その結果、グラフに黒い丸で記された観測点がキルカーブと一致しており、しかも誤差は地質学のデータの許容範囲内であることがわかった（図5－4参照）。さらに最近ではケン・カルデイラと私の共同研究によって、六つの大きな衝突クレーターのすべてが地質記録の衝突

表5－1　過去2億6000万年に形成された最大級の六つの衝突クレーター（直径70キロメートル以上）。衝突ならびに大量絶滅の層位学的証拠がそれぞれ記されている。

クレーター	直径（キロメートル）	クレーターの年齢（100万年）	衝突による噴出物	大量絶滅の時期
チェサピーク	90	35.3 ± 0.1	イリジウム異常、微小テクタイト、衝撃石英	始新世末期
ポピガイ	100	35.7 ± 0.2	イリジウム異常、微小球体、衝撃石英	始新世末期
チクシュルーブ	180	66.04 ± 0.05	イリジウム異常、微小球体、微小テクタイト、衝撃石英	白亜紀末期
モロクウェン（ミョルニル*）	≧70（40）	145 ± 0.8（142.6 ± 2.6）	イリジウム異常、微小球体、衝撃石英	ジュラ紀末期
プツェツ－カトゥンキ	80	167.3 ± 0.3	イリジウム異常、微小球体	バイユー紀
マニクアガン	100	214 ± 1	イリジウム異常、微小球体、衝撃石英	ノール期中期

*噴出層は、ほぼ同年代のミョルニル衝撃クレーターからのもの。

由来堆積物に該当し、しかも大量絶滅と相関関係にあると思われることが明らかにされた（**表5－1**）。統計的に、これだけの偶然の一致はまずあり得ない。

天体衝突と大量絶滅のデータを組み合わせて作成されたキルカーブの形状からは、直径およそ六〇キロメートル以下の小さなクレーターの場合、地球上の生物種の最低でも二〇～二五パーセントが死に絶える大量絶滅とは関連性を持たないことが推測される。そして実際、この大きさのクレーターのなかで形成時期が確認されているものに注目してみると、その時期は、セプコスキーのデータで山型のピークを成す大量絶滅の発生時期とは明らかに関連性が見られない。むしろ、小規模または局所的な動物相の交代を意味する不明瞭な地質境界と一致しているようだ。さらに、キルカーブのグラフ上の黒い丸は、直径およそ七〇～一〇〇キロメートルの範囲で何かが進行した可能性を表現していると解釈することも可能で、そうなると何らかの閾値（いきち）効果を示唆している。

様々な大きさの小惑星が地球に衝突し、いわゆる「致死半径」のなかで生物種の多くを絶滅に追いやった事例に関し、かつてラウプはコンピュータシミュレーションを行ったうえで、大量絶滅の閾値について一定の証拠を示した。海洋生物種の少なくとも三〇パーセントが死に絶えることを大量絶滅の定義として使うと、そのためにはおよそ一万キロメートルの致死半径が必要なことを彼は発見した。これは地球表面のおよそ半分に相当する。それよりも小さな衝突の影響は、通常の絶滅と区別がつかない。動物相の交代が引き起こされ、その名残の地質境界がかすかに残される程度だろう。

「核の冬」の気候モデルの提唱者のひとりであるブライアン・トゥーンは、ＮＡＳＡのエイムズ研究センターの同僚と共にコンピュータシミュレーションを使い、大規模な衝突が大気におよぼす影響を研究した。その研究からは、粉塵雲が地球全体を覆うためには、およそ七〇〇〇万メガトンのＴＮＴ爆弾と同程度の閾値衝撃エネルギーが必要だという量的推計が導き出された。それは、直径数キロメートルの彗星や小惑星の衝突がもたらす影響に匹敵する。これだけの規模の衝突から発生する粉塵雲は、太陽放射を何カ月間もほぼ完全に遮断するため、地球の大気透過率が大きく落ち込み、光合成に必要な最低レベルにも満たなくなることが、トゥーンの研究では指摘されている。同様の閾値は、大陸全体に広がる山火事にも存在している。高温の衝突噴出物が大気に再突入すると、地球の表面は焼き尽くされてしまう。トゥーンらによる気候シミュレーションでは、地球全体が厚い粉塵雲に覆われる状況では、地表の温度が猛烈な勢いで低下して、一週間もしないうちに摂氏三〇度ほども下がってしまうと予測されている。その結果、いわゆる衝突の冬が引き起こされる。

気候変動と大量絶滅の潜在的な結びつきは議論される機会が多く、大量絶滅と気候の寒冷化の関連性が指摘される場合も、大量絶滅のシナリオで気候の温暖化が果たした役割が指摘される場合もある。しかし、天体の衝突が地球の気候に影響をおよぼす期間は短く、衝突の冬が数カ月から数年程度続いただけかもしれないが、何千年、あるいは何百万年も継続したかもしれないことを忘れてはいけない。特に氷床の発達や海洋の変化から得られる正のフィードバックに注目すると、その可能性は高い。衝突と気候の結びつきを推測するアプローチにはふたつの方法がある。まず理論的なモデリングに基づいた研究では、様々な規模の衝突が気候や地質に対してどんな種類の変化をどれだけの規模で引き起こすのかを予測する。そしてもうひとつのアプローチでは、K／Pg境界層のように、大きな物体の衝突と大量絶滅の痕跡が残されているか、あるいはその可能性のある時代の環境や気候の代理的指標について研究する。

たとえばアルバレスのグループは当初、チクシュルーブ衝突とその影響によって地球全体が粉塵雲に覆われた期間は数年だと推測した。ここでは、一八八三年に発生したクラカタウ火山の噴火をはじめ、史料が残されている噴火の際に測定された大気の不透明度が参考にされている。しかし、火山の噴火とそれが気候におよぼす影響に関して私が一九八〇年代に行った研究からは、火山噴火後の寒冷化がこのように比較的長続きするのは、粉塵雲の影響ではなく、噴火で生み出された硫酸の小滴が原因であることが明らかにされた。衝突由来の塵のような、比較的大きな塵の微粒子は数カ月以内にほとんど沈降してしまうが、クラカタウ島の噴火で生み出されて成層圏を覆った硫酸エーロゾルが地球全体に引き起こした寒冷化は、明らかに数年間継続する。

では、境界期に天体衝突が引き起こしたと推測される厳しい冬の気象条件のあとには、寒冷期が実際に長続きしたのだろうか。ユカタン半島の衝突地点では主に標的となった石灰岩（主に炭酸カルシウム）が残されているが、堆積している石灰岩のおよそ二五パーセントは硫酸カルシウム（硬石膏）の形をとっている。このようなタイプの堆積物は蒸発残留岩と呼ばれ、ユカタン半島の浅瀬の海水が、暖かくて乾燥した気候のもとで蒸発したあと、無水塩が堆積して形成されたものだ。そうなると粉塵以外にも、蒸発した大量の硫酸が上層大気に加わったかもしれない。これらの硫酸は、大気中の水との反応によって硫酸の小滴に変換される。その結果、細かい粒のエーロゾルが地球全体を雲となって覆い（おそらく火山の噴出物よりも上空に達しただろう）、何年間も大気中にとどまり、太陽放射を遮って気候の寒冷化をもたらした可能性が考えられる。カリフォルニア工科大学の地質学者ウェンボ・ワンとトム・アーレンスは、チクシュルーブ衝突からは大量の硫酸が放出され、それによって生み出された大量のエーロゾルが地球全体の気候を寒冷化させ、なかには気温が摂氏一〇度も低下したところもあり、その状態が数年間続いたと推測している。

海洋に衝突した場合には、高い高度にまで吹き飛ばされる物質のかなりの部分が水だったはずだ。直径一〇キロメートルの小惑星や彗星が海に衝突すると、いきなり山のように巨大な蒸気泡が発生し、蒸発した小惑星や彗星、固体の破片、水蒸気が混じり合った噴煙を上層大気まで上昇させる。水蒸気は強力な温室効果ガスなので、温暖化を進行させた可能性が考えられる。あるいは逆に、水蒸気が凝縮したあとに凍結すれば、上層大気で氷粒子が生成され、氷の雲が太陽放射のかなりの部分を宇宙にはね返すので、気候の寒冷化が進行する可能性も考えられる。地面を覆う雪や氷は照り返しが強いので、正のフィードバックから低温状態がさらに促されたかもしれない。

一九八五年、カリフォルニア大学ロサンゼルス校の地球化学者フランク・カイトはこちらのシナリオに基づいて、気候感度が特に高かったおよそ二三〇万年前、南太平洋でエルタニン海洋衝突を起こした小惑星は、規模こそ小さかったものの（直径およそ〇・五キロメートル）、現在の氷河時代の引き金となるには十分だったと指摘した。

一方、彗星や小惑星が大気を通過する際に衝撃波が発生すると、つぎのようなシナリオが考えられる。大気中の酸素と窒素のあいだに化学反応が起こり、窒素酸化物が生み出された。衝突後の地球の大気には硝酸塩が充満し（今日、最も深刻な大気汚染で観測される量の一〇〇〇倍以上）、硝酸塩はたちまち腐食性の硝酸に変換される。その結果、衝突で破壊された地表には、濃度の高い酸性雨が降り注ぐ。衝突によって硝酸が、さらには命中された硬石膏から硫酸が発生した結果、土壌や海洋表層の酸性度は上昇する。最終的に、陸地では広い範囲で植物が消滅する一方、多くの石灰質生物にとって酸性度の高い海洋表層は生息不能になった。

あるいは、クレーター専門家で現在はパデュー大学に所属しているジェイ・メロシュは、クレーターから弾道を描いて放出され、一部は大気圏外にまで飛び出した物質に興味をそそられた。彼は、放出された物質が大気圏に再突入したとき、大気との摩擦によって生じる熱に関して計算を行った。その結果、再突入する噴出物によるパルス加熱は太陽放射の五〇倍から一〇〇倍の強さで（オーブンを直火にセットした状態に等しい）、その状態が最長で数時間持続することを発見した。短時間でもこれだけ加熱されれば、高熱にさらされた動物は命を奪われ、立ち木は発火して、山火事が広がったはずだ。突発的な火事で発生した煤が大気の不透明度をさらに増した結果、巨大な小天体の衝突がもたらした暗闇と寒さはさらに深刻化して、核の冬のような状態が訪れたことだろう。意外でもないが、世界各地のＫ／Ｐｇ境界層では大量の煤が発見されており（世界全体で一〇〇〇億トンと推定される）、各大陸のバイオマスのかなりの部分が焼失したことの裏付けだと考えられる。

Ｋ／Ｐｇ境界層には、地球の炭素循環が大きく乱された証拠も残されている。海で生物が減少して生産性が衰え、炭素堆積物に変化が引き起こされた痕跡である（図５-５）。炭素循環においては、陸地と大気海洋系のあいだで炭素が移動する。通常の時期は、大気に放出される二酸化炭素の主な発生源は火山活動である。しかし白亜紀末期には、ユカタン半島の炭酸塩プラットフォームに天体が衝突した途端、大量の二酸化炭素が大気中に直接放出された可能性が考えられる。カリフォルニア工科大

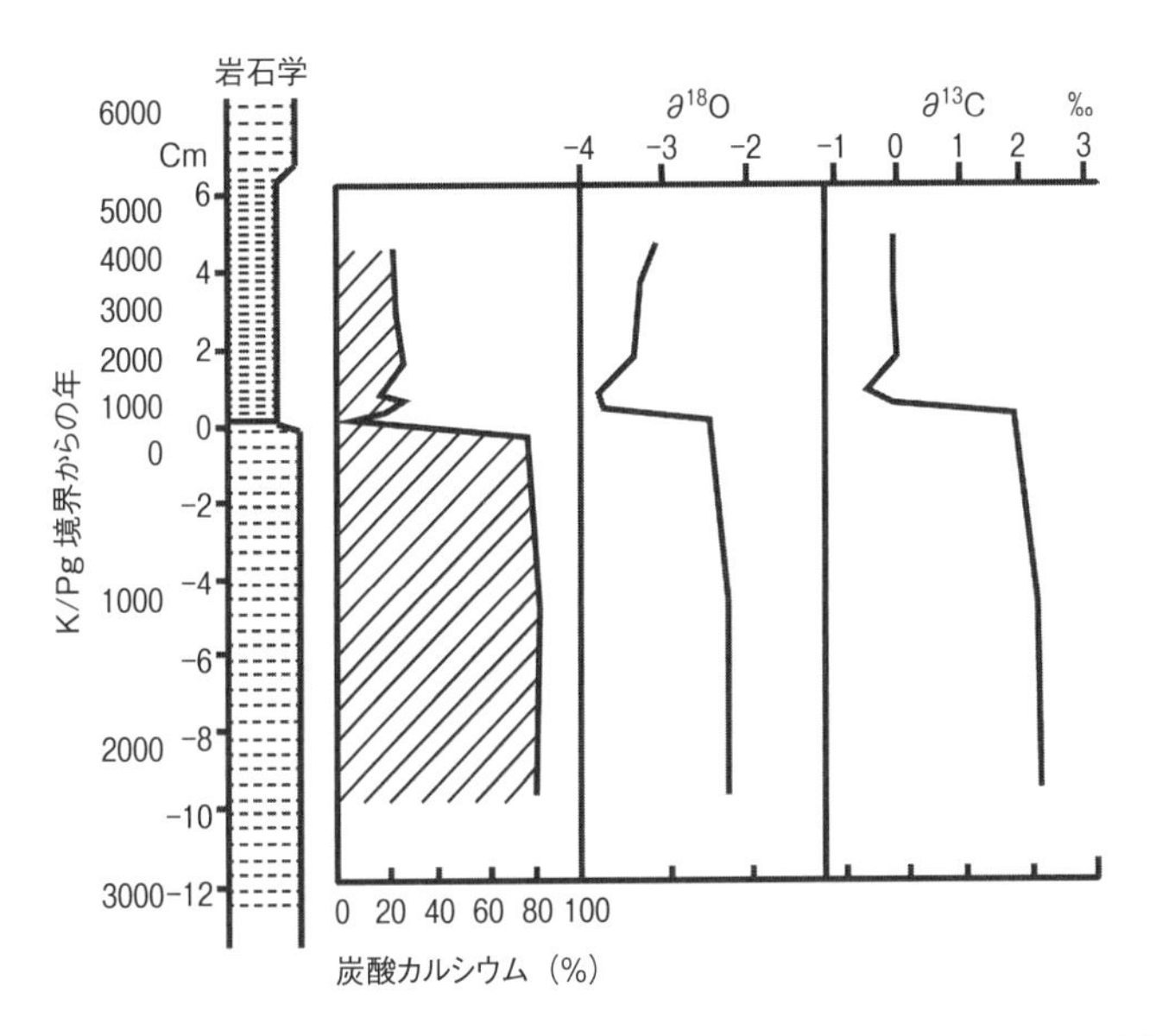

図5-5　スペインのK／Pg境界層に記録されている、炭酸カルシウム、炭素同位体、酸素同位体の割合。境界層で石灰質プランクトンが絶滅すると、炭素同位体と酸素同位体がマイナス側にシフトして、炭酸カルシウムが激減している点に注目。

学のジョン・オキーフとトム・アーレンスは、大気中の二酸化炭素の量が増えた結果として深刻な温室効果がもたらされ、衝突後は一万年から一〇万年のあいだ、地球の気温が摂氏四度から一〇度ぐらい上昇したのではないかと推測している。

地球温暖化が長期間におよんだ可能性は、海洋石灰質プランクトンの減少からも考えられる。海洋石灰質プランクトンは気体のジメチルスルフィド［訳注：有機硫黄化合物の一種］を放出することが知られているが、この気体は下層大気で酸化して、硫酸の小滴を形成する。これらの細かいエーロゾル粒子は、海の上空で雲を形成する雲凝結核の前駆体である。雲が発達するための種として、雲凝結核は欠かせない存在なのだ。この雲凝結核が減少すれば、雲の量が減少し、ひいては海の上空での雲の反射力が減少する。その結果、地球表面に到達する太陽光が増えて、温暖化が促進される。白亜紀末期の衝突では石灰質プランクトンがほぼ消滅したのだから、この可能性には興味をそそられる。世界中を不気味に覆い尽くしていた塵雲が治まると、空は雲ひとつなくなり、太陽光が容赦なく照りつけただろう。そこからは、海でプランクトンが絶滅すると陸の動物にも影響がおよぶことがわかる。

一九八八年、私と気候学者のタイラー・ヴォルクはニューヨーク大学で、雲凝結核に違いを持たせると雲の反射率にどのような変化が起こり、ひいては表面温度にどのような変化が起こるのか計算を行った。このときは、ジメチルスルフィドが九〇パーセント減少すると、地球の気温は摂氏一〇度ちかく上昇するのではないかと予測していた。そして計算の結果からは、大量絶滅のあとにジメチルスルフィドの生成が大きく減少すると、地球の温暖化が一気に進行し、石灰質プランクトンの生息数が回復するまで、その状態が続くと考えられた。しかも回復するまでには、最長で何万年もの歳月が必要とされる。実際、これだけの温暖化は、海や陸の生物圏の回復を妨げた要因だった可能性が高い。

K／Pg境界期に地球全体の生物圏が大きな損傷を受けたことは、ほかにも数種類の証拠から指摘されている。大量絶滅の痕跡がはっきり残る地質境界を高解像度の層序技術で測定すると、バイオマスの多くがわずか一万年以内に、あるいはほぼ一瞬にして消滅した大量絶滅の全体像を確認することが可能だ。このような大量絶滅の結果としてＫ／Ｐｇ境界層では、堆積物中の炭素同位体（炭素12ならびに炭素13）の割合に異常な変化が引き起こされたと思われる。データからは海洋表層と大気中の軽炭素（炭素12）が上昇していることが確認されるが、それは海洋表層に生息するプランクトンの石灰質の殻の分析から明らかだ（図5－5参照）。海洋の生産性が正常な時期には、海洋表層の軽炭素は激減する。大量に生息する植物プランクトンが光合成で軽炭素を優先的に使い、死んで海底に沈む時に軽炭素も一緒に沈むからだ。海洋表層での光合成が著しく減少すれば、もはや軽炭素は植物プランクトンによって優先的に利用されず、表層水に大量に蓄積される。その結果、石灰質プランクトンの殻に取り込まれ、石灰岩として堆積する。このように石灰質プランクトンの殻に含まれる軽炭素の量が急に増加した理由は、海洋表層で植物プランクトンの生産性が大きく減少したことからも説明できる。

Ｋ／Ｐｇ境界層での軽炭素の量の異常値は世界的な現象だったようで、海洋表層の生産性がきわめて低かったことが推測される。これはストレンジラブ・オーシャンとして知られるが、この言葉は、世界中を襲った核による大惨事を取り上げた映画『博士の異常な愛情、または私はいかにして心配するのをやめて水爆を愛するようになったか』に由来している。このように生命の死に絶えた海の状態は、長いあいだ続いたと考えられる。たとえば南大西洋では、軽炭素の異常値が境界層（イリジウムが豊富な地層）の真上の部分から始まり、およそ五万年後にようやく最小値に下がった。

海の炭酸塩堆積物から検出される酸素同位体は、白亜紀末期の大量絶滅の際の海水温を推測する手段として、多くの研究で利用されてきた。二種類の酸素同位体、すなわち重酸素（酸素18）と軽酸素（酸素16）が、海水に溶解した炭酸イオンのなかには含まれている。一九五〇年代、シカゴ大学のハロルド・ユーリーは、炭酸カルシウムを成分とする海洋生物の殻に吸収される軽酸素と重酸素の割合が、周囲の温度によって変化することをはじめて発見した。つまり海洋生物は温度計のように、過去の気候変動を記録しているのだ（図5－5参照）。

大量絶滅が引き起こされる以前の白亜紀後期、地球の気候は今日よりもずっと暖かかったことが、複数の気候指標から推測される。当時は極地が氷で覆われておらず、緯度が極地に近い場所でもヤシの木が生えて、冷血動物に属する爬虫類が生息していた。当時、海洋表層の水温は今日よりも最大で摂氏五度高く、緯度が極地に近い場所でも海水は温かかった。K／Pg境界で酸素同位体の割合が変化していることは、世界の海の多くの場所で確認されており（図5－5参照）、最も変化が大きな場所では水温が最大で摂氏一〇度も上昇したと推測される。ここまで温度が上昇したのは、大気中の二酸化炭素の量が上昇して雲の発生が減少したからだと考えられる。

境界期に大気中の二酸化炭素が急激に増加して温暖化が進んだ証拠は、化石植物にも残されている。大気中の二酸化炭素の量が化石植物の葉の表面の気孔（小さな孔）の数と反比例の関係にあることを研究に利用したシェフィールド大学のデイヴィッド・ビアリングと同僚らは、K／Pg境界期に二酸化炭素の量が著しく上昇している証拠について報告している（最大で、現在の大気中二酸化炭素濃度の六倍）。大気中の二酸化炭素がこれだけ増加すれば温室効果が促され、地球温暖化の原因になっただろう。北米の西部内陸部での植物の化石の葉っぱの形状（温度によって変化する）に注目した最近の研究結果も、K／Pg境界期にこの地域では、気温が従来よりも摂氏一〇度ほど高い状態が長く続いた可能性を裏付けている。天体の衝突後、おそらく何十万年も高温の状態が継続したと思われる。

大量絶滅の最中には、それまで長い時間、特定の生態的ニッチに適応してきた生物種の多くが、いきなり消滅してしまう。そして大量絶滅が発生したあとには、日和見種の生息範囲がいきなり広がる（たとえば、天体衝突後の白亜紀末期の海では、数種類のめずらしいプランクトンが増殖した）。一方、生き残った生物種の一部は、いわゆる適応放散を経験する。すなわち自然選択の原則にしたがい、新たに発生した多くのニッチの空白状態を埋めながら適応していくのだ。白亜紀末期の大量絶滅のあとに哺乳類や鳥類が驚くほど多種多様に進化したのは、そのおかげだった。地質年代としては比較的短期間のうちに、開かれていたニッチは埋められてゆき、いったん埋められてしまうと、先住者のいるニッチに新しい生物種が割り込むのは困難になる。このように比較的安定している時代には、新しい変種のほとんどが有害で、安定化選択により取り除かれ、安定した生態系が続くことになる。

化石記録に残されたこのようなパターン――いきなり大量絶滅が発生し、やはり突然に種分化が起こり、停滞が長く続くパターン――は、断続平衡説と呼ばれる進化モデルと一致している。このモデルは、ハーバード大学の古生物学者スティーブン・ジェイ・グールドと、アメリカ自然史博物館のナイルズ・エルドリッジが一九七〇年代はじめに提唱したものだ。ただしグールドとエルドリッジは、個々の生物種の断続的な進化について考えていた。大量絶滅によって多くの生物種がいきなり同時に消滅するような展開は、「断続平衡説」と呼べる現象のなかでも特にスケールが大きい。

大きな物体の衝突の影響については多くが書かれているが、小さな物体の衝突も限定的な地域に大きな変化を引き起こした可能性が考えられる。たとえば、直径二〜三キロメートルの小惑星や彗星が衝突し（何百万メガトンものエネルギーが生み出され）、直径四〇〜六〇キロメートルの衝突クレーターが形成される事象はおよそ一〇〇万年ごとに発生しているはずで、そうなると、その回数は過去五億四二〇〇万年のあいだにおよそ五〇〇〜六〇〇回にのぼる。これらの衝突物のおよそ三〇パーセント（二〇〇個程度）は大陸を直撃したことだろう。たとえば、大陸全体のおよそ一五パーセントを占める北米大陸は、およそ二〇〇〇万年ごとに三〇個ほどの天体の直撃を受けたと思われ、その大きさのクレーターが北米では一一個確認されている。これだけすさまじい事象は、地域の地質記録に大きな痕跡を残していることが計算からは推測される。一〇〇万メガトン級の衝突が発生したケースでは、爆風による破壊の爪痕は衝突地点から半径数百キロメートルもの範囲に広がり、火災が発生した地域は半径一〇〇〇キロメートルにおよんだ可能性もある。

このような衝突の良い事例が、アイオワ州北西部のマンソンに残されている直径三五キロメートルの白亜紀後期の衝突構造である（およそ七四〇〇万年前と推定される）。直径二キロメートルの天体が推定二〇〇万メガトンの勢いで衝突した結果、このクレーターが形成された。いまでは完全に埋没しているが、掘削作業が広範囲にわたって進められている。衝撃鉱物の専門家で、米国地質調査所に所属するグレン・イゼットは、衝突構造の西側で白亜紀後期の海洋岩に閉じ込められた火山噴出物を調査した。その結果、サウスダコタ州南東部の広い範囲の地層（クロウ・クリーク層）で衝撃石英が発見され、おそらく衝撃によって引き起こされた津波による堆積物だと解釈された。これと同時期と思われるワイオミング州東部のパイン・リッジ・サンドストーンも、一九九九年に私が現地を訪れて観察したかぎり、津波堆積物のように見える。白亜紀の大昔の海岸線に押し寄せてきた巨大な波と一緒に、沖合の堆積物が大量に運ばれてきたのである。

北米大陸西部の恐竜の多様性は、白亜紀末期以前から減少していたのかどうか、科学者のあいだでは何十年間も議論されてきた。はっきり結論が出ないのは、そのわずか八〇〇万年前にマンソンで衝突した天体が地域の生物を絶滅に追いやった影響かもしれない。マンソンでの事象と同時期に、北米大陸の西部からは恐竜の属が九種類いなくなり、そのあとにはほかの恐竜がやって来て、急速に進化を遂げた。さらに同じ地域では、海生爬虫類と小型哺乳類のなかでも大きな変化が引き起こされた。二〇〇二年に私は、同一種の恐竜の化石が大量に含まれるモンタナ州のボーンベッドは、白亜紀末期ではなく、マンソンでの天体衝突が残した痕跡ではないかと提案した。大量死の現場に残されたおよそ七四〇〇万年前の岩石のなかには、たくさんの恐竜の化石が密集している。これらの恐竜は爆風で命を奪われたのだろうか。それとも恐竜の世界に火事が発生し、マンソンから一〇〇〇キロメートル以上も離れた場所にまで広がったのだろうか。一方、天体が衝突した地点から八〇〇キロメートル離れたニューメキシコ州北西部にある白亜紀後期の化石森林も、マンソンの衝突物が引き起こした破壊の影響を受けている可能性が考えられる。北米大陸西部に残された白亜紀後期の大量絶滅の痕跡に不可解な特徴が数多く見られるのは、マンソンに衝突した天体が、限定された地域に壊滅的な影響をおよぼしたからかもしれない。

私は衝突クレーターのデータを研究しているあいだに、空間分布に関して興味深いことを発見した。アメリカ中西部には八つの円形の地質構造があって、小さいものは直径がおよそ三キロメートル、大きいものは一七キロメートルにおよぶ。これらは外向きに放射状の変形が生じ、岩石が著しく角礫化した証拠が残されている。しかも、円形の地質構造は直線状に並んでいる。幅およそ一五キロメートルの狭い地域に帯状に連なっており、イリノイ州南部からミズーリ州を通過してカンザス州東部にまでアメリカを横断している直線の長さは、およそ七〇〇キロメートルに達する（**図5-6**）。これらのうちのふたつ、デカターヴィルとクルックト・クリークの地質構造は衝撃石英とシャッターコーンを含んでおり、本物の衝突クレーターと見なされている。衝撃波が岩石を通過するときに馬の尻尾のようなシャッターコーンが形成される現象は、天体の衝突によってのみ発生する。残り六つの構造物は、天体の衝突を想定した研究がまだ十分に行われていないが、持ち上げられ変形して角礫化した母岩（角礫岩が周囲の岩石に無理やり貫入している）、石英の粉々になった粒、溶けたガラスが再結晶したと見られる物質が含まれている。

これらの構造物は同じような地質的特徴を備え、衝撃を受けた証拠やその可能性が残されている。そのため、かつては確認しづらい「潜火山性」構造物や「潜爆発性」構造物（観察からは見つからないが、内部で爆発のプロセスが進行している）に分類されていたが、いまではある程度の確信を持っ

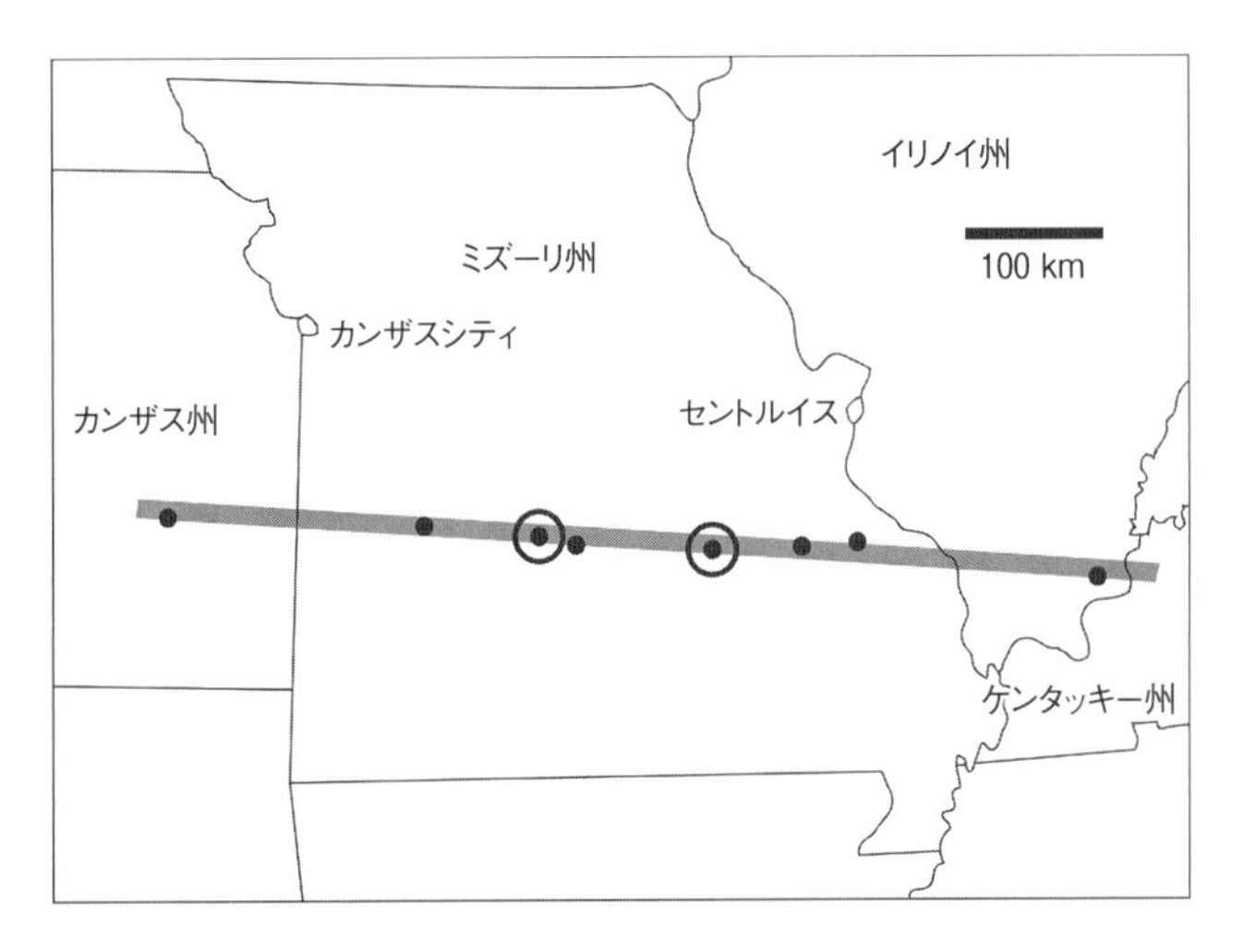

図5-6　アメリカ中西部で直線的に連なって分布する八つの円形構造物。どれも著しく変形している。左から右へ順に、ローズ・ドーム、ウィーブロー、デカターヴィル、ヘイゼル・グリーン、クルックト・クリーク、ファーネス・クリーク、エイヴォン、ヒックス・ドーム。デカターヴィルとクルックト・クリークの構造物（丸印）は衝突構造物として確証されている。

て、超高速度衝突の結果として生まれたと考えられる。このように円形の地質構造が一列に連なっている場所は、地球上ではほかにどこにも確認されていない。私の計算では、八つの構造物がたまたま一列に連なる確率は、一〇億分の一にも満たない。普通では考えられないほど構造物がきれいに一直線に並んでいることからは、どれも同時代に作られたもので、複数の天体の衝突が関わっていると推測される。おそらく三億三〇〇〇万年前から三億一〇〇〇万年前のどこかで小規模な絶滅が発生したとき、形成されたものだろう。計算上、地球や月の潮汐効果によって軌道を乱された彗星や小惑星が地球に衝突した結果、このような衝突クレーターの連なりが形成されることはありそうにない。おそらく内部太陽系［訳注：火星より内側の太陽系］のどこかで小惑星か彗星が粉々になった結果、破片が連なって地球に向かってきた可能性が高い。ちょうど一九九四年にシューメーカー・レヴィ第九彗星の破片が連なって木星に衝突した出来事を連想させられる。

私は数年前にこれらの構造物が衝突由来ではないかと提案したとき、八つのあいだに関連性があるのは間違いないと考えていた。さもなければ、これだけきれいに一直線に連なることはあり得ない。しかも、八つのうちのふたつの構造物は、すでに天体衝突によるものだと確認されていた。ところが、一部の地質学者は驚くようなコメントを記した（ひとりは、この構造物に関する私の論文の査読者だった）。構造物は観察できない潜爆発によって生まれたという従来の主張を繰り返し、天体衝突の証拠を無視したのだ。当初、これらの構造物は「三八度線構造物」と呼ばれた。今日では北緯三八度のすぐ近くに連なっているからだ。もちろん、古生代に形成されたときには位置がかなり異なっていただろう。結局ここでも、ライエルの斉一説が幅を利かせ、一部の科学者には明白な事実が見えなくなっているようだ。

6

自然選択と天変地異説
チャールズ・ダーウィン vs パトリック・マシュー

ダーウィン主義の真の核心は、自然選択説である。この理論がダーウィン主義者にとって重要なのは、適応という自然神学者の「デザイン」をうまく説明できるからだ。

エルンスト・マイヤー、『生物学の新しい哲学に向けて』

チャールズ・ダーウィン（一八〇九〜八二、**図6－1**）は、進化が自然選択のプロセスにより起こっていることを発見したおかげで、偉大な科学者たちのなかでも傑出した存在として崇められている。チャールズ・ライエルと同じく、彼はジェントルマン層の科学者だった。家族が裕福だったため、進化や生命の歴史について研究する自由な時間を確保することができた。そして師のライエルに倣い、地質学的にも生物学的にも、すべての変化は徐々に進行すると考えた。進化は継続的で、少しずつ達成されていくという発想は、ダーウィンの理論の大きな特徴である。自然選択は、様々な生き物の小さな変異のなかから選ばれたものによって進められていく。小さな進化が継続すると、最後は大きな進化が実現する。個体種の絶滅の大きな原因は、ダーウィンによれば種のあいだの競争である。再び

図6-1　チャールズ・ダーウィン（1809～82）、『種の起源』の著者。

彼は師のライエルに倣い、生命の歴史のなかには革命的な進化としか見えないものもあるが、それは層序記録の欠落によって引き起こされた幻想だと解釈した。欠落した時期には堆積岩が形成されなかったか、のちに侵食されてしまったのだという。消えてしまった堆積岩層が存在していれば、絶滅のプロセスは徐々に進行し、長い期間にまたがっていることがわかるはずだ。

　斬新的進化に関するダーウィンの見解を、天変地異説の影響で様相が変わった最近の地質学と照らし合わせて考察してみるのは興味深い。しかも自然選択は強力な説得力を持つ原理なので（「これまでで最高のアイデア」と呼ばれてきた）、発見にいたるまでの道のりは学術的分析の対象としてきわめて魅力的であり、何がダーウィンのこのアイデアを生み出す源泉になったのかを探る研究分野も発展した。自然選択という概念は、ダーウィンとアルフレッド・ラッセル・ウォレスがそれぞれ執筆した論文のなかではじめて公表され、一八五八年にロンドンのリンネ協会で本人たちは不在のまま論文が読み上げられた。引き続き翌年には、ダーウィンの傑作『種の起源』が出版される。ダーウィンはこのアイデアを一八三八年に思いつき、早くも一八四二年には自然選択に関するエッセイを執筆していたが、ウォレスが同様の結論にいたったことを発見するまで公表を控えていたことが、彼のノートには記されている。

しかし、それよりもずっと早い一八三一年、スコットランド人の園芸家パトリック・マシュー（一七九〇～一八七四、**図6-2**）が、ダーウィンに先立ち自然選択の法則を見事に定式化して公表していた（実際には「自然による選択の過程」という表現が使われている）。この法則については主に、森林管理に関する著作『海軍用材木と樹木栽培について』の付録に掲載されている。自然選択に関して、マシューはつぎのように簡潔に説明している。

> 自然界には普遍的な自然法則が存在しており、繁殖するあらゆる生き物には生存におそらく最適な条件が提供される。……ただし存在できる場

図6-2　パトリック・マシュー（1790～1874）、『海軍用材木と樹木栽培について』の著者。

所は限られ、しかも先住者がいるので、強くて頑健で、置かれた状況にうまく順応できる能力を持つ個体だけが、戦いを勝ち抜いて十分に成熟することができる。そのあとは、定着した環境のなかでうまく適応していく。……これに対し、競争力が弱く、置かれた状況にうまく順応できない個体は、成熟段階に達する前に滅びてしまう。この原理は常に働いており、そのおかげで自然界では色や姿、能力や本能が限定されている。敵から隠れて身を守るために最も適した色や外見を持つ個体……健康や体力、防御や支援に最も優れた姿を持つ個体……自然から課される厳しい試練を生き残って成熟段階に達する個体だけが生き残れる。完璧さや適性に関して自然が定めた基準にうまく適応してこそ、繁殖して子孫を残していくことができる。

先見の明のあるマシューの発表は、ほとんど読まれる機会のない専門書の付録に掲載されたこともあり、当時はこの主題について論争が引き起こされたわけではなかった。しかし、『種の起源』が出版されたあとの一八六〇年になると、マシューは『園芸家年鑑ならびに農業新聞』というジャーナルに投書して、一八三一年の著書から関連部分を取り上げ、自分のほうが時間的に早かったことを指摘した。この投書への返答のなかでダーウィンは、マシューは「私が自然選択という名のもとで説明した種の起源について、何年も前から予想していた」と認めた。そしてべつの場所では「パトリック・マシュー氏は……種の起源についてウォレス氏や私とまったく同じ見解を持っている。……彼は自然選択の原理の力を十分に理解している」と述べている。最終的に、気難し屋の傾向があるマシューは、自分の名刺に「自然選択の発見者」と記すようになった。

　マシューの主張に関して、ダーウィンは一八六〇年五月一八日付の手紙でウォレスにつぎのように伝えた。「奇妙なことがある。パット・マシューというスコットランド人が一八三〇年に出版した『海軍用材木と樹木栽培について』という著書の付録のなかで、自然選択に関する我々の見解について、きわめて明確に、しかも数パラグラフでごく簡潔に触れている。完全な形の予想だ」（強調はダーウィンによる）。何年かのち、サミュエル・バトラーの『古い進化と新しい進化』のなかでマシューの研究の抜粋を読んだウォレスは、つぎのように語った。「私にとってパトリック・マシュー氏の研究からの引用文は、あなたの著書全体のなかで最も印象に残った部分です。『種の起源』の中心的なアイデアについて、彼は正しく予想していたかのようです」。

　ダーウィンとウォレスのどちらもマシューが先行していたことを明らかに認めているなら、この重要な概念の起源について今日論じられるとき、マシューの貢献が大体において無視されるのはなぜだろう。自然選択の謎を解明するうえでマシューの思考プロセスは十分に適切であり、その後のダーウィンやウォレスの思考プロセスと比べても遜色がない。二〇世紀の生物学者エルンスト・マイヤーの自然選択の概念に関する以下の発言を考えれば、なおさらそう思える。

　ダーウィンの同時代人は、この概念に非常に奇妙な印象を持っており、一八五九年に『種の起源』のなかで提案されても、受け入れたのは一握りの人たちだった。生物学者のあいだでさえ、普遍的に認められるまでには三世代を要した。生物学者以外の人たちのあいだでは、このアイデアは未だに人気がない。しかも、このアイデアに口先だけで賛同している人たちも、自然選択の仕組みを十分に理解できないとしばしば発言する。このアイデアの異端性を認めないかぎり、ダーウィンの驚くべき知的業績を正しく評価するのは不可能だ。そうなると、ここに大きな謎が浮上する。当時の思考とはまったく相容れず、未だに複雑さが目立つアイデアに、そもそもダーウィンはどのようにして到達したのだろう。……変異や遺伝のプロセスについて我々の理解は大きく前進したが、それでもこのアイデアは大きく誤解されていないだろうか。

さらに不可解なのは、ダーウィンやウォレスのように標本を集めるために異国の現場を訪れた経験もなければ、当時の知的な文通サークルのメンバーでもないマシューが、ふたりに先んじて（一八三一年に）同じアイデアを閃（ひらめ）いていることだ。当時、進化という概念はダーウィンの時代よりもさらに不人気で、広まっていなかった。しかもマイヤーは、一八五九年の時点で、自然選択という概念は複雑で、同時代の思考とはまったく相容れなかったと述べているのに、マシューは正反対の発言を残している。「私は、この自然法則についての概念は明白な事実だと直感的に閃いた。集中して考え抜いた結果ではない。……自然の仕組みを一瞥（いちべつ）しただけで、種の選択的な産出はアプリオリかつ認識可能な事実だと判断した。この自明の理については、十分な理解力を持つ人たちの偏見のない心で指摘され、認められるだろう」と述べているのだ。

進化の謎を解くための大事なピースが発見されたというのに、当時はほとんど無視されたのはどうしてだろう。あまりにも目立たない場所で公表されたため、科学界から注目されなかった可能性は考えられるだろう。マイヤーはべつの場所でつぎのように書いている。

自然選択による進化という理論の確立に最初に取り組んだ功績を堂々と主張できる人物は、パトリック・マシュー（一七九〇～一八七四）だ。……進化と自然選択に関する彼の見解は、『海軍用材木と樹木栽培について』（一八三一）という著書の付録に掲載された多くの注のなかで紹介されている。これらの注は本書の主題とはほとんど関係がない。したがって、ダーウィンもほかの生物学者もまったく目にしなかったとしても意外ではない。マシュー本人が一八六〇年、『園芸家年鑑』誌に寄せた記事のなかで取り上げられ、ようやく注目された。

しかし歴史家のウィリアム・デンプスターは、イギリスの造船業者が利用する樹木の質を人為選択によって改善することが、マシューの著書の主題だった点を指摘している（ダーウィンの心情に近い主題だ）。付録の注の内容は、当時のある一般誌のなかで、イギリスで最も有名な植物学者のひとりによって論評された。そして異端的なアイデアとして酷評され、本は地元の図書館に置いてもらえなかった。結局のところ、このアイデアは時代を大きく先取りしていたので、当時一般に受け入れられている知識との接点がなかったのだろう。公表が早すぎたアイデアは評価されず、ごみ箱行きとなってしまった。

進化生物学を研究領域にしている哲学者のダニエル・デネットは、自然選択の法則を系統立てて説明する際に、マシューが単純な演繹的議論に頼りすぎている点を批判している。しかし、自然科学の分野で影響力のある法則の例に漏れず、このアイデアの良い点は数少ないシンプルな言葉や数字で表現できるところだ。そのような側面が、同時代人のトーマス・ヘンリー・ハクスリーからつぎのような有名な発言を引き出したのは間違いない。「こんなことも考えられなかったとは、私は何て愚かな人間なのか」。

しかし一部の学者は、ウォレスがダーウィンとは独立して自然選択の理論を導き出している点を重視せず、『種の起源』のなかで進化と選択について数多くの証拠を出している点こそ、ダーウィンの最も重要な貢献だと主張している。そうなると、偉大な成果はアイデアそのものなのか、それともそれを丹念に完成させ裏付けたことなのかという疑問が生じる。私には、マシューがわずかなパラグラフで明確に語る自然選択についての提案は、物理法則のような印象を受ける。いったん法則が確認されれば、前提、概念、演繹、結論は複雑ではない。

ダーウィンはマシューが先行していたことを認めているが、この育樹専門家の貢献を軽んじている。改訂された『種の起源』でマシューの発見について言及しているが、つぎのように書き加えている。「残念ながらマシュー氏のこの見解は、異なる主題をテーマにした著書の付録のわずかなパラグラフで、ごく短く取り上げられたにすぎない。そのため、マシュー氏本人が一八六〇年四月七日の『園芸家年鑑』誌で主張するまで、気づかれることはなかった」。

しかし、科学者たちがマシューのアイデアのなかでも特にやり玉に挙げたのは、自然選択による進化についての記述のなかに天変地異による地質変化という発想を組み込んだことだ。人類学者のローレン・アイズリーは、天変地異という「間違った」観点から地質記録を分析した結果に基づいている点で、マシューの仮説は明快さに欠けると結論している。当時は最新だったジョルジュ・キュヴィエとその信奉者たちが提唱する理論の枠組みに、マシューは自分の仮説を当てはめたのだ。この理論については すでにおわかりだろうが、地球は大きな変革や激しい洪水を何度も経験し、それ以前の時代に存在していた生物は壊滅的な被害を受けたと仮定している。古生物学者のマーティン・ラドウィックは、マシューが本の付録を書いた当時の地質学研究の状況について、以下のように要約している。

一八三〇年頃には……およそ三〇年から四〇年におよぶ化石に関する研究が目覚ましい成功を収めた。その結果、キュヴィエが唱えていた天変地異による生物種の激変も、沖積世に発生した事象のひとつとして、広い範囲にまたがり様々な現象を説明する古生物学の一部に統合された。人間の歴史の基準に比べ、地質の時間尺度は想像できないほど長いが、ゆっくりと時間をかけて厚く積み重なった地層は、正確な記録を残している。連続する地層は……どれも様々な化石種の集合であることが大きな特徴であり、同じ時代の地層であれば、離れた場所でも同じ化石が確認され、相関関係が確認される。このような相関関係からは、大筋において、生命の歴史は世界のどこでも同じであることが証明される。

キュヴィエが唱えた沖積世の「変革」は、生命の歴史で何度も発生している同様の事象のひとつにすぎない。これらの事象は突然に発生し、キュヴィエが確認した陸生動物相だけでなく、もっと種類の豊富な海洋動物相や植物の生命にも計り知れない影響をもたらした。こうした変革は明らかに自然事象で、地球の物理的構造に組み込まれているようだが、津波のように一時的に発生することが特徴で、大陸の海抜の低い部分は少なくとも呑み込まれた。変革を引き起こした物理的な原因は明らかではない。……いずれにしても、環境を激変させるほど猛烈なエピソードであり、十分に適応していた動植物の大量絶滅を説明するにはふさわしい。

絶滅の証拠をとどめる化石記録についてはマシューも十分に認識しており、一時的に発生する大量絶滅を自然現象として説明する姿勢を好意的に評価して、以下のように語っている。

自然の状態では、生物の種類に従って、ある特定の類似性が、かなりの程度確実に存在しており、それぞれを種と呼ぶ。……地質学者は似たような類似性を、各時代の厚い堆積層を通じて、化石生物種に見出している。しかしその一方、生物種や生命の特徴には時代ごとに非常に大きな違いが存在することも発見している。したがって、奇跡的な創造が繰り返されたか、あるいは周囲の状況の激変が引き金となって変化の力が大きく働き、生きた有機物に多大な影響を与えたと認めざるを得ない。……状況の変化によって有機的存在に引き起こされた混乱や変化は、……優れた生命に備わっている可塑性や、時代ごとに状況が大きく異なる可能性の証明だと言えるだろう。それぞれの時代は安定しているが、状況の変化が生物種に大きな変化をもたらした可能性は高い。

そしてマシューにとって、天変地異による大量絶滅は進化のプロセスに欠かせないものだった。

破壊的な液流により、どんなに頑丈な山々も押し流され、粉砕されて砂利や砂や泥となり、時代ごとに形成された地層のあいだに入り込み、分断した。おそらく破壊は地球表面全体におよび、ほぼすべての生物が壊滅的な被害を受け、その数は大きく減少したはずだ。その結果、新たに分岐しつつあった生物種にとって、既存の生物種に占められていない土地が生まれた。……生き残った生物種は、やがて状況の変化に適応して、あらゆる生存手段を利用しながら、姿かたちを変えていった。そして適応が完了したあとには、激変の時代にはさまれた、何百万年にもわたる規則正しい時期が続き、定常の特徴を持つ化石堆積層が出来上がったのである。

このような形で天変地異の枠組みに当てはめて、マシューは大量絶滅とその後の生物種の放散をうまく説明することができた。対照的にダーウィンにとって大量絶滅は、ハーバード大学のスティーブン・ジェイ・グールドによれば「際限ないトラブルを引き起こす原因でしかなかった」。そして「岩石記録が不完全なため、大量絶滅のように見えるだけだ」と結論したのだという。

マシューが公表したアイデアは、地質記録に関する天変地異主義者の解釈と結びつけられたわけだが、不幸にも、ライエルの『地質学原理』が出版された時期とちょうど重なってしまった。著書のなかでライエルは、地球の歴史は天変地異と無関係で、徐々に起こった変化が蓄積した結果だと述べており、つぎのように勝ち誇って宣言している。「とてつもない天変地異がいきなり発生し、地球全体やそこに棲む動植物が様変わりしたことを前提とする理論は、すべて否定された」。ライエルは地質の変化を漸進的なプロセスの積み重ねだと見なし、その主張には大きな説得力があった。そのため、地質記録は天変地異と無関係に秩序正しく残されたことを前提とするモデルが、キュヴィエが唱える天変地異説に代わって幅を利かせるようになった。そしてすでに見てきたように、地質記録を漸進主義の立場から解釈する傾向は、今日の私たちにまで影響をおよぼしているのだ。

しかし地質学の潮目は変化した。一九八〇年にアルバレス父子が仮説を提唱してから三五年にわたって研究が続けられた結果、大量絶滅は生命の歴史で実際に発生した現象であり、いくつかのケースでは、地球や地球外で発生した天変地異が大きな原因として考えられることが明らかになった。もしも大量絶滅が進化にとって重要な要因ならば、これらの事象を不完全な地質記録が招いた誤解として片づけたダーウィンには重大な過失があったことになる。地質記録だけでなく、進化の様式やテンポについての解釈が今日では変化したのだから、マシューの貢献を見直さなければならない。進化のプロセスについての彼のアイデアは、およそ二七年後にダーウィンとウォレスが発表したアイデアに比べ、事実を正確に表現しているのかもしれない。

今日では、動植物相が相対的な均衡状態を維持する期間が長く続いたあと、物理的環境の混乱が招いた大量絶滅によって、均衡状態に終止符が打たれるサイクルが地質記録を構成すると考えられている。生息地分断化は種形成にとって欠かせない要素として広く認められている。その通りならば、大変動を伴う大量絶滅により陸や海の生息地が大きく分断され、レフュジア〔訳注：広範囲にわたって生物種が絶滅する環境下で、局所的に種が生き残った場所〕が生じたことになる。そうなると、進化はごくゆっくりとしたペースで進行し、そのあいだには生物間で競争が繰り広げられ、安定した環境にうまく適応した生物種が生き残るというアイデアは通用しない。代わりに、形態や生態系に引き起こされる大きな変化は、いきなり発生して急速に影響をおよぼすというアイデアが認識されるようになった。

自然選択による進化という理論の起源について論じられるときには、常にダーウィンが主役として注目され、大体においてウォレスがそのつぎに脚光を浴びる。しかし、ふたりよりも早い時期に自然選択を体系化したマシューの功績も認められるべきだろう。しかも彼は、地質記録や種の起源に天変地異の特徴が残されていることを、かなり正確に評価しているのだ。たとえばグールドは、自然選択を発見した時期は明らかにマシューのほうが早いが、その功績はほとんどないと結論し、その理由として、せっかくの独創的なアイデアの大きな影響力を理解していなかった点を挙げている。しかし、私は賛成できない。のちに『種の起源』の最後にダーウィンが記した有名な文章（「じつに単純なものからきわめて美しくきわめてすばらしい生物種が際限なく発展し、なおも発展しつつあるのだ」（渡辺政隆訳、光文社、二〇〇九）の伏線とも解釈できる以下の文章のなかで、マシューは自然選択という生命観に備わっている美学と力を明確に把握している。

組織化された存在、おそらくすべての物質的存在は、ひとつの原理……状況に応じて徐々に修正と集合が進行し、それが際限なく続く生命の原理から成り立っているのだろうか。……完全な破壊と新たな創造というデザインに比べて、生命が周囲の状況とバランスを取り続けているというデザインは美しく統一がとれ、私たちにとって明白な自然の特徴ともうまく一致している。

7

衝突と大量絶滅　時期は一致しているか

アルバレスたちの発見からは、直ちに疑問がわいてくる。同様の事象が、ほかの大量絶滅と関連しているのだろうか。

チャールズ・オース、『大量絶滅の層位の地球化学的研究』

漸進主義者や懐疑的な人たちはいなくならないが、結論は明らかである。白亜紀末期の突然の大量絶滅は、天体の衝突によって引き起こされた。天体衝突を主張する仮説にはあらゆる妥当な検証が行われ、場所や地球化学や放射年代測定から判断して、チクシュルーブの衝突が犯人であることは確実になった。こうして白亜紀末期の衝突の痕跡を残す地層が発見されると、深刻な大量絶滅の記録が刻まれた地質境界がほかにもないか、探索する機運が盛り上がった。科学者は世界各地でいくつかの診断戦略を用いている。高濃度のイリジウムをはじめ、宇宙と同じ存在比率を持つ微量元素に注目するだけでなく、野外または研究室内の研究で、ほかの衝突物質を探すことにも注力した。衝撃鉱物（衝撃石英、長石、ジルコンなど）、高密度相の石英（コーサイトやスティショバイト）、衝撃ガラス（テクタイトや微小テクタイト）などである。一方、様々な鉱物組成の小球は高温で結晶化されたもので、しかもスピネル型構造の結晶はニッケルを豊富に含むので、やはり衝突を診断する手段として役立つ。さらに、きめの粗い近傍の地層についても考慮される。大体は様々な種類の流出物が含まれる地層で、海で起こった衝突の影響で発生した津波による堆積物もある。

K／Pg境界層の生物的・地質的特徴は、ほかの大量絶滅の影響を受けた境界層にも存在している可能性が考えられる。その特徴とは、(一)生物集団の死亡率が、世界中で同時またはほぼ同時に変化している。その根拠は海底堆積物中の炭素同位体量の変化で、生物量が壊滅的に減少し、海洋生産性が大きく落ち込んだことが示唆される(いわゆるストレンジラブ・オーシャンの状態)。(二)災害に強い生物種や日和見的な生物が増殖し、そのあとに生き残った生物種が復活して拡散している。(三)気温が一時的に低下している。(四)酸素同位体比が著しく変化していることから、長期にわたって地球が温暖化した可能性が考えられる。(五)殻を持つ生物が産生する海中の炭酸カルシウム量が著しく減少している(図5－5参照)。

大量絶滅の記録が残されているほかの境界層でも、天体衝突の証拠を注意深く探し求める作業が大がかりに進められたが、まったく成果が得られなかったと多くの地質学者は考えているようだ。しかし、これほど真実からかけ離れている評価はない。地質記録のなかから天体衝突の証拠を探し出す作業はあちこちに分散して行われ、しかも容易ではない。衝突層の厚さは大体が数ミリメートルから数センチメートル程度しかなく、記録に残るのはかなりめずらしい。それを見つけ出すのは、非常に大きな干し草の山から一本の針を見つける作業に等しい(**図7－1**)。

図７-１　天体衝突層を確認する作業は、干し草の山から針を見つけるようなものだ。イタリアのグッピオ近郊のヴィスプリ採石場は、白亜紀から古第三紀にかけて深海の環境で、4000万年以上にわたって土砂が継続的に堆積して形成された。堆積層は左下に向かって傾いている。右端に見えるトラックを参考にして、大きさを確認してほしい。

一九九一年にチクシュルーブ・クレーターが発見された頃、天体衝突の証拠が発見されるのは比較的新しい層位に限られた。たとえば、テクタイトや微小テクタイトを含む有名な地層の一部は、二〇〇〜三〇〇万年前のものだ。主にインド洋東部と周辺の陸地に分布するオーストララシアの地層のテクタイトや微小テクタイト（七八万年前）は、おそらくカンボジアのトンレサップ湖にあるクレーターから飛来してきたと思われる。西アフリカと隣接する大西洋に分布する象牙海岸のテクタイトや微小テクタイト（一一〇万年前）は、ボスムトゥウィ湖（ガーナ）のクレーターから飛ばされてきた。そして、南太平洋での小惑星エルタニンの衝突（二三〇万年前）によって海底には溶融した岩屑が堆積したが、その衝突箇所と考えられる小さなクレーターはまだ海底から発見されていない。

もう少し古い事例としては、チェコ共和国のモルダバイト（テクタイトの一種、一五〇〇万年前）は、ドイツのリース・クレーターから飛散してきた。アメリカ南東部と周辺の海に分布する北米のテクタイトと微小テクタイト（三六〇〇万年前）は、チェサピーク湾の衝突構造に由来していることが、いまでは知られている。二〇〇三年、私は著名な地球化学者であるウィーン大学のクリスチャン・コバールと共にエジプト西部の砂漠地帯を訪れた。まだ発見されていない衝突クレーターを発生源とするガラス（二九〇〇万年前）をリビア砂漠で採集することが目的だった。私たちは道のない砂漠で一週間野営して、衝突によって溶融・生成されたガラスのサンプルを分析用に数多く集めた。コバールは帰国後、黄色がかったガラスのなかに地球外物質の痕跡である黒い帯を発見した。

天体衝突によって形成された堆積物を探索する調査の多くでは、ごく薄い衝撃層を検出するために十分な量のサンプルが集められていない可能性が考えられる。ここでは大前提として、大量絶滅とまったく同じ時期に形成された地層を見つけなければならないが、これはなかなか難しい。サンプルの収集が不完全なうえに、再堆積や穿孔動物などの影響で地質作用が進行すれば、大量絶滅の記録は時間と共に不鮮明になってしまう。衝突層を探して良い結果が得られなくても、薄い衝撃層など存在しなかったと確信はできないのだ。サンプル収集時に見落としている可能性は高い。サンプルはできるかぎり連続的に収集するべきだが、これはきわめて時間がかかり、研究室での作業も多大な忍耐力を要する。通常は一〇～二〇センチメートルごとにサンプルを集めればよいが、薄くて確認しにくい衝撃層の場合には、これでは十分とは言えない。

さらに、こうした堆積物にイリジウムや衝撃石英が含まれる量は全体のわずか一〇億分の一で（時にはもっと少ない）、ここまで少ないと見つけるのは至難の技だ。ごく少量の衝撃変成粒子や微小テクタイトを確認するには、非常に大きなサンプルを収集しなければならない。一立方センチメートルのサンプルにわずか数粒しか含まれない可能性もある。しかも、薄い衝撃層を見落とさないように、複数のサンプルを近い場所で集めなければならないが、これを実践するのは難しい。層位記録を漠然と眺めるだけでは、普通は天体衝突の証拠は明らかにされない。

天体衝突に由来するイリジウムの異常値を探す際、Ｋ／Ｐｇ境界層は参照標準として使われてきた。すでに紹介したが、このイリジウムの異常値は数ｐｐｂ（堆積物に通常含まれるイリジウム濃度の何千倍にも相当する）で、世界各地に分布する境界層で実際に記録されている。しかしカリフォルニア大学ロサンゼルス校のフランク・カイトらは、Ｋ／Ｐｇ境界層の高いイリジウム濃度は、衝撃由来の層序異常の典型例として見なすべきではないかもしれないと論じている。たとえば、衝突のターゲットになった岩石の種類によっては（浅海の炭酸塩プラットフォームや蒸発残留岩プラットフォーム）、揮発性の雲を拡散させ、それが放出された物質の構成や分布に影響をおよぼした可能性もある。あるいは、なかにはイリジウムの含有量がわずか数百ｐｐｔ［訳注：ｐｐｔは一兆分率で、ｐｐｂの千分の一、ｐｐｍの百万分の一］の地質境界層、たとえば始新世末期のポピガイ・クレーターとその衝撃デブリ層でも、大きな衝突クレーターの形成との関連性が知られている層位が存在する。この程度の量でも衝突の可能性は十分に推測される。したがって衝突の可能性が疑われるなら、隕石由来物質の調査対象にほかの微量元素や同位体元素も含めるべきで、衝撃石英や微小テクタイトも探さなければならない。さらに彗星の成分はほとんどが氷で、イリジウム異常はわずかしか観測されない可能性を忘れてはいけない。

おまけに、ほかにもふたつの要因が、層位のイリジウム異常を手がかりに衝突クレーターの大きさを正確に推測する作業を、特に困難にしている。そもそも地球外の物体には様々なタイプがあって、イリジウムの含有量にも大きな幅がある。そして大きな天体が衝突するときには、そこから放出された物質が大気中で吹き飛ばされて失われる傾向が強い。実際、すでに確認されている隕石のイリジウム濃度も様々で、エイコンドライトやユークライトなど石質隕石の場合は三〇ｐｐｔ、一部の鉄隕石では一〇〇ｐｐｍとかなり異なる。ウォルター・アルバレスと彼のチームは当初、Ｋ／Ｐｇ境界での衝突物に関して、始原的で未分化の炭素質コンドライトではないかと論じた。しかしほかにも、境界層の元素存在度のパターンから判断して、衝突物の正体については金属硫化物の物体から彗星まで様々な可能性が指摘されている。最近では、Ｋ／Ｐｇ境界粘土をクロム同位体分析した結果から、衝突物は炭素質コンドライトの一種だったことが裏付けられている。一方、天体衝突研究の専門家の一部は、大きなクレーターのほとんどは彗星によって形成されたもので、彗星の氷以外の成分は未分化の炭素質コンドライトである可能性が非常に高いと確信している。

つぎに二番目の要因だが、パデュー大学の惑星科学者アン・ヴィッカリーとジェイ・メロシュは、大気中で吹き飛ばされて失われたイリジウムの量を計算した。ふたりの大気モデルからは、最大級のクレーターが形成される衝突において、地球に到達した時点でかなりの量のイリジウムが大気中に吹き飛ばされて失われる可能性が考えられる。そうなると、大きく、高速で、氷の成分を多く含む長周期彗星は、たとえ環境に深刻な被害をもたらした可能性があったとしても、地質記録に残されるイリジウムの変動はかなり小さくなるだろう。したがって、突然発生した大量絶滅の際に顕著なイリジウム異常が見られないのも不思議とは言えない。

Ｋ／Ｐｇ境界層の研究から得られた情報を利用すれば、地質記録のほかの部分でも天体衝突の証拠を探すことができるが、それにはいくつかの問題が残っている。まず、具体的にどこに目を向けるべきなのだろうか。幸い白亜紀末期の事象の場合には、グッビオなどの場所で、薄い粘土層から成る境界層のなかに石灰質プランクトンのほとんどが絶滅した痕跡を見つけることができた。そのため、グッビオの露頭を構成するほかの多くの粘土層とよく似ていても、境界層は容易に発見されたのだ。大量絶滅の痕跡が明白で、特別な関係を確認しやすかったのである。これに対し、乱堆積が進行している場所や化石の量が少ない場所では、絶滅境界層がそこまではっきりと確認できない可能性が考えられる。

本書の執筆時点で、イリジウム濃度の上昇、微小テクタイトや小球体や衝撃石英の存在など、天体衝突の可能性を思わせる証拠は、少なくとも六回の大量絶滅の時期やその前後に確認されている（表

5－1参照）。ここまでは白亜紀末期の事象について詳しく述べてきた。ここからは、ほかの事象を順に細かく考察していきたい。ただし、天変地異とは無関係な作用が進行した影響で、これらの事象はしばしば無視され、十分に説明されていないことを忘れないでほしい。一部の地質学者は、地質境界に衝撃由来のデブリが確実に堆積しているのはK／Pg境界だけだと繰り返し主張している。たとえ衝突の証拠が存在していても、白亜紀末期以外の場所では偶発的な衝突の存在を認めたくないようだ。これもまた、現代の地質学にチャールズ・ライエルの法則がおよぼしている影響の一例ではないだろうか。

天体衝突は以下の六つの時期で確認されている。

（一）白亜紀末期（六六〇〇万年前）。イリジウム、衝撃石英、微小テクタイト／微小球体を検出。
（二）始新世末期（三六〇〇万年前）。イリジウム、衝撃石英、微小テクタイト、微小球体を検出。
（三）ジュラ紀／白亜紀境界（一億四五〇〇万年前）。イリジウム、衝撃石英、微小球体を検出。
（四）バイユー期／バース期境界（一億六八〇〇万年前）。イリジウム濃度の上昇、微小球体を検出。
（五）ノール期中期（二億一五〇〇万年前）。イリジウム、衝撃石英、微小球体を検出。
（六）デボン紀後期（三億七二〇〇万年前）。若干のイリジウム、複数の微小テクタイト層を検出。

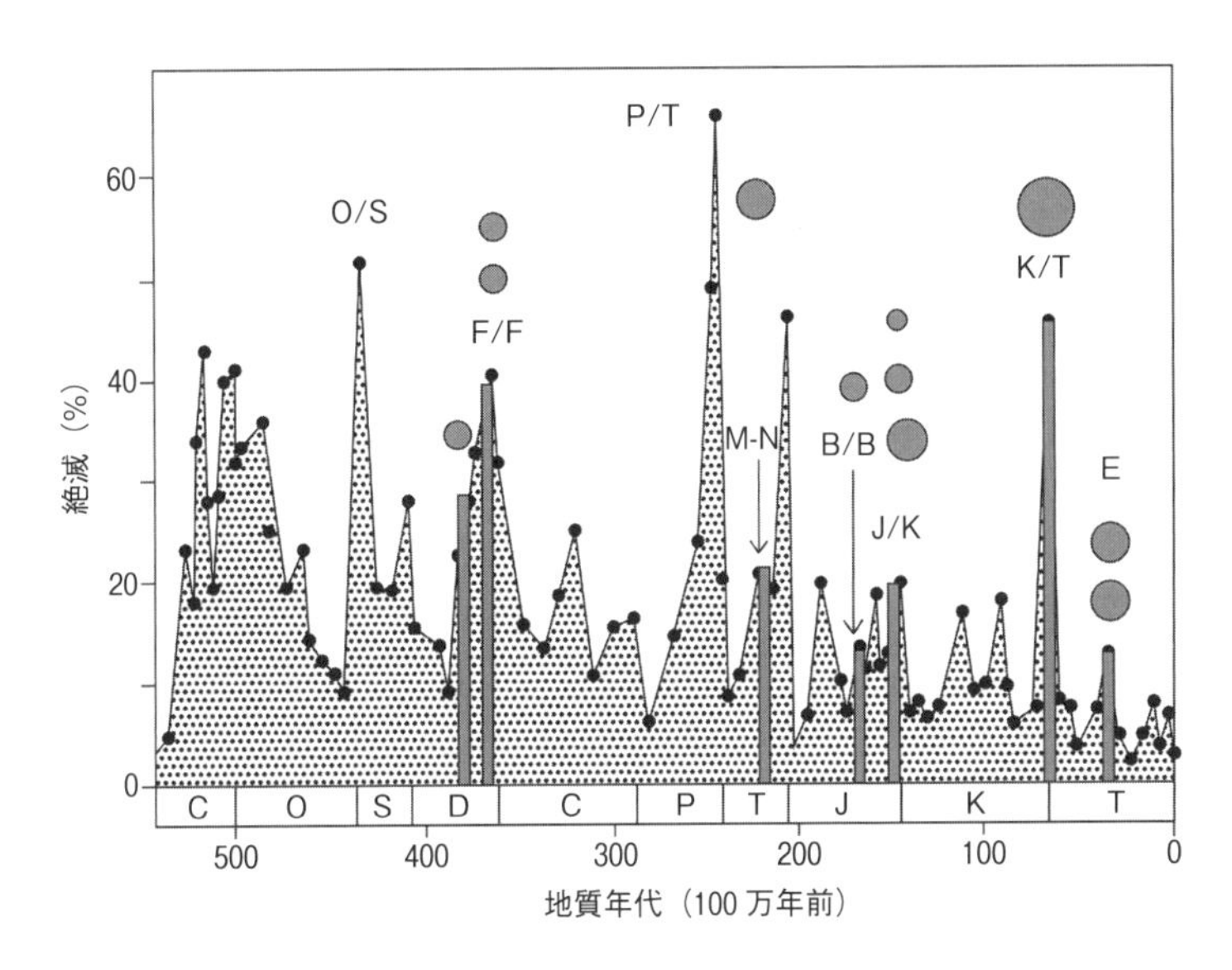

図7－2　大量絶滅は衝突の証拠を層序に残し、大型の衝突クレーターとの相関関係を示す。円は、大型の衝突クレーターが形成された年代。棒は、衝突の証拠が残されている地質境界層［訳注：地質年代のアルファベットは図4－1参照。図中のF/Fはフラーヌ期／ファメヌ期、M-Nはノール期中期、B/Bはバイユー期／バース期、Eは始新世末期を示す］。

さらにこれらの六つの事象は、いずれも大きな衝突クレーターとの関連性がある（**図7－2**）。

始新世末期

アルバレスのチームはどこよりも早く、K／Pg以外の境界層でイリジウムの異常を探した。およそ三六〇〇万年前の始新世末期には、比較的小さな規模の絶滅が発生している（デイヴィッド・ラウプとジャック・セプコスキーによれば、およそ三〇パーセントの生物種が絶滅した）。この地質境界の近くでは、すでにほかの研究者が微小テクタイトの地層を発見しており、地質構造の断絶の原因として彗星の衝突を指摘する研究者もいた。一九八二年、カリフォルニア大学バークレー校のアルバレスのチームは、深海掘削計画で採取されたボーリングコアの一部をサンプルとして入手した。それとはべつに、ニュージャージー州のJ・T・ベーカー・ケミカル社のラマチャンドラン・ガナパシーは、ラモント・ドハティー地球観測研究所が海底から採取したコアのサンプルを分析している。

バークレー校のアルバレスらとガナパシーの研究結果は『サイエンス』誌に並んで発表された。微小テクタイトの含有量が豊富な地層の近くを放射化分析した結果、ガナパシーのサンプルではイリジウム濃度が四ppbと異常に高かったが、アルバレスのグループのサンプルではわずか三〇pptにとどまった。コアにおける欠損の影響で、ピーク値を得られなかったのだ。そうなると、イリジウム濃度の異常が比較的小さくても、その原因としてサンプルを採取したときにピーク値を得られなかったケースがいくつあるのかという疑問が生じる。ちなみにガナパシーがイリジウムの異常を発見したコアは、微小テクタイトの地層のおよそ三〇センチメートル下にある。これでは一見したところ、衝突は二回発生したかのようだ。

始新世末期の標準的な地質断面とされるのが、イタリアのマッシニャーノの露頭で、アドリア海に面したアンコーナ市の近くにある。ここの境界層は、放射測定と岩石磁気測定のふたつの方法によって年代が正確に同定されている（**図7-3**）。マッシニャーノでは、始新世末期にイリジウム濃度のピークが三度発生していることが確認されたが、その量はK／Pg境界の一〇分の一にも満たない

図７－３　イタリアのマッシニャーノで始新世末期の岩石層を調査するジーン・シューメーカー。ここではイリジウムと衝撃石英と微小球体が発見されている。

（ショルダーピークからサンプルが採取された可能性は考えられる）。しかし一九九六年、カールトンカレッジで地質学を専攻する学生のアーロン・クライマーと共同研究者らは、イリジウム濃度のピークが最も低い部分で衝撃石英を発見した。その数は、一立方センチメートルの岩石のなかにわずか一粒か二粒しかなかった（**図７－４**）。

一方、天体衝突のもうひとつの痕跡は一九九八年に発見される。フランスの低放射能センターのオリビエ・ピエロードならびにイタリアのコルディジョーコ地質観測所のアレサンドロ・モンタナリと共同研究者らが、衝撃石英が発見された岩石と同じ地質レベルで扁平になった微小球体のなかに、ニッケルの豊富な結晶を含む尖晶石（せんしょうせき）が埋め込まれているのを発見したのだ。マッシ

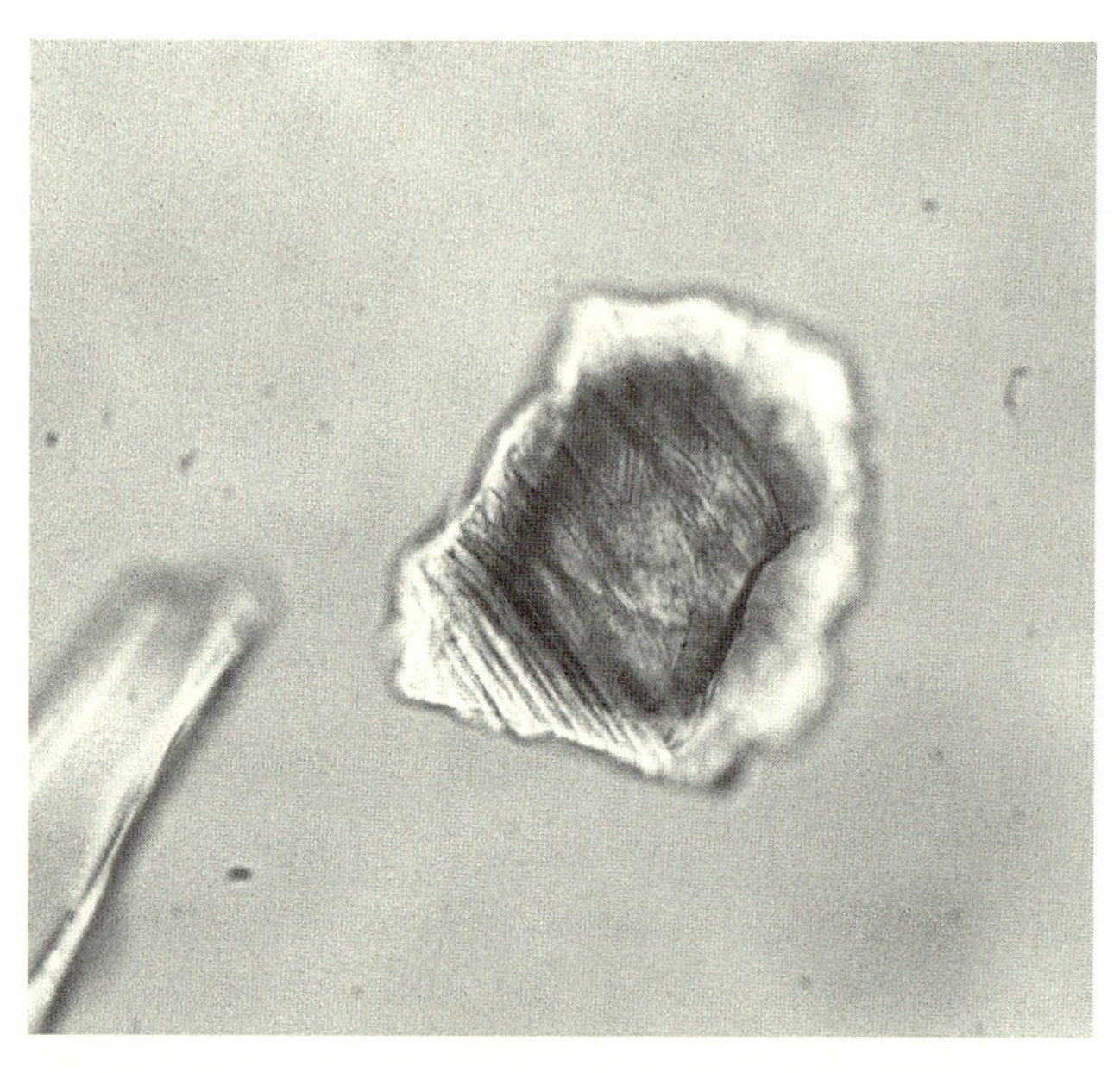

図 7-4 マッシニャーノの衝突層から採取された衝撃石英の粒。平面変形の特徴が多方向に見られる。粒の直径はおよそ 100 マイクロメートル。

ニャーノで発見された微小球体は、放射測定の結果（近くの火山灰層が使われた）、およそ三六〇〇万年前のものだと確認される。これは、シベリアで直径一〇〇キロメートルのポピガイ衝突クレーターが形成された時期とも一致する。

カリフォルニア工科大学のケン・ファーレー（大昔の岩石から地球外物質の痕跡を検出する専門家）は、衝突に関連するべつの特徴を手に入れた。北太平洋の海底にある始新世末期の海洋コアには、宇宙由来のヘリウム3が通常よりもたくさん含まれていることを発見したのだ。

この状態は数百万年にわたって継続しており、それをファーレーは、惑星間塵が流入した結果だと解釈した。つぎつぎと飛来する彗星（彗星シャワー）か、内部太陽系を通過する小惑星が発生源ではないかと考えられた。ファーレーはマッシニャーノの露頭でユージン・シューメーカーやモンタナリと共に調査を行い、およそ二二〇万年にわたってヘリウム3の含有量が増加していることを発見した。しかもそこには三度のイリジウム異常と、天体衝突によって作られた岩屑層も含まれていた。イリジウム・スパイク（イリジウム濃度の異常増大）が最も顕著な部分と、ヘリウム3の含有量が標準レベルのおよそ六倍にまで増加している部分は時期が同じなので、衝突の痕跡をさらに分析するうえで頼りになりそうだった。私は同じ地質レベルで衝撃石英を探しても見つけられなかったが、それはサンプルが不十分だったからかもしれない。あるいは、サンプルの範囲が広すぎて、小さな粒を発見できなかった可能性も考えられる。

　生物の変化は始新世中期から始まったと思われる。セプコスキーのデータによれば、海洋生物種は始新世末期から漸新世初期にかけて明らかに大量絶滅を経験している。当時は、動物プランクトンである放散虫のうち六種類が絶滅した。一方、プリンストン大学のゲルタ・ケラーによれば、微小テクタイトの発生を伴うひとつ（または複数）の事象は、石灰質プランクトンの種類構成が一〇〇〜二〇〇万年かけて段階的に激変した現象と関連性があるようだという。このとき石灰質プランクトンは完全に絶滅し、プランクトン全体のおよそ六〇パーセントが失われたと思われる。ウルビーノ大学の微古生物学者ロドルフォ・コッチョーニと同僚らは、マッシニャーノのポピガイ衝突層でプランクトンがいきなり絶滅した痕跡を発見できなかったが、その衝突層のおよそ六万年後に引き起こされた石灰質プランクトンの大きな変化は確認できた。そこでは、チェサピーク湾のクレーターに由来する微小テクタイトの発見を期待できるかもしれない。しかし、海洋性の微小石灰質プランクトン研究が専門のフィレンツェ大学のシモネッタ・モネチは、ポピガイ衝突層全体で化石群集が著しく変化している痕跡を発見している。

ジュラ紀／白亜紀境界

セプコスキーのデータ編集によれば、およそ一億四五〇〇万年前のジュラ紀から白亜紀への移行期には、海洋生物のおよそ四〇パーセントが消滅した。バーミンガム大学の著名な地質学者アンソニー・ハラムは、ジュラ紀末期に軟体動物が激減している点を強調している。ただし、軟体動物の大量絶滅は北欧とロシアのふたつの地域に集中しているようだ。オスロ大学のヘニング・ディプヴィックは、ノルウェーで衝突放出物が堆積した地層を調査した。その範囲は、バレンツ海にある直径四〇キロメートルのミョルニル衝突構造（およそ一億四三〇〇万年前）から、衝突地点よりも八〇〇キロメートル以上離れたノルウェー北部沖合にまでおよび、後者では複数の掘削孔でジュラ紀末期から白亜紀初期にかけての岩石が採集されている。この地層には衝撃石英の粒子が含まれており、イリジウム濃度の異常はおよそ一ｐｐｂにも達した。この元素比は隕石と等しい。さらに地層が発見された層位は、北半球に限定して確認されているジュラ紀／白亜紀境界層にきわめて近い（最近、およそ一億四三〇〇万年前のものだと推定された）。

これらの結果には、シベリア北部のジュラ紀／白亜紀の堆積シーケンスで確認されたイリジウム濃度の異常も合致している。こちらのほうは、ジュラ紀／白亜紀の岩石が専門の地質学者アンドレ・ザカロフと同僚らによって報告されたもので、異常に高いイリジウム濃度の元素比は始原的なコンドライト隕石と変わらない。しかも、鉱物の黄鉄鉱（硫化鉄）から成る化学的に変性した小球体が大量に発見された薄い石灰層は、およそ二三〇〇キロメートル離れたミョルニルの衝突跡の近くのエジェクタ層［訳注：天体衝突で飛び散った破片が堆積した地層］と層位が同じだった。ジュラ紀／白亜紀境界での地質構造の変化と天体衝突の因果関係は世界的にはまだ正式に確定していないが、北半球では、直径四〇キロメートルの複雑な衝突構造から飛び散ったエジェクタ層と、ふたつの時代の移行期との関連を裏付ける証拠が存在している。

イギリスでは、相関関係のある層位はジュラ紀地層の最上部を形成するパーベック石の層のなかに見出された。これは海底ではなく地上に存在しているが、カキの殻を大量に含む海底の地層が累層中に挟まれたユニークなもので、シンダーベッドと呼ばれている。ほかにも科学者は、フランスの同様の層位レベルできめの粗い堆積物の存在を確認しており、おそらくこれは津波によって形成されたものだと考えられる。これらのヨーロッパの堆積物のなかから高濃度のイリジウムを確認する調査が進められているが、いまのところ良い結果は得られていない。ジュラ紀／白亜紀の境界に関して国際的な定義が確立されていないのは、北半球の動物相と赤道沿いのテチス海［訳注：古生代後期から新生代

図7-5　イタリアのボッソ峡谷のジュラ紀／白亜紀境界層。サンドロ・モンタナリがひざまずいて手で触れている部分のあたりが、境界層に当たる。

第三期にかけて存在した、北側をアンガラ大陸、南側をゴンドワナ大陸に挟まれた海域」地域の動物相との相関関係を確認しづらいことも一因である。テチス海地域のほうが、動物相が変化した時代はやや早く、ジュラ紀／白亜紀の境界はおよそ一億四五〇〇〇万年前に設定されている。

イタリア中部のボッソ峡谷では、ジュラ紀／白亜紀境界層を含む地質断面がきれいに露出しており（**図7-5**）、ウィーン大学のコバールと教え子らは、一〇〇～二〇〇pptの範囲でイリジウム濃度が上昇している部分を数カ所確認した。K／Pg境界層でのイリジウム濃度の急上昇に基づいて設定され、ほとんどの地質学者が採用している基準を満たす値ではないが、それでもジュラ紀末期のイリジウム濃度の異常は標準的な濃度を大きく上回っている。しかもボッソの堆積層では、ひとつの地層だけがイリジウムを異常に多く含んでいる。おそらくこれは外部から急速に押し寄せた土砂によって形成されたもので（ヨーロッパ北部の堆積物と相関関係があると考えられる）、ひょっとしたら、そのきっかけはミョルニルでの天体衝突だったかもしれない。そうなると、微小テクタイトや衝撃鉱物を探すには絶好の場所だろう。

一方、南半球では、ふたつの天体衝突の痕跡が同定されている。年代がかなり正確に同定されているオーストラリアのゴッシズ・ブラフ・クレーター（直径二二キロメートルで、およそ一億四三〇〇万年前に形成された）と、南アフリカの巨大なモロクウェン衝突跡（直径は少なくとも七〇キロメートルで、およそ一億四五〇〇万年前に形成された）である。そこからは、数百万年にわたって何回かの天体衝突と動物相の大幅な入れ替わりが発生しており、ジュラ紀／白亜紀の境界で地球規模の変化を引き起こしたと考えられる。天体衝突が一回かぎりではなく複数回だったとすれば、ジュラ紀／白亜紀の大量絶滅の一部は地域が限定されていることも、層序の境界を世界的な基準で統一しづらく、各地の境界層のあいだで相関関係をつけにくいことも納得できるだろう。

バイユー期／バース期境界

直径八〇キロメートルのロシアのプチェツ・カトゥンキ・クレーターは、最近ではおよそ一億六七〇〇万年前のものだと推定されている。そうなると、一億六八〇〇万年前のジュラ紀中期の最後に形成されたバイユー期／バース期境界層との相関関係が認められる。ラウプとセプコスキーは、この境界層が科レベルの大量絶滅の痕跡だとは確信できないが、属レベルのデータでは生物絶滅の小さなピークだったと解釈している。ほかにもイタリア北部では、パリ大学の地球化学者ロバート・ロッチャと同僚らが、バイユー期／バース期の海洋シーケンスの厚さ数ミリメートルの地層から三・二ｐｐｂのイリジウム異常を発見した。のちに同じ地層から微小球体も発見されている。イリジウム異常と微小球体の存在についてロッチャと同僚らは、海洋関連の作用によってこれらの成分が濃縮された結果だと解釈したが、衝突由来である可能性も高い。一方ロシアには、これより小さなふたつの衝突クレーター——およそ一億六六〇〇万年前のザパドナヤ・クレーターと、およそ一億六九〇〇万年前のオボロン・クレーター——の存在が確認されており、これもまたバイユー期末期の生物絶滅に影響をおよぼした可能性が考えられる。

ノール期中期

ケベックにある直径一〇〇キロメートルにおよぶマニクアガン衝突構造は、放射年代がおよそ二億一四〇〇万年だという説がいまでは受け入れられている。そうなると、三畳紀末期のなかのノール期中期との相関関係が認められる。当時はアメリカ西部で爬虫類属と植物相の多くが死に絶え、日本からは海の生態系の壊滅的崩壊の事例が報告されている。およそ二億一五〇〇万年前のイリジウムと衝撃石英が含まれ、マニクアガンでの天体衝突に由来していると解釈可能な地層は、衝突との関連性を否定できない。しかもこれが、ブリテン諸島だけでなく、地球の反対側の日本など、世界各地の三畳紀末期堆積物のなかで確認されている点は注目に値する。

デボン紀後期

デボン紀後期に大量絶滅が発生したおよそ三億七二〇〇万年前（フラーヌ期／ファメヌ期境界）には、イリジウム濃度が急上昇している。それはまず、オーストラリアのカニング盆地の石灰藻の化石から発見された。この異常値については、イリジウムなどの微量元素が生物濃縮された可能性が指摘されてきたが、この境界層の上下の石灰藻の化石からは異常値が発見されていない。絶滅境界の部分だけイリジウム濃度が異常に高いのはなぜだろう。おそらく、天体衝突の結果としてイリジウム濃度が高くなった水の成分を石灰藻が吸収したのではないか。同じような微生物由来の石灰岩は、いくつかの大量絶滅と関連して発見されており、大量絶滅によって捕食者がいなくなったあと、その機会に乗じて藻類が繁殖した結果とも考えられる。イリジウム濃度の急上昇が確認された場所では、微小テクタイトと衝撃石英は探されなかった。

中国では、デボン紀末期の堆積層（フラーヌ期／ファメヌ期境界を含む）をアルベルト大学のクン・ワンと同僚らが調査して、イリジウム濃度が二三〇ｐｐｔとやや高いことが報告されている。これはＫ／Ｐｇ境界層の濃度ほどではないが、フラーヌ期／ファメヌ期境界層の上下の岩石層の濃度のほぼ一五倍におよぶ。一方、ラトガース大学のジョージ・マギー・ジュニアと同僚らは、デボン紀後期の大量絶滅と同時期に天体が衝突したことの地球化学的証拠をニューヨーク州とベルギーで探し求めたが、かなり低いイリジウム濃度しか発見できなかった（最高で一二〇ｐｐｔ）。ただし彼らは、衝撃石英や微小テクタイトに関して集中的な調査を行っていない。

フランス南部のラセールでは、同じデボン紀後期の堆積層からイリジウム濃度のわずかな上昇（標準濃度の二〇〜三〇ｐｐｔに対し、およそ一〇〇ｐｐｔ）が数回にわたって発生していることが報告されている。ただし微小テクタイトは調査の対象にならなかった。一方、中国南部の広西チワン族自治区の錫礦山（シーコワンシャン）では、デボン紀後期の炭素同位体の変化とイリジウム濃度異常との相関関係が確認されている。標準濃度がおよそ三〇ｐｐｔであるのに対し、およそ三五〇ｐｐｔという高い濃度だった。ただしここでも、イリジウム濃度の異常が認められた場所で微小テクタイトと衝撃石英は調査の対象にならなかった。

それでも、微小テクタイトを対象にした調査は成功を収めている。北京大学の科学者Ｘ・Ｐ・マーとＳ・Ｌ・バイは中国南部で、海洋生物種が大量絶滅した当時の地層の近くで微小テクタイトの地層を複数発見している（**図7-6**）。そしてベルギーでも、同じデボン紀後期の大量絶滅当時の地層から同様の微小テクタイトが発見されたことが、ブリュッセル自由大学のフィリップ・クライスと同僚らによって報告されている（**図7-7**）。クライスのグループは、微小テクタイトと同じ地層でわずかなイリジウム濃度の異常も発見した。ただし、標準濃度を上回っているものの、Ｋ／Ｐｇ境界層と比べると著しく低い。

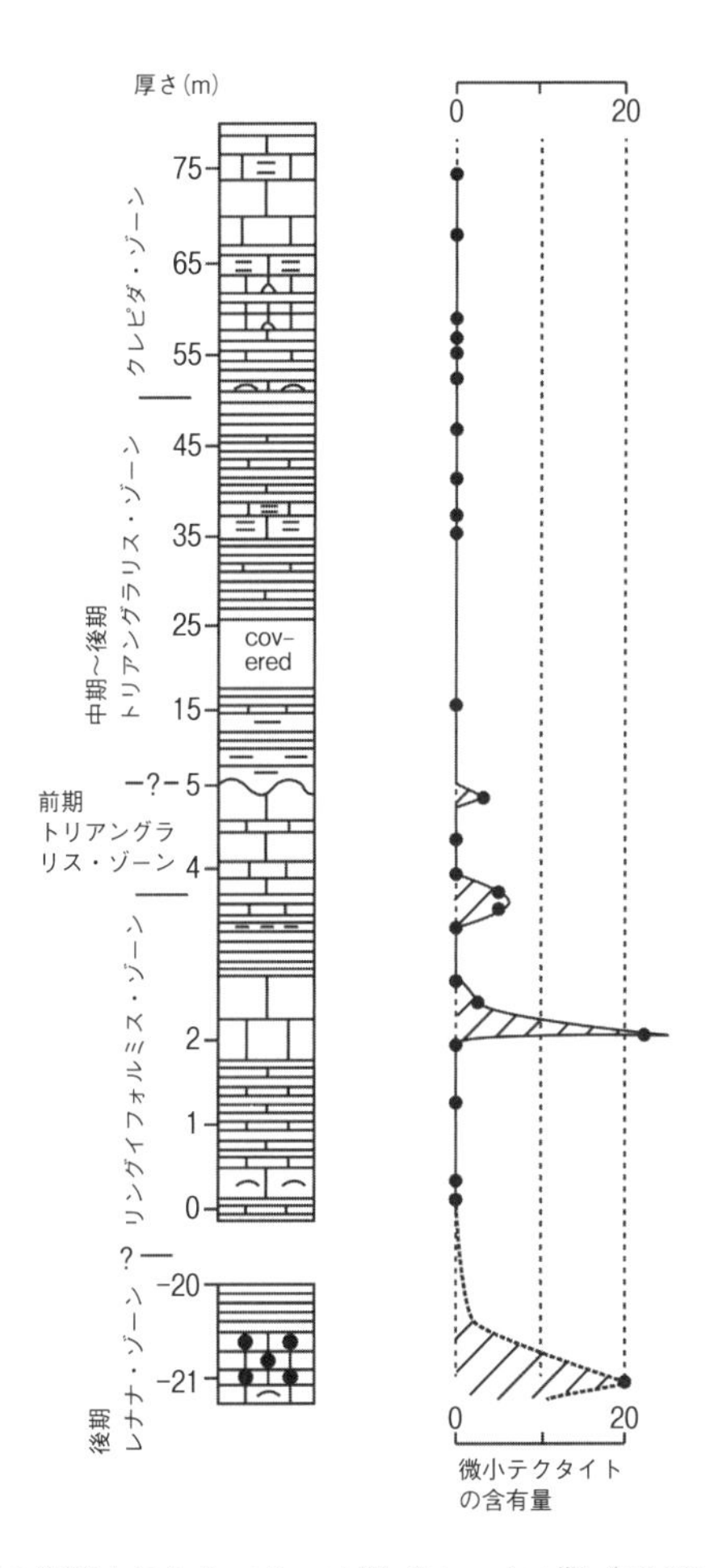

図7-6　中国の錫礦山にあるフラーヌ期／ファメヌ期（デボン紀後期）境界層の断面図（前期トリアングラリス・コノドント・ゾーンの基部に近い）。三つまたは四つの地層に微小テクタイトが含まれることに注目。数値は、堆積物100グラムのなかに含まれる微小テクタイト数を表している。

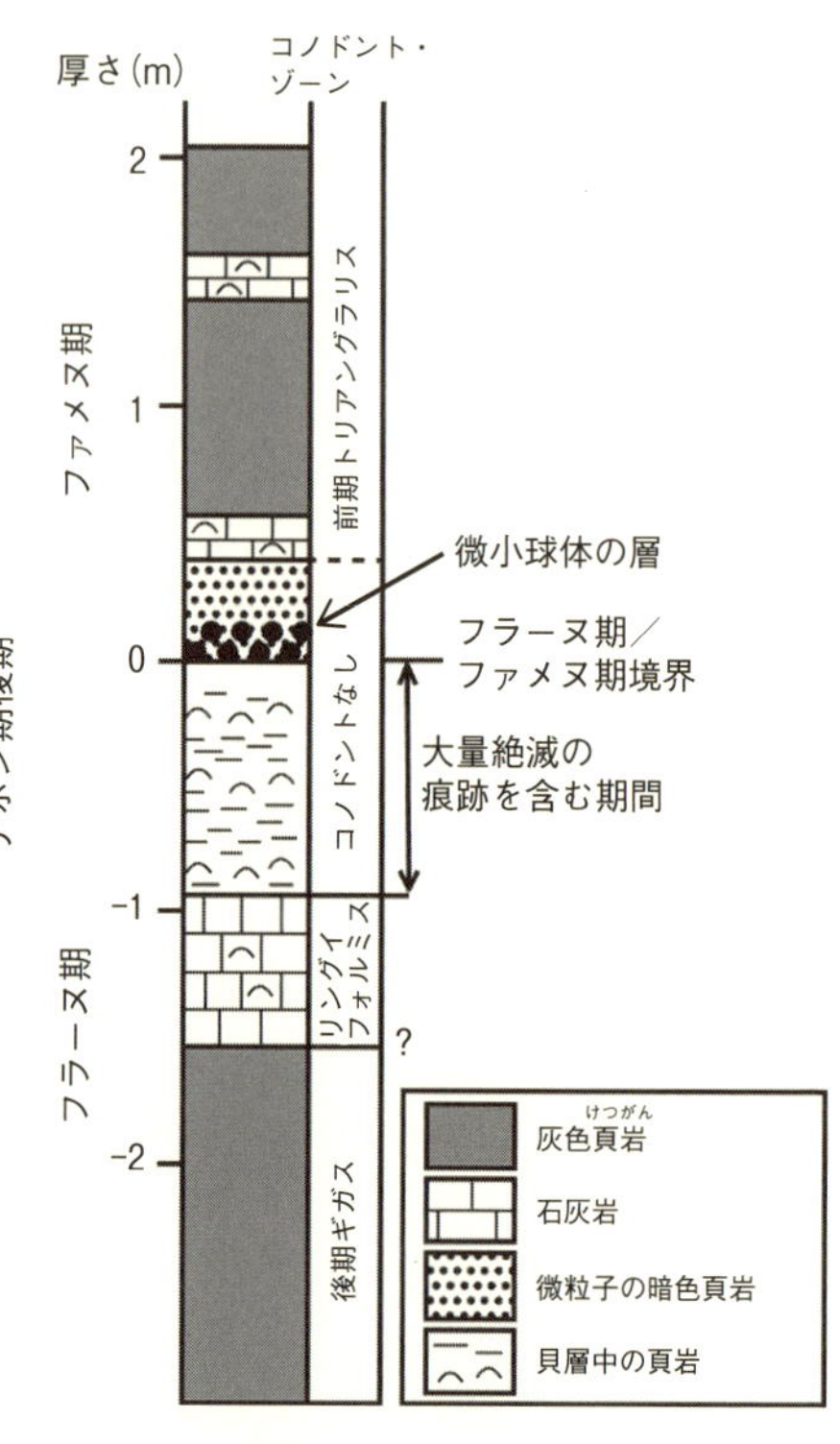

図7-7　ベルギーのフラーヌ期／ファメヌ期境界層の断面図。境界層の近くに微小球体の層が位置している。

しかし、マッシニャーノの始新世末期のイリジウム濃度異常はわずか数百pptだったことを思い出してほしい。それでも、微小テクタイト、微小球体、衝撃石英、そしてふたつの大きな天体衝突との関連性が確認されている。さらに、クライスのグループがフラーヌ期／ファメヌ期の境界域で採用したサンプリング手順では、五センチメートルごとにひとつのサンプルを集めるだけなので、小さなイリジウム濃度異常が見過ごされている可能性が考えられる。そしてもうひとつ、イリジウム濃度の異常が小さいのは、衝突したのが氷を多く含む彗星だったので、イリジウム含有量が比較的少なかったからかもしれない。

デボン紀後期に微小テクタイトの地層がひとつまたは複数形成されたのは明らかなようだが、イリジウム濃度の異常はわずかにとどまっている印象を受ける。そこからは、彗星シャワーの一部が地球に衝突した可能性が浮上する。たとえばカナダ地質調査所のクン・ワンとヘルムート・ゲルトセッツァーは、カナダのアルバータ州で厚さ二〇センチメートルの「ストーム」堆積物を発見したと報告している。その場所はちょうどフラーヌ期／ファメヌ期の境界に当たり、衝突によって引き起こされた津波が堆積したものだと考えられる。

そして衝突の直接的な証拠も存在している。かなり正確に測定された衝突クレーター（シリヤン、ウッドレイ、イリネッツ、カルーガ）の放射年代は、フラーヌ期／ファメヌ期の大量絶滅境界層の推定年代と重なっている。この境界層の年代は最近、およそ三億七二〇〇万年前に修正された。直径五五キロメートルと、かなり大きなスウェーデンのシリヤン衝突構造物は、およそ三億七七〇〇万年前に形成されたと思われる。一方、中国南東部の上海近郊にある幅二二キロメートルの太湖は、デボン紀後期に形成された衝突クレーターの名残である可能性が考えられる（図７－８）。比較的早い時期の天体衝突（およそ三億八二〇〇万年前）からは、ネバダ州南西部に印象的なアラモ角礫岩堆積層が形成され、ここからは衝撃石英と微小球体が発見されている。デボン紀後期には、天体が衝突する割合が何百万年にもわたって異常に高かったようだ（図４－１参照）。犯人は天体シャワーだった可能性がある。おそらく彗星や小惑星がつぎつぎに飛来して衝突した結果、三〇〇〇万年におよぶデボン紀後期には一貫して、大量絶滅が発生する割合も増加したのだろう。

図 7 - 8　中国にある直径 22 キロメートルの太湖の衝突構造。デボン紀後期に形成されたと考えられる。

8

大量死　ペルム紀末期の大量絶滅

ペルム紀末期の大量絶滅からの回復で始まった新しい世界は、古生代の世界とは様変わりした。

ダグラス・アーウィン、『大絶滅』

二億五二〇〇万年前のペルム紀（二畳紀）末期の大量絶滅は、地質記録上最大の規模であり、衝突と大量絶滅とのつながりの信憑性を裏付ける天体衝突の証拠も残されている。このときには、海洋生物種の九六パーセント、爬虫類属の九〇パーセント以上が絶滅し、昆虫も深刻な被害を受けた。花も大量に絶滅し、南の大陸のあちこちに分布していた裸子植物のグロッソプテリスもいきなり消えてしまった。大量絶滅のあとには日和見種が爆発的に増加する。海ではアクリターク（小さな非石灰質プランクトン）が、陸では菌類、シダ類、原始植物のヒカゲノカズラ類が繁殖した。そこからは、海でも陸でも地球全体が突然の大惨事に見舞われたあと、めずらしい生物種から成る「災害エコロジー」が定着したことがわかる。プランクトンのグループ、遊泳生物のグループ、プランクトンとしての成長段階を経る生物種などのグループは個体数が突然激減し、骨格化石の炭酸カルシウムから形成され

図8-1 イタリア・アルプスのセレスのペルム紀／三畳紀境界層。大量絶滅の地層は、写真中央に座っている人物（ポール・ウィグナル）の頭上の、薄くて色の濃い石灰岩の部分。当時は海洋表層で溶存酸素量が不足したため、色が濃くなった可能性が考えられる。

る堆積岩は多くの場所で減少した。その代わりに日和見種のシアノバクテリアの外殻が堆積し、海水からの無機物である炭酸塩が沈殿・堆積していった（図8-1）。

炭素や酸素や硫黄の同位体の大きな変化も、ペルム紀末期の大きな特徴のひとつだ。大量絶滅は極端に高温になった時期と関連しているようで、三畳紀初期の堆積物に含まれる酸素同位体の分析からは、海洋表層の温度が最高で摂氏三八度まで上昇したと考えられる。熱帯地域はあまりにも暑く、多くの種類の生命体にとって生存するには不適切だったとも推測される。

境界層には何か衝突の証拠が残されているのだろうか。数百pptの弱いイリジウム濃度の異常は、オーストリア、中国、インド、イタリアの境界層で報告されている。オーストリア・アルプスでは、イリジウムのふたつのピークと炭素同位体の大きな変化との相関関係が確認されているが、イリジウム濃度の異常は地球由来であることを示す地球化学的証拠が存在しており、具体的には火山によるものだと指摘されている（図8－2、図8－3）。ペルム紀／三畳紀の境界では、少なくともひとつの天体衝突が確認されている。ブラジルのアラグァイニャにある幅四〇キロメートルの衝突構造は、放射年代測定によるとおよそ二億五五〇〇万年前のものだ。私は二〇〇〇年の夏にブラジルを訪れ、この大きな衝突構造を調査した。これは南米で確認された最大の衝突構造だが、天体衝突の専門家のほとんどは、ペルム紀末期に地球規模の破壊を引き起こした衝突の痕跡にしては小さすぎると考えている。

同じ年、私は日本のペルム紀／三畳紀境界層の露出部からサンプルを収集した。そして、中国と日本から持ち帰ったサンプルの分析に、カリフォルニア大学サンタバーバラ校に所属する地球化学者のルアン・ベッカーとその同僚らと共に取り組んだ。二〇〇一年、ベッカーと同僚らは、ペルム紀／三畳紀の境界でフラーレンという物質の濃度が高くなっていることを報告した。フラーレンは炭素60の分子で、六〇個の炭素原子が「サッカーボール状」に結合している。ちょうど発明家のバックミンスター・フラーが建設した幾何学的なドームを思わせる構造で、それがフラーレンという名まえの由来になっている。ベッカーと共著者であるロチェスター大学のロバート・ポレダは、かご状のフラーレン分子のなかに閉じ込められたヘリウム3を含む希ガスが隕石と同じ成分比で検出されたと主張した。

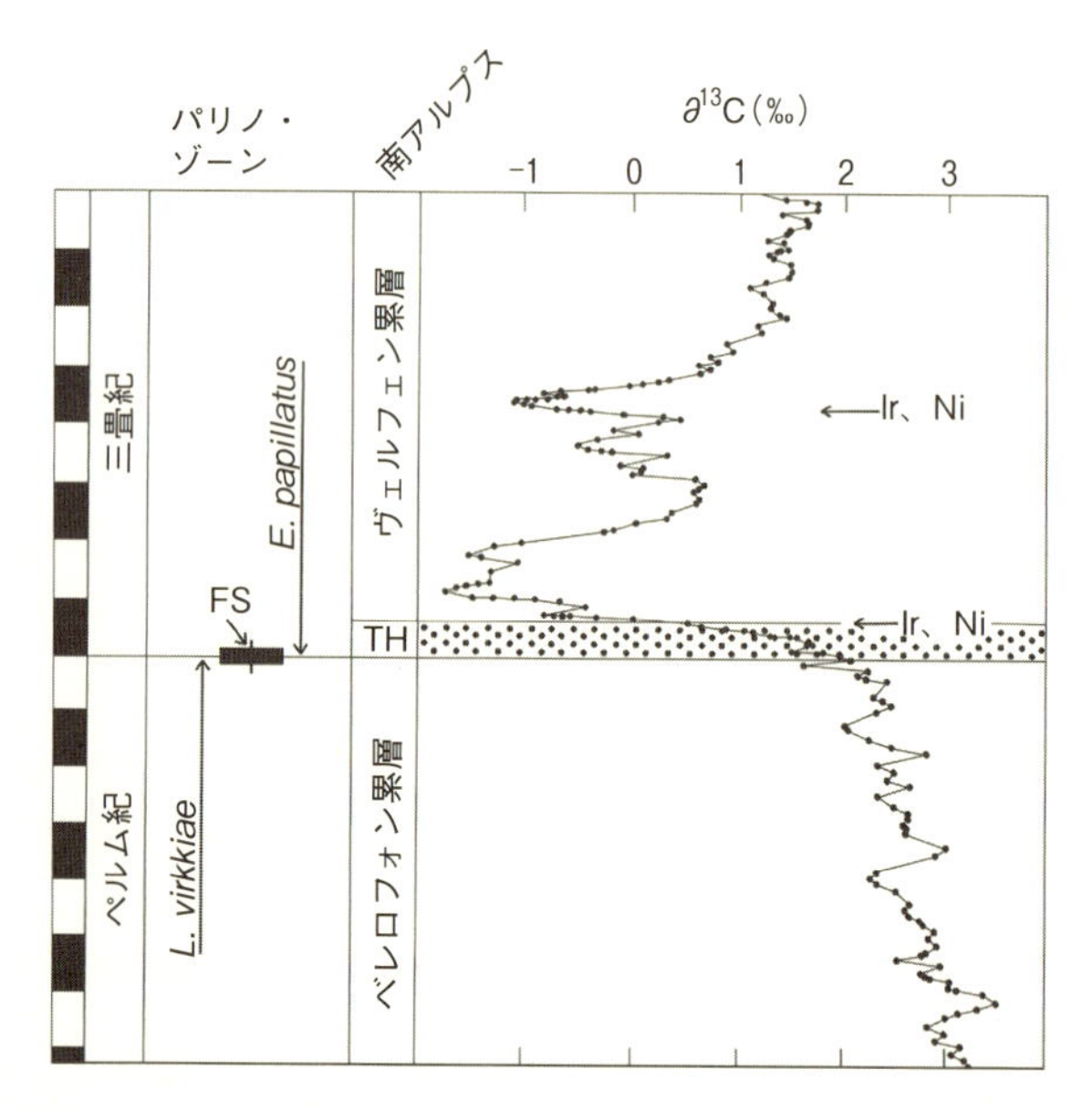

図8－2　オーストリアのカルニケ・アルプスのガルトナーコフェルで採取されたコアの炭素同位体 ^{13}C の記録。イリジウムとニッケルの異常値が、^{13}C の天然存在比が大きく減少しているふたつの時期に見られること、ならびに別の場所で花粉と胞子の記録のなかに菌類スパイク（FS）が発生していることに注目してほしい。左側の黒と白の帯は、およそ10万年を表す。テゾーロの地層（TH）は、ペルム紀／三畳紀境界の近くで発生した堆積ユニットの異常で、アルプス山脈の多くの箇所で観察される。

そうなるとこのフラーレンは、小惑星か彗星の衝突に由来する可能性が考えられる。

残念なことに、誰もこの分析結果を再現できなかった。カリフォルニア工科大学のケン・ファーレーは、中国の境界層のサンプルから宇宙由来のヘリウム3を見つけようとしたが、成功しなかった。これについてベッカーは、ファーレーが分析したのは天体衝突時の地層ではなかったと主

図8-3　オーストリアのカルニケ・アルプスのガルトナーコフェルにて著者。座っているところがペルム紀／三畳紀境界で、下がペルム紀の岩石、上が三畳紀の岩石である。

張している。ベッカーは色が濃く黄鉄鉱（硫化鉄）を豊富に含む地層を分析したが、ファーレーは恐らくその上に重なった火山灰の地層を調べたので、フラーレンもヘリウム3も見つからなかったのだという。したがってペルム紀／三畳紀の境界層では、衝突由来のフラーレンの発見が未だに確認されていない。一方、ベッカーと共同研究者らは、ペルム紀末期に形成された可能性のある衝突クレーターにも注目した。オーストラリアの西海岸沖のベドゥー構造である。しかし、この構造を天体衝突と関連づける決め手としてベッカーが指摘した証拠も、ペルム紀／三畳紀境界の年代も、詳しい調査によって確認されなかった。この構造にはドリルで穴が空けられたが、衝撃物質と断定できるものは発見されず、角礫岩の堆積物は火山由来のように見える。

世界の標準的なペルム紀／三畳紀境界層は、中国南東部の梅山（メイシャン）という小さな村の近くの露頭にある（図8－4）。世界の標準的な境界層の存在を祝し、中国人はここを高度な科学情報センターに発展させた。露頭は閉鎖された石灰岩採石場にあって、岩石は海洋石灰岩と泥岩が混じり合っている。そして、三畳紀初期の典型的な化石が最初に登場している地層（二七番目の地層）がペルム紀／三畳紀境界層だとされている。しかし大量絶滅の地層はそれよりも少し下にあり（二五番目の地層）、ここには黄鉄鉱が豊富に含まれている。

同様に色が濃く黄鉄鉱を豊富に含む地層は、世界中の多くのペルム紀／三畳紀境界層に存在している。おそらくこれは、浅い海域でも海水の酸素濃度が低くなった時代に、硫化物が堆積したからだと思われる。その証拠に、ペルム紀末期の堆積物のなかには、酸素非発生型の光合成を行う緑色硫黄細

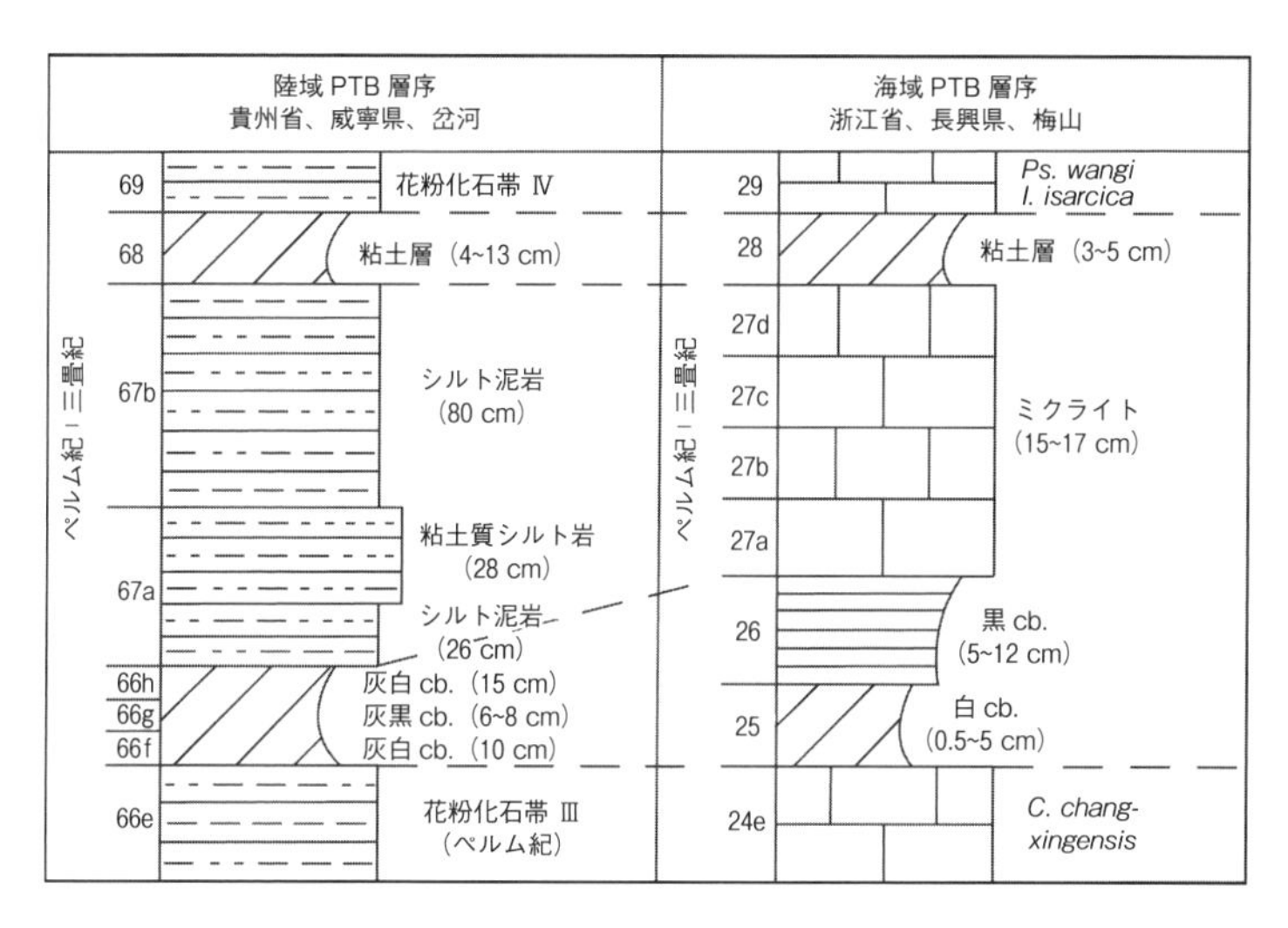

図8－4　中国のふたつのペルム紀／三畳紀境界の断面図。岔河の陸域地質断面図（左側）と、梅山の海域地質断面図（右側）で、どちらも年代の確認された火山灰層（斜め線の部分）が二カ所に観察される。これらの火山灰層は中国南部に広く分布している。

菌からしか抽出されない有機化学物質が存在している。これらの細菌は、表層が無酸素状態の海で繁殖していたはずだ。大量絶滅と海の無酸素状態の時期との相関関係の可能性については、あとから取り上げる。

梅山の断面は、ペルム紀末期と三畳紀初期の時間尺度を決めるうえでも重要である。変質火山灰から成る複数の地層（二五番目と二八番目の地層、図８－４参照）が境界層に含まれており、しかもそれは中国南部の海洋シーケンスと非海洋シーケンスのどちらにも分布しているからだ。このような火山灰層が中国南部で一〇〇万平方キロメートルにわたって存在していることからは、大量絶滅の時期に巨大な規模の噴火が数回にわたって発生した可能性が考えられる。当時、一連の噴火は環境の変化を引き起こしたのかもしれない。梅山では、これら地層の放射年代測定が繰り返し行われ、回を重ねるごとに精度が高くなり、いまでは大量絶滅は二億五二〇〇万年前の事象だと考えられている。絶滅率を確定するためには、これらの火山灰層のデータを利用して、大量絶滅当時の堆積物の蓄積率を計算するのもひとつの方法だ。

日本の東北大学に所属する地球化学者の海保邦夫によれば、梅山での大量絶滅は厚みがわずか一・二センチメートルの地層の範囲内で突然発生した。具体的には、二四番目の地層の最上部に近い層理面だ（図8－4参照）。梅山での堆積物の蓄積率を利用すると（一〇〇〇年につきおよそ〇・四センチメートルと、きわめて遅い）、絶滅層はわずか三〇〇〇年程度で形成されたことになる。一方、ペルム紀／三畳紀の境界の間隔をもっと正確に決定できるのは、オーストリアのカルニケ・アルプス山脈のガルトナーコフェルにある堆積物だ（図8－3参照）。残念ながらこの断面では、境界層の近くに年代測定可能な火山灰層が発見されていない。しかし、天文学的に確認される地球軌道の周期的変化（堆積物の周期的な変化によって記録として残される）に基づいて堆積率を推測すると、大量絶滅が発生してから三畳紀の典型的な化石が最初に登場するまでの移行期間は、八〇〇〇年未満となった。このような結果が引き起こされるためには、何らかの天変地異が確実に発生していなければならない。

ペルム紀／三畳紀の境界断面の多くでは、ペルム紀末期の大量絶滅と炭素同位体の異常値とのあいだに相関関係が成り立っている可能性が考えられる（図8－2参照）。ケン・カルデイラと私は、この異常値は海洋生産性の停滞が原因だと考えた。そのため海の浅い部分と深い部分のあいだで炭素分配が滞り、表層で軽量の炭素12が増加して、いわゆるストレンジラブ・オーシャン効果が引き起こされたのだ。これについては、第5章でK／Pg境界に関連して取り上げた。あるいは火山活動の増加、土壌侵食、または通常なら大陸棚の堆積物に蓄積されているメタンが大量に放出されたため、海洋・大気系に軽量の炭素が加わったことは、もうひとつの可能性として考えられる。さらに、石灰藻による堆積物や、温かい海水中からの非生物由来の炭酸カルシウムによる堆積物も、ペルム紀／三畳紀境界層の特徴である。海洋生物の遺骸に由来する炭酸塩堆積物がほとんど形成されない反面、海水中に溶解する炭酸カルシウムの量が増加した結果だと考えられる。海水が炭酸カルシウムで飽和状態になると、非生物起源の堆積物が優位を占める。

ペルム紀／三畳紀境界層の場所を特定するために、科学者はべつの方法も使っている。海でも陸でも、世界中のペルム紀／三畳紀の境界断面の多くで観察される「菌類の異常」すなわち「菌類スパイク」だ（図8－2参照）（菌類スパイクはK／Pg境界層でも発生している）。当時、地球規模で引き起こされた事象の象徴と思われる菌類の異常は、ペルム紀末期に世界中の森林が破壊されたあとに発生した。この菌類の異常増殖は、森林の絶滅によって植物が腐敗した結果として引き起こされた可能性が最も高く、森林の植物が絶滅したあとは、花粉や胞子の九〇パーセント以上を菌類の成分や朽木が占める。これらの菌類の胞子は川や風によって海洋にも運ばれた。

菌類は、森林破壊後の最初の移住種のひとつとしても知られる。森林火災などの破壊的事象のあと、いわゆる火災菌類が倒木に繁殖することはめずらしくない。たとえば、一九八〇年のセント・ヘレンズ山の噴火によって森林火災が発生したあとには、倒木の上に菌類が網の目状に広がった。同様に、一九九五年にカリブ海のモントセラト島で火山が噴火して熱帯雨林が破壊されたあとにも、倒木の上に菌類が増殖している現象が観察された。さらに、環境汚染による酸性雨の深刻な影響を受けている今日の森林では、陸生の菌類が増殖していることが調査で確認されている。

一九九八年、私は南アフリカのカルー盆地で野外調査を行った。カルー盆地は半砂漠地帯で、荒涼とした景色の素晴らしさで知られる。しかし、私たちが訪れたのは観光目的ではない。川の氾濫原に積み重なった陸成堆積物のなかからペルム紀／三畳紀境界層を見つけるためだ。ここはカルー超層群として有名で、ペルム紀末期に大量絶滅が発生したことを裏付けるかのように、爬虫類の化石が多い。私たちは地質図を利用しながら一帯をくまなく観察し、移行期の痕跡が残されている露頭を探し求めた。そして調査を始めてから数日後、カールトン高地近郊の小さな町に作られた切り通しが、境界層を横切っていると断定した。車道の真下のペルム紀の溝には灰緑色の堆積物が、道路とその上の部分には三畳紀の赤みがかった堆積物が確認されたのである。

古代の磁気の専門家でワイオミング大学に所属するモーリーン・スタイナーと私は、境界層に該当する時代の磁気反転の経過を確認するため、配向性を持つコアサンプルをいくつも収集し、研究室に持ち帰って磁気分析を行った。残念ながらサンプルを分析してみると、この部分の岩石にはあとから近くの火成岩が貫入しており、ペルム紀から三畳紀にかけての磁気に関して正確な情報を得られないことがわかった。しかし私は、同僚でエルサレムのオープンユニバーシティに所属するヨラム・エシェットにサンプルを送った。彼は古代の花粉や胞子の専門家で、祖国イスラエルで発生した菌類の異常増殖に精通していた。そして数カ月後、うれしい知らせを受け取った。森林のほぼすべての植物が絶滅した可能性が確認され、しかもカールトン高地の断面には、移行期に大量絶滅が発生した裏付けとなる菌類スパイクが観察されたのだ。ここはまさに、堆積岩の構成の変化が予測されていた場所だった。菌類が異常増殖している範囲は厚さ一メートルにわたっている。このような断面での平均の堆積率は一〇〇〇年でおよそ三五センチメートルと推測されるので、カルー盆地では菌類の異常増殖がおよそ三〇〇〇年間継続したことになる。

ペルム紀末期の大量絶滅後の生態系の回復に関する研究からは、森林の生態系が消滅したあと、樹木以外の小さな植物が陸地に繁殖したことが報告されている。複数の論文の報告によれば、大量絶滅のあとにはシダ種子植物や針葉樹が減少し、原始植物のヒカゲノカズラが増加したという。森林から低背植物への大転換には数千年程度しかかからず、もっと短かった可能性も考えられる。陸地においては、ペルム紀末期の大量絶滅は堆積作用の変化と相関している。かつては広い氾濫原を川が曲がりくねってゆったり流れていたが、三畳紀初期には川筋が幾本もの支流に枝分かれして、堆積物の量が激増した。おそらくこの変化は、世界中で大量の植物が失われた結果、大陸で土壌の侵食が進んだ影響だと考えられる。一方、海洋では、一時的に異常な温室効果が発生し（熱帯では海洋表層の温度が摂氏一五度も上昇した）、海洋への酸素供給量が減少したことの複合効果で、ペルム紀末期に海洋生物が絶滅し、海の一次生産者のほとんどが失われたと考えられる。

私は一九九〇年代、ペルム紀末期の大量絶滅との関連性が疑われる天体衝突によって形成されたクレーターを探し求め、地球の重力場の地図（地球の引力の大きさを示したもの）を分析した。埋没したクレーター（密度の高い岩盤が陥没して作られた穴を、軽い堆積物がふさいでいる）は、重力が小さい地域として表示される可能性があったからだ。メキシコのチクシュルーブ・クレーターはその一例だ（図3－9参照）。私は、負の重力異常が円形に確認される場所を探した。ペルム紀／三畳紀の大量絶滅は白亜紀末期よりも深刻だったので、クレーターはチクシュルーブよりも大きく、直径は二五〇～三〇〇キロメートルではないかと仮定した。これだけ大きな彗星が衝突すると、放出された物質の多くは地球外に飛散して、イリジウムの豊富な境界粘土層がほとんど形成されないはずだ。

公表されている海洋の重力場の地図は、衛星からの測定によって作成された。私はこれを調べながら、非常に興味深い円形パターンに引き付けられた。フォークランド諸島西側のフォークランド海台に、直径およそ二五〇キロメートルのパターンが確認されたのだ。重力が小さい部分は、大きな盆地の輪郭のように見えた。この西フォークランド海台の重力データは、負の重力異常のまわりを正の重力異常が環状に取り囲んでおり、どちらもこの海台の局所平均値とはきわめて対照的だ。石油探査の目的でこの地域を反射法地震探査した結果からは、この構造がほぼ円形の盆地で、深さはおよそ三キロメートル、直径はおよそ二五〇～三〇〇キロメートルであることが明らかにされた。なかには中生代と新生代の堆積物が詰まっているので、ペルム紀末期に形成されたかもしれない。

西フォークランドの重力異常は、負の重力異常をきっかけに発見されたチクシュルーブの衝撃構造のケースとよく似ている。チクシュルーブと同様、フォークランドの構造もこの地域の地形図には記されておらず、海底の陥没を目で確認することはできない。惑星協会のマックス・ロッカは最近、航空磁気測量によって作成された同地域の地図に、バラのような印象的な形で正の重力異常が確認されることに気付いた。直径はおよそ二五〇キロメートルで、大きな衝撃構造によく見られる形状である。ただし現時点では、ペルム紀末期に大きな天体が衝突したことをはっきり裏付ける証拠は存在していない。むしろ証拠からは、大量絶滅の原因となるべつの可能性が浮上した。洪水玄武岩噴火、すなわち大量の溶岩が流出した可能性である。

9

壊滅的な火山噴火と大量絶滅

スプレー缶のＣＦＣ（フロンガス）にオゾン層を破壊する可能性があるなら、この大噴火から放出された揮発性物質（塩素、フッ素、二酸化炭素、二酸化硫黄を含む）は、確実に深刻な影響をもたらしたに違いない。顕生代において、古生代から中生代への移行期にシベリアでこれだけの規模の大噴火が発生したのは、単なる偶然の一致なのだろうか。

チャールズ・Ｌ・ドレイク、イボンヌ・ハーマン、
『恐竜は絶滅したのか、それとも燻製ニシンに進化したのか』

ウォルター・アルバレスと彼のチームによる驚がくの発見は、様々な分野の地質学者の注目を集めた。アルバレスのグループの結論には多くの科学者が異議を唱え、宇宙からやって来た天体が引き起こした天変地異という地質学的仮説を唱えるいかなる人物も、チャールズ・ライエルの亡霊に悩まされた。天体衝突の証拠には説得力がない点が槍玉に挙げられた。天体衝突の根拠は地球外のイリジウム元素の測定値だったが、この物質についてほとんどの地質学者は何も知らなかったのである。アルバレスの仮説を早くから声高に批判したのが、ダートマス大学のチャールズ・オフィサーとチャール

ズ・ドレイクだった。一九八三年と八五年の二度にわたって『サイエンス』誌に発表された論文のなかで、K／Pg境界の衝突物の堆積層とされる地層は世界中で一瞬のうちに形成されたわけではなかったと論じ、白亜紀末期に広い範囲で活発化した火山活動のほうが、大量絶滅の説明にはふさわしいと主張している。これは「火成論者」の見解として知られるようになった。

アルバレスの仮説についてのニュースを一九八〇年に聞いたとき、私はダートマス大学で地球科学を教えていた。ドレイクのオフィスを訪れたとき、彼が天体衝突というアイデアについては無論、ルイス・アルバレスのような物理学者が地質学の問題に首を突っ込んだことについて嘆いていたのを覚えている。ドレイクは当初から天体衝突説に反対で、その反論に使えそうな証拠を見つけるために地質学の文献を探し始めた。ここでもやはり、ライエルを起源とする斉一説に基づく地質学的偏見のせいで、地質の大きな変化を地球外からもたらされた天変地異で説明する試みは、一部の地質学者によって本能的に拒まれてしまった。

天体衝突という仮説への反論がどのようなものだったのか理解するためには、もうひとつの革命的なアイデア、すなわち大陸移動説への地質学者の反応を紹介しておくべきだろう。一九四九年、トラウゴット・ウィルヘルム・ジュベールは（大陸移動説のパイオニアのアレクサンダー・デュ・トワに敬意を表して）つぎのように書いている。

一部では、大陸移動説は怪物のように恐ろしがられ、吐き気を催すほど汚らわしく、「善良な」

地質学の社会では口にできないほど道徳的に堕落したものだと見なされている。異端の説を新たに唱えると、洗練された知識人としては無論、合理的な人間としての資質まで疑われてしまう。「何かがそこに存在している可能性」を証明しようとすればかならず、軽蔑と嘲笑を受け、まともなブルジョア階級出身者としては見なされない。

一九八〇年代はじめに一部の方面では、大量絶滅に天体衝突が関わっているというアイデアへの反応も似たようなものだった。

オフィサーとドレイクから見れば、アルバレスのグループは地質学の宿題をやっていないのも同然だった。ふたりは、境界層は火山の噴火に由来したもので、その結果としてイリジウムが放出され、衝撃石英も生成されたと主張した。その根拠としては、ハワイの火山やインド洋の火山島のレユニオンから噴出した蒸気のなかに、高濃度のイリジウムが発見されたことを指摘している。いずれもホットスポット火山で、地球の奥深くからマグマが噴出したと推定されている。K／Pg境界に近い時期にインドのデカン・トラップを形成した洪水玄武岩噴火は、レユニオン島のホットスポットが発生源だった（**図9－1**）（「トラップ」の語源はtreppenで、これはスウェーデン語で「ステップ」を意味する。洪水玄武岩から成るトラップでは、凝結した溶岩流の露頭が階段状に積み重なった地形が出来上がっている。**図9－2**）。デカン高原を襲った巨大な噴火からは、一〇〇万立方キロメートル以上のマグマが生み出された。大きな亀裂から噴き出した溶岩流がテキサス州全体に広がり、厚さ一〇〇

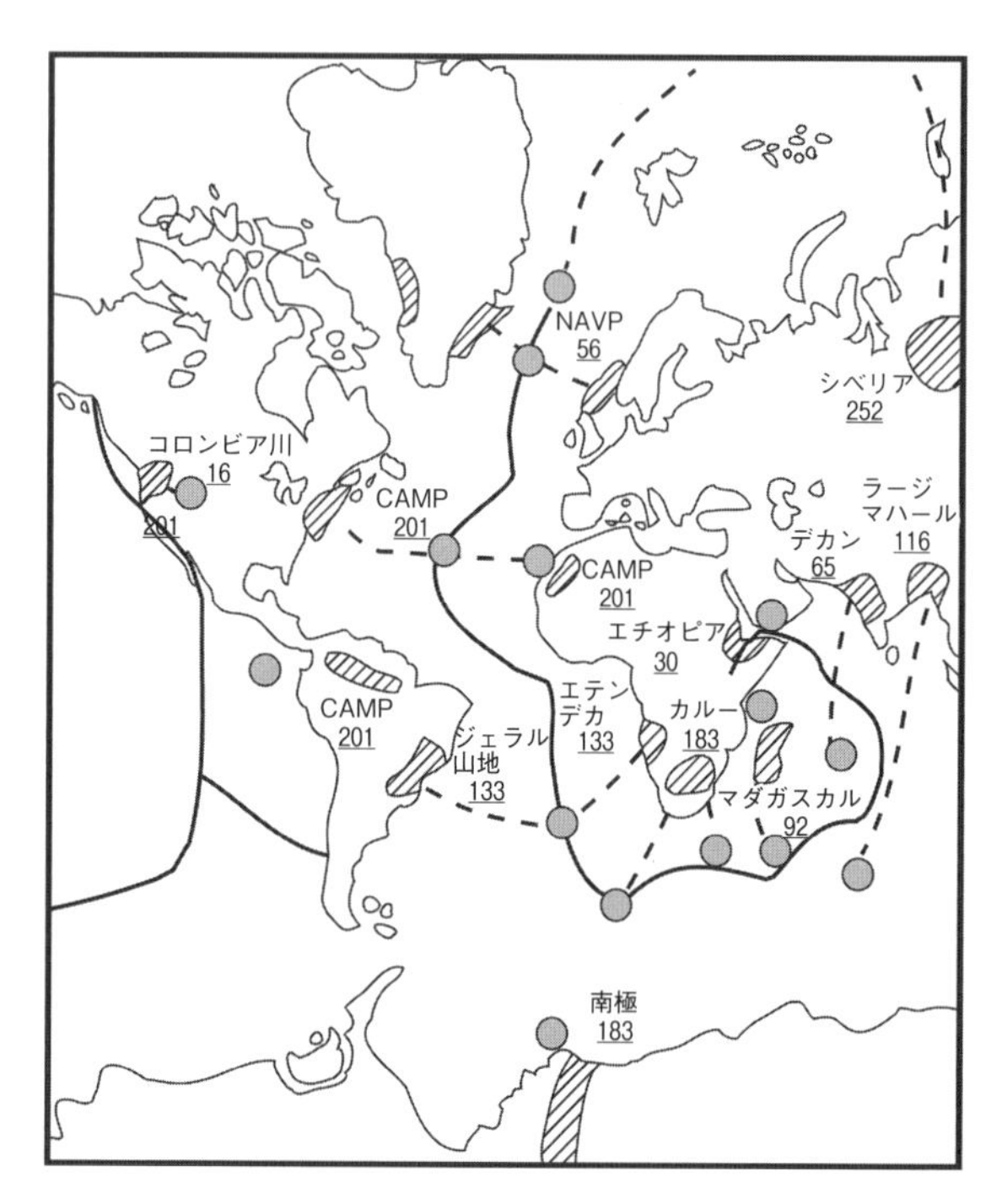

図9-1　過去2億5200万年のあいだに噴出した大陸洪水玄武岩と、それに関連したホットスポットの分布。NAVP：北大西洋マグマ分布域、CAMP：中部大西洋マグマ分布域。

○メートル以上に積み重なって形成された台地を想像してほしい（**図9-3**）。このような巨大な噴火が環境に深刻な影響をおよぼしたと考えるのは理に適っている。

天体衝突というアイデアを露骨に批判するオフィサーは、巨大な噴火、あるいはインドネシアのトバ火山のような超巨大噴火（およそ七万四〇〇〇年前）によって衝撃石英が生成されたと、複数の論文で主張している。ただし、トバ火山の噴火

図9－2　ブラジルとアルゼンチンの国境にあるイグアスの滝。滝が階段状になっているのは、（1億3300万年前に）ジェラル山地から何回かに分けて運ばれてきた洪水玄武岩が、それぞれ侵食された結果だ。

によってインド洋に形成された火山灰層に含まれる衝撃石英は、特徴である変形が一カ所だけで、しかも十分に発達していない。高速の天体衝突によって生み出された衝撃石英の場合は変形がいくつもあって、しかも十分に発達しており、対照的だ（図3－4参照）。さらに、トバ火山の噴火は巨大だったものの、大量絶滅を引き起こしていない。火成論支持者たちの立場が、現役の火山学者たちから広く受け入れられなったことは注目に値する。火山学者は、火山の噴火に関わる圧力についての知識がある。火山の噴火ではせいぜい、数十バールの圧力しかかからない（一バールは一気圧に相当する）。一方、天体衝突では数千キロバールもの圧力がかかり、これだけの強さがあれば本物の衝撃石英が生み出される。さ

図 9-3　インドのマハーバレーシュワル州にあるデカン・トラップの断面。厚さ数十メートルの溶岩流がいくつも積み重なり、全部で 1000 メートル以上の厚さに達している。

らに、火山の噴火では気圧が下がるのであって、超高速での天体衝突とは異なる。結論を言えば、火山の噴火によっては、Ｋ／Ｐｇ境界層に含まれる大量のイリジウムなどの微量元素（宇宙と同じ比率）も衝撃鉱物も、生成される可能性が考えられないことは計算から明らかだ。

　天体衝突の証拠があるにもかかわらず、Ｋ／Ｐｇ境界での大量絶滅はデカン・トラップを形成した火山の噴火が環境におよぼした影響によるものだという説に、一部の人たちはこだわり続けた。たとえばバージニア工科大学の古生物学者デュウェイ・マクリーンは、デカン高原を襲った突発的な噴火と白亜紀末期の大量絶滅の境界層とのあいだの関連性を最初に指摘したひとりだ。まだ衝突由来物質を含む堆積層が発見されていない一九七九年、大気中の二酸化炭素濃度の上昇による地球温暖化が大量絶滅の原因だったと提案している。のちに発表された論文では、大量絶滅とごく近い時期にデカン高原が溶岩流に覆われたことに注目し、このときの噴火によって大量の二酸化炭素が放出されたと指摘している。マクリーンの見解では、天体衝突の仮説を唱える必要などなかった。そのため、白亜紀末期に天体が衝突した証拠も無視されてしまった。

　洪水玄武岩噴火は大量絶滅を引き起こしたのだろうか。一九八八年、ＮＡＳＡのリチャード・ストーサーズと私は『サイエンス』誌に掲載された論文のなかで、大陸洪水玄武岩の一部は過去二億六〇〇〇万年のあいだに発生した大量絶滅と相関関係があるようだと指摘した（溶岩流と大量絶滅の発生時期は誤差の範囲内である）。実際のところ、溶岩流を伴う巨大噴火とそれが環境におよぼした影響は、何度か発生している大量絶滅の一部の原因の候補として考えられる。最近では放射年代測定法が改良

表9-1　過去2億6000万年の大陸洪水玄武岩の年代ならびに大量絶滅と無酸素事変との相関関係。

洪水玄武岩	年代 (100万年前)*	大量絶滅または 無酸素事変
コロンビア川	16	
エチオピア	30 ± 1	
北大西洋	56	無酸素事変？
デカン	65.5	大量絶滅、無酸素事変？
マダガスカル	92 ± 1	大量絶滅、無酸素事変
ラージマハール	116 ± 1	大量絶滅、無酸素事変
ジェラル山地／エテンデカ	133 ± 1	大量絶滅、無酸素事変
カルー-フェラール	183 ± 1	大量絶滅、無酸素事変
中部大西洋マグマ分布域	201 ± 1	大量絶滅、無酸素事変
シベリア	252	大量絶滅、無酸素事変
峨眉山	260	大量絶滅、無酸素事変

*著者の編集による年代。

され、洪水玄武岩を詳しく研究できるようになったおかげで、玄武岩噴火と一部の大量絶滅との相関関係はさらに有力視されている（**表9-1**）。

このような巨大噴火は、地球の奥深くの高温のマントルプルーム（半固体の岩）の上昇と関連している。その影響で地球表面に火山のホットスポットが形成され、地殻に割れ目が生じる。そのあとに大陸リフトが誕生すると、放射状岩脈群を通じて洪水玄武岩が噴出する可能性が考えられる。デカン・トラップは、このようにして出来上がったと解釈することができる（**図9-4**）。インドでは、放射状のパターンの中心はギルナール山だ。火成岩が幾層にも丸く積み重なっているが、形成された経緯は不明だ。地殻に亀裂が生じ、大きな割れ目が口を開

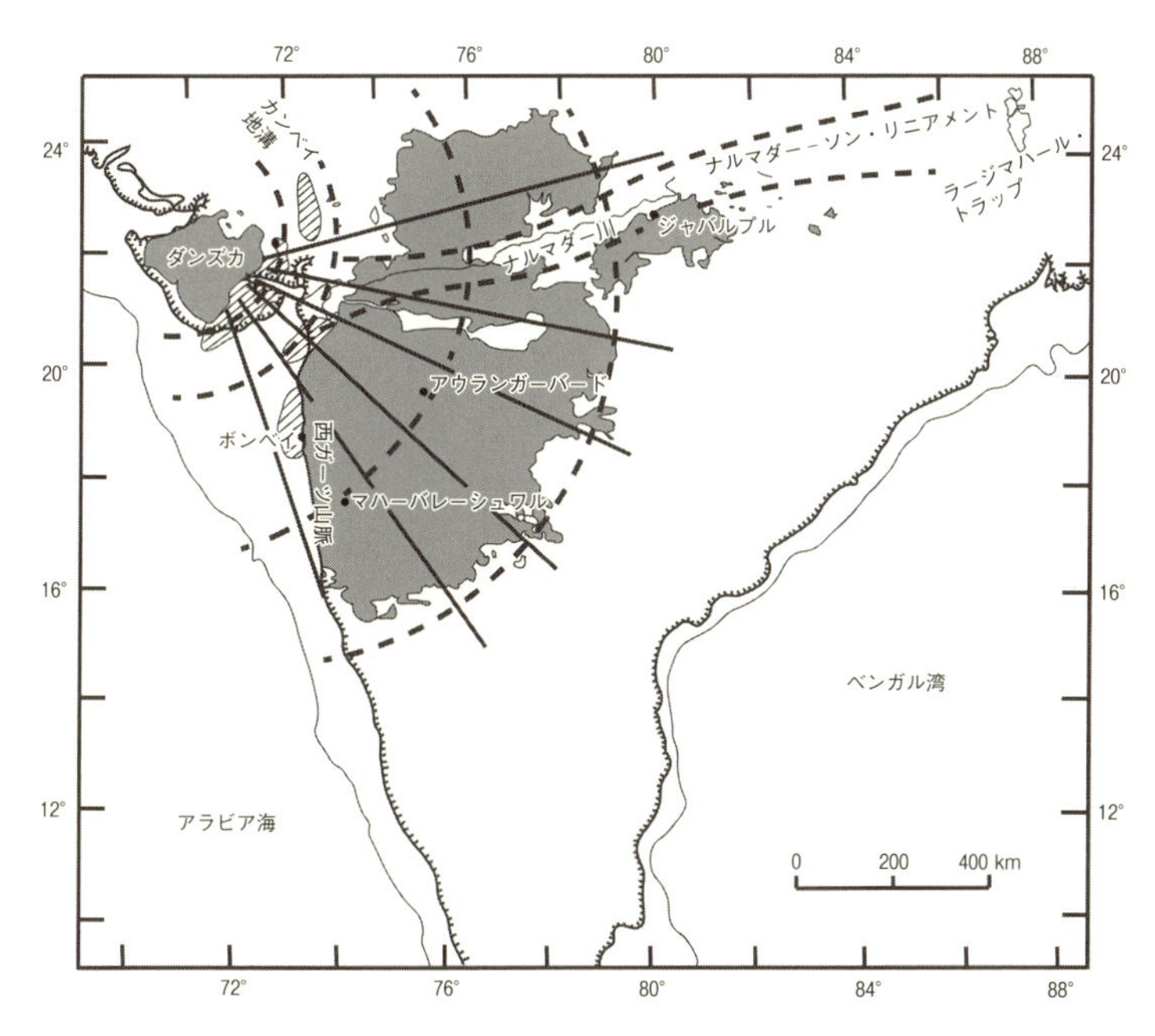

図9-4　インドでの洪水玄武岩の分布（灰色の部分）。放射状の岩脈群がひとつの中心から発達していることがわかる。

け、そこから溶岩が広い範囲に流れていったような印象を受ける。巨大な噴火に伴う溶岩流と放射状岩脈群との関連性は、地球のほかの場所だけでなく、金星や火星にも同様に見られる。ホットスポットの活発化は、洪水玄武岩以外にも大陸リフト、海洋底の拡大速度、テクトニクス、海面変動など、多くの地質活動と関連している。これらのあいだには相関関係が成立する傾向が見られるが、そのうちのひとつが発生するだけでも生命の絶滅を引き起こしかねない。

　地質記録からは、過去二億六〇〇〇万年のあいだに陸上では一一カ所で洪水玄武岩台地が形成されたことが明らかになっている（平均すると、およそ二四〇〇万年に一回）。精度が向上した放射年代測定法の結果と、溶岩流の磁気に関する研究に基づいて、洪水玄武岩噴火の期間は地質学の時間的尺度ではかなり短く、ほとんどのケースが数十万年に満たないことを火山学者は明らかにした。噴火が活発な段階としては、これはかなり短い。

ケン・カルデイラと私は、大量絶滅と天体衝突と大陸洪水玄武岩のそれぞれの証拠を組み合わせた最近の研究で、過去二億六〇〇〇万年のあいだに発生した一三回の大量絶滅の時期を、大規模な洪水玄武岩噴火および衝突クレーターの年代と比較した。その結果、大量絶滅のうちの八回は、巨大な洪水玄武岩噴火の時期と相関関係があり、五つの巨大な衝突クレーターもやはり大量絶滅と時期が一致することを発見した（**図9-5**）。このような相関関係が偶然に発生する確率は、天文学的に低い（一〇万分の一未満）。結局のところ、巨大な天体衝突と大規模な洪水玄武岩噴火のふたつによって、過去二億六〇〇〇万年のあいだに発生した一三回の大量絶滅のうちの一二回を説明することができた。大量絶滅は、地上と地下の両方からの天変地異によって引き起こされたようだ。K／Pg境界のケースでは、非常に大きな天体衝突（チクシュルーブ）と大規模な洪水玄武岩噴火（デカン・トラップ）の時期が一致しており、生物圏にダブルパンチが加えられた可能性が考えられる。

さらに、一部の洪水玄武岩の年代と、海洋の大部分から溶存酸素が取り除かれた時期、いわゆる海洋無酸素事変の発生時期とのあいだにも、密接な相関関係が存在している。巨大な洪水玄武岩噴火で二酸化炭素が放出された結果、温暖化が引き起こされ、活動が停滞した海はよどみ、溶存酸素が減少

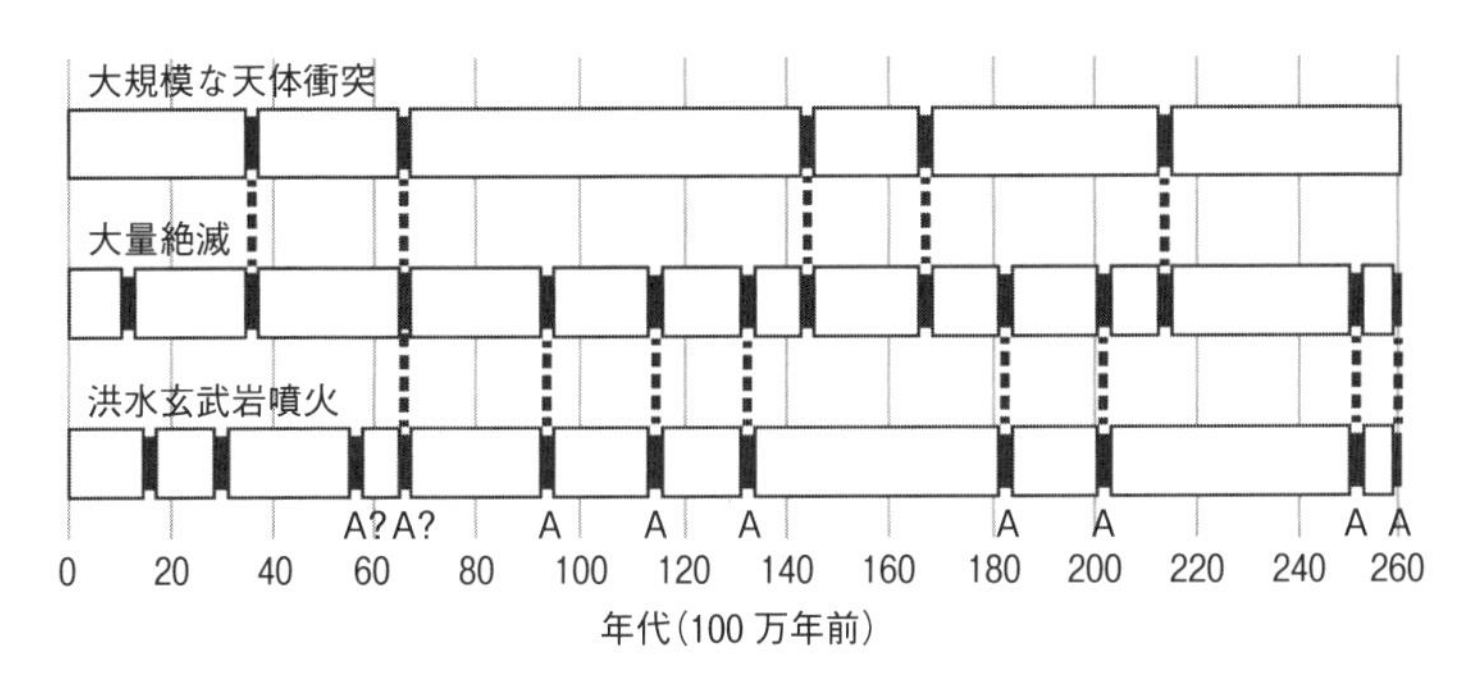

図９-５　大規模な天体衝突、大量絶滅、洪水玄武岩噴火の相関関係。過去２億 6000 万年のあいだには大規模な天体衝突が５回発生しているが［訳注：デボン紀後期の天体衝突は３億 7200 万年前］、そのすべてと大量絶滅のあいだに相関関係が成立する。11 回の洪水玄武岩噴火のうちの８回と大量絶滅とのあいだに相関関係が成立する。そして、７回の海洋無酸素事変（Ａの部分）と洪水玄武岩噴火と大量絶滅とのあいだに相関関係が成立している。

したのではないかと考えられる。たとえば、およそ九四〇〇万年前の白亜紀末期の無酸素事変とマダガスカルの洪水玄武岩、およそ一億一三〇〇万年前の白亜紀初期の無酸素事変とインドのラージマハールの洪水玄武岩のあいだには、おおよその相関関係が確認されている。そして、およそ一億八三〇〇万年前のジュラ紀中期の無酸素事変と南アフリカのカルー－フェラールや南極の洪水玄武岩、二億一〇〇万年前の三畳紀／ジュラ紀境界の無酸素事変と中部大西洋マグマ分布域にも相関関係が確認されている。さらに、およそ二億五二〇〇万年前のペルム紀末期に広範囲で発生した「超無酸素事変」は、シベリアの洪水玄武岩の年代と一致している（図９－５参照）。表層の海洋水の酸素欠乏は、プランクトンや浅瀬に暮らす生物にとって致命的だったはずだ。酸素が欠乏した海で緑色硫黄細菌から放出された有害な硫化水素は、もうひとつの要因だったかもしれない。

ペルム紀末期に噴火した巨大なシベリア・トラップの化石証拠を分析した古生物学者は、ペルム紀末期の大量絶滅の発生時期が、最も古い溶岩流の発生時期と近かったと解釈している。さらに、ここの玄武岩に関する最も信頼度の高い年代測定は、ペルム紀末期の大量絶滅と関連した火山灰層の放射年代測定と、結果がほぼ一致している。この火山灰層は、中国のペルム紀末期の地質断面で発見されたものだ(図8-4参照)。マサチューセッツ工科大学の地質年代学者セス・バーゲスとサム・ボウリングは最近、新たに正確な年代測定を利用して、噴火はおよそ三〇万年継続したと推定している。大量絶滅が始まる前に始まり、大量絶滅が終わったあとも噴火は続いたことになる。

では、K/Pg境界のストーリーのなかに、火山活動の入り込む余地はあるのだろうか。デカン・トラップを形成した噴火は、いくつかの大きな段階に分かれて進行したと思われる。最近行われた古地磁気学の研究結果ならびに慎重な放射年代測定からは、溶岩流が最大規模で急激に押し出されたのはK/Pg境界に近い時期だったと推定される。ハワイ大学の地球化学者グレゴリー・ラヴィッザと同僚らは、K/Pg境界期の直前に海洋コアでは、火山由来の元素のオスミウムが増加したと指摘している。このオスミウムは、デカンでの火山活動の証拠として考えられる。同じコアから集められた気候関連の詳しいデータからは、デカン・トラップを形成した噴火が環境におよぼした影響による地球温暖化のせいで、一時的に気温は摂氏三度から五度上昇したと考えられる。この温暖化は白亜紀末期の天体衝突よりも始まりが早く、別個に進行している。ただしこれだけでは、生物の大量絶滅を引き起こすきっかけとして十分ではない。

大気や気候への影響を考慮する際には、洪水玄武岩噴火の形式が重要になってくる。当初、洪水玄武岩は、厚さが最大で一〇〇メートルの巨大な溶岩流となって押し寄せ、広い地域を数日間で覆いつくしたと思われていた。しかし一九九〇年代になると、現在はカリフォルニア大学バークレー校に所属する火山学者のスティーブン・セルフと同僚らが、噴火で放出された洪水玄武岩は主にパホイホイ溶岩［訳注：表面が柔らかな玄武岩質溶岩］であることを発見した。パホイホイ溶岩が冷却固化すると、表面に冷却殻が形成される。そのあと一部が破れると中心部の液状溶岩が流動し、これを繰り返して「膨張しながら」（厚さが何十メートルにもおよび）、全体が大きく前進していく。セルフは火山岩に関して最高の野外地質学者のひとりだ。噴火に伴う溶岩流は、何年も何十年も、あるいはもっと長い時間をかけて前進していったことが、彼の発見からは推測される。たとえば、一七八三年にアイスランドのラキ火山が大噴火したときには、ピーク時の溶岩流の噴出率に基づいて計算すると、大量の洪水玄武岩溶岩の噴出が終わるまでには数十年もしくは数百年もの時間を要したことがわかる。しかも、ラキの玄武岩は溶岩噴泉から噴出したもので、溶岩噴泉のマグマが一緒に噴出するときには気体が放出される。洪水玄武岩噴火の場合には、高温の溶岩噴泉から揮発性物質が飛び散って、上層大気まで到達するのだ。

私は五つの大陸の七カ所の洪水玄武岩台地を訪れたが、どれもよく似ており、流動性玄武岩組成の複数の溶岩流により形成されていた（図９－３参照）。なかには、かつては隣接していたけれども、いまでは海洋で隔てられてしまった複数の大陸で発見されているものもある。この場合には、大陸塊が分裂する直前に火山が噴火した。かつて私は、このプロセスを脚色して映画化する作業に参加した。南半球の大陸が分割されて南大西洋が誕生する場面についてのドキュメンタリーを撮影中、ディレクターからの指示で私はブラジルの熱帯雨林地帯にあるジェラル山地を訪れ、そこで玄武岩のサンプルを集め、それを手に持って画面から消えるシーンが撮影された。半年後、今度は（大西洋を横断したという前提で）ナミビアの砂漠を訪れ、同年代に形成されたエテンデカの溶岩流の露頭の隣に、手に持っている玄武岩を置いた。どちらも種類と年代は同じだが、いまでは南大西洋によって引き離されてしまった。南大西洋の真ん中にあるトリスタン・ダ・クーニャという火山島には現在、ホットスポットが存在しているが、ここでおよそ一億三三〇〇万年前に火山が噴火したのである。

洪水玄武岩噴火は、噴火で放出された二酸化炭素による温室効果以外にも、いくつかの直接的な影響を環境にもたらしたと指摘されている。たとえば、石炭やオイルシェールなど有機物を豊富に含む堆積物と洪水玄武岩のマグマとの相互作用からは、二酸化炭素よりもさらに強力な温室効果ガスであるメタンが大量に発生する可能性があり、玄武岩のマグマが貫入する際には、これは決してめずらしくない現象だと思われる。オスロ大学のヘンリック・スヴェンソンと同僚らは、北大西洋や南アフリカのカルー盆地、あるいはシベリア・トラップで洪水玄武岩噴火が起こったときには、放出される気体によって多数の熱水噴出孔が形成されたことを発見した。ペルム紀／三畳紀境界の一部では、石炭の燃焼によって生成される石炭フライアッシュに似た成分が検出されている。噴火によって引き起こされた温室効果は、大陸棚堆積物に蓄積された不安定なメタンハイドレートから新たにメタンが二次放出されるきっかけとなり、温暖化をさらに悪化させたはずだ。

ペルム紀末期の大量絶滅に関しては、マサチューセッツ工科大学のダニエル・ロスマンと同僚らによって二〇一四年に斬新なアイデアが発表された。複数の地域でペルム紀末期の堆積岩を微量金属分析したところ、ニッケル濃度が異常に高いことが確認された。たとえばオーストリアでは、二度にわたるニッケル濃度の異常な高さと、海洋での二度にわたる炭素同位体比の負のシフトのあいだに相関関係が見られ（図８‐２参照）、シベリア・トラップから放出された大量のニッケルと炭素循環の乱れとの何らかの関係が推測された。ちなみに、ペルム紀末期のニッケルの異常濃度に関心を抱いたバーナード・カレッジの同僚のセデリア・ロドリゲスと私は、ほかの地域のペルム紀／三畳紀境界層でも調査を行い、ニッケルの異常値（あるいは複数の異常値）は世界的な現象であることを確認した。ロスマンのグループは、海洋のニッケル濃度の上昇がメタンを生成する微生物に影響をおよぼし、通常ニッケルの量が限られている状態では考えられないほど増殖したというアイデアを紹介した。海洋中に溶け出たニッケルの濃度が高くなると、これらの微生物が繁殖した影響で有機物質が著しく劣化して、軽い炭素12を含むメタンが大量に放出された。こうして大量のメタンが放出された結果、ペルム紀末期には炭素同位体の量に変化が生じたというシナリオである。

比較的短期間に大量の二酸化炭素が海洋・大気系に加えられると、海水の酸性度にも変化が引き起こされる可能性がある。今日では、人間由来で大量の二酸化炭素が放出される結果、この現象が進行している。イェール大学の著名な地球化学者のロバート・バーナーと共同研究者らは、巨大な玄武岩噴火で放出された大量の二酸化炭素や二酸化硫黄によって、海洋表層の酸性度がどのように変化したかをコンピュータシミュレーションで推測した。そして、三畳紀末期に中部大西洋で火山が噴火したときには、放出された気体の影響で大洋表層の酸性度が上昇し、その状態が二万年から四万年続いたため、炭酸カルシウムの貝殻を形成する生物に問題が発生した可能性があるという結論に達した。ペルム紀末期など、ほかの時代の大量絶滅の際には、酸性の海に耐性を持つ生物が生き残るのに好都合な環境が生まれたが、サンゴ礁を形成する生物は脆弱だったため、大量絶滅したと推測される。

洪水玄武岩噴火で考えられるもうひとつの影響は、硫酸エーロゾルが大気中で形成され拡散する結果、短期的に気候が寒冷化することだ。二酸化硫黄ガスから形成された小さな滴の硫酸エーロゾルが、火口や亀裂から立ち上る噴火の煙流により上層大気に達する。この硫酸エーロゾルは下層大気では寿命が短いが、上層大気に到達すると数年間とどまり続け、地球に入ってくる太陽光を後方散乱し、地球の温度を低下させてしまう。こうして「噴火の冬」が引き起こされた可能性はあるのだろうか。

シベリア・トラップのケースでは、硬石膏（硫酸カルシウム）の堆積物とマグマが反応した結果、噴火による放出物に大量の二酸化硫黄が加わった可能性が考えられる。地球の気候モデルを使った研究からは、洪水玄武岩噴火が平均的な活動レベルで数十年継続すると、気候の寒冷化が大きく進行する可能性が推測された（約五〇年間にわたり、摂氏四度から五度低下する）。しかし、洪水玄武岩台地が形成されるあいだ、洪水玄武岩噴火はおそらく数千年から数万年の間隔をあけて発生している。そうなると、一度の噴火で硫黄ガスが大量に放出されたとしても、気候や環境に長いあいだ累積効果をおよぼしたとは考えにくい。

一七八三年、アイスランドのラキ火山の噴火によってヨーロッパでは太陽の光が大幅に遮られ、空がかすんでしまったと、当時パリにいたベンジャミン・フランクリンは書き残している。いわゆる乾霧は、はるか中国でも観測された。その後は気候の寒冷化が続き、一七八三年から八四年にかけての冬はアメリカ東部で観測史上最も気温が低くなった。アイスランドに立ち込めた煙霧には高濃度の硫黄や塩酸やフッ化水素酸が含まれ、動物や人間に皮膚病変を引き起こし、草木は枯れ、家畜の五〇パーセント以上はフッ素中毒が主な原因で死んでしまった。そして「煙霧が引き起こした飢饉」によって、アイスランドでは全人口の二〇パーセントが失われた。北欧でも酸性雨の影響は報告されており、植物が被害を受けた。

ラキ火山の噴火（マグマの流出量はおよそ一〇立方キロメートル）よりも規模が大きく、一〇〇ないし一〇〇〇立方キロメートルの洪水玄武岩が噴火によって流出すれば、酸性雨が深刻な問題を引き起こしたことは間違いないだろう。すでに見てきたように、ペルム紀末期の大量絶滅は世界中の植物の絶滅が大きな特徴で、それはシベリア・トラップでの巨大噴火に伴う酸性雨と関連しているかもしれない。

このように、洪水玄武岩噴火という形をとった壊滅的な火山活動は、環境に劇的な変化を引き起こし、大量絶滅の多くの事例の原因となり、あるいは被害を拡大させただろう。洪水玄武岩噴火と一部の大量絶滅と海洋無酸素事変との三つのあいだに明らかな相関関係が確認されることは、この結論の正しさを裏付けている。しかしこれから解説していくが、噴火と大量絶滅のどちらも、天の川銀河での地球の動きの周期的な変化の産物である可能性が考えられるのだ。

10

大昔の氷河堆積物か、それとも天体衝突による堆積物か

大昔の小石の堆積物をティライト（氷礫岩（ひょうれきがん））として正確に確認するのは、岩石学だけでは不可能だ。このような岩石は、氷河以外の媒介によって生成された可能性も考えられる。

L・J・G・シャーマーホーン、『先カンブリア時代末期のミクスタイト』

現在の地球は氷河時代の最中だ。ちょうど二万年前が氷河時代の最盛期で、北半球の大陸はニューヨーク市の緯度のあたりまで厚い氷河に覆われた。幸い、いまは間氷期で気候が比較的温暖だが、あと数千年もすれば、氷の世界が再現される。現在の氷河期はすでに二〇〇万年続いているが、その始まりはおよそ三〇〇〇～三五〇〇万年前まで遡ることができる。それ以前、地球は長いあいだ温暖な気候を享受していた。しかし地質記録を調べてみると、最も古いもので二九億年前に発生した過去の氷河期に由来する堆積物が確認される。では大昔の氷河堆積物が、天変地異説とどんな関係があるのだろうか。

過去と同様、現在の氷河時代で進行する氷河作用からは、氷河の侵食と堆積によって統一感のない

図 10－1　カナダ南部のエリオット湖のティライト（先カンブリア時代末期）。土石流堆積物の可能性が高い。

沈殿物や巨礫が生成され、氷礫土の堆積層を形成している。ティライト（氷礫岩）と呼ばれる大昔の氷河堆積物（図10－1）は、地球の歴史の特定の時期に豊富に存在しており、大昔に地球の大部分が氷に覆われた過去の氷河期について解明するために利用されている。しかし一九九〇年代に発表された複数の論文のなかで（私自身のものも含む）、大昔の地質時代の堆積物の一部に関して、従来とは異なる可能性が指摘された。それによれば、これらの堆積物は現在解釈されているような氷河による生成物ではなく、土石流や落石と呼ばれる流出物が関与して、氷河以外のプロセスによって形成されたことになる。しかも、土石流による堆積物の一部は、大規模な天体衝突との関連性が考えられる。当時これらの論文は、地質学界でちょっとした論争を引き起こした。

土石流とは重力によって引き起こされる土砂の流れで、大きな岩（なかには非常に大きな巨礫も含む）が大量の水スラリーや細粒堆積物と一緒に運ばれてくる。土石流の堆積物には一直線に並んだ岩など顕著な特徴があり、流れが急に押し寄せてきたことがわかる。さらにシルト岩や泥岩が規則正しく幾層にも重なり、巨大な落石が含まれる点が共通している。これらの巨石は重力によって傾斜を転がり、土石流よりもスピードが速いときもある。

クレーター研究の専門家であるヴェルヌ・オバーベックとNASAの同僚らは、K／Pg境界のアルビオン層、中新世におけるリースでの天体衝突で噴出したブンテ角礫岩など、大量の土石流堆積物は、地質時代に宇宙から地球に飛来した多くの衝突物に由来したものだと推測している。ただしオバーベックらによれば、大昔のティライト（氷礫岩）は地質記録に大量に残されているものの、天体衝突関連の土石流堆積物は、比較的最近のものがわずかに確認される程度だ。衝突由来の堆積物はどこにあるのだろう。一部のティライトは、実は衝突噴出物の堆積したものではないだろうか。

この四〇年のあいだに、始生代から古生代末期まで様々な時代のティライトが、氷河の先端に形成される海底土石流堆積物と解釈し直されてきた。この堆積物は、氷河の上に乗って運ばれてきた岩屑や、おそらく地殻運動により生じた多量の粗い岩屑が氷河に取り込まれ運ばれる過程で出来上がったと考えられた。こうして一部のティライトが土石流堆積物として解釈されるようになると、つぎのような疑問が浮かぶ。これらの堆積物はどのような基準で、氷河由来だと断定されたのだろうか。従来の回答で指摘されるのは、ティライトの下にあって氷河擦痕（さっこん）や縞模様が残されたペイブメント［訳注：広くて平坦な、溶食形を持つ石灰岩露頭］で、これが氷食作用の結果だと考えられた。ほかには多面的で光沢があり縞模様の刻まれた岩石も基準として指摘されるし、粒の細かい堆積物のなかに含まれる巨大な岩石は、氷山から落下してきたものだと一般に解釈されている。すべてのティライトがこれらの特徴をすべて備えているわけではないが、大抵は一部を備えている。

しかしいまでは、氷河由来ではない土石流からも、多面的で光沢があり縞模様の入った岩石、縞模様の残されたペイブメント、溝の刻まれた岩盤などの特徴が残されることが証拠によって確認されている。その事例のひとつとして考えられるのが、ノルウェー北部のヴァランゲルフィヨルドの有名なビッガンジャルガのティライトだ。これは七億年以上前のもので、一見すると氷河由来の縞模様入りのペイブメントの上に堆積しているが、いまでは土石流や泥流の堆積物として解釈し直す人たちもいる。土石流か泥流によって下の部分の岩盤のペイブメントに縞模様が付けられたのであって、氷河由来であることを示す直接的な証拠は存在しない。

氷河作用を最も暗示する特徴は、粒の細かい堆積物のなかに混じった巨石の存在だろう。これらは氷山からのドロップストーンだと解釈されてきた。しかしいまでは、土石流やそれに伴う岩屑の落下によって巨石が堆積し、氷山由来の岩屑の堆積層とよく似たものが形成される可能性が、ソウル大学のS・B・キムと同僚らの研究から明らかにされている。調査の対象となった韓国南西部のキョクポリ累層（白亜紀末期）は、三角州にあって、大昔の湖水盆地に堆積した砂岩とシルト岩から主に構成されている。いちばん下の層では巨礫岩が目立ち、特大の岩石が混じり込んだ砂岩が堆積している。特大の岩石は砂岩の層に無秩序に散らばっており、時にはクラスターを形成している。さらに、シルト岩の層と大きな岩石の混じった泥の層が交互に堆積しており、一般にこのようなティライトのシーケンスは、氷河跡湖や海で静かに進行した堆積作用と、氷河で運ばれてきたドロップストーンによって形成されたものだと考えられてきた。しかしいまでは、断続的に発生する急激な泥流や落石によって形成された堆積物である可能性が指摘されている。

一方、粒の粗い衝突噴出物も、泥流や落石による堆積物の外観を備え、急激な流出物のたくさんの特徴が認められる。実際、当初は氷河作用が原因だと思われていた堆積物の一部は、天体衝突によって生成されたものと解釈し直されている。たとえば一五〇〇万年前のブンテ角礫岩は、ドイツ南部のリースの衝突構造と関連する土石流によって運ばれてきたことが、いまでは確認されている。それまで何十年間も、この堆積物は氷河作用の結果だと思われてきた。ブンテ角礫岩のいちばん下の層には、亀裂の入った非常に大きな石灰岩の塊が混じっており、その下部の岩盤にも亀裂や割れ目が入っている。そして何よりも特徴的なのは、石灰岩のコンピテント層の表面に角礫岩が堆積している場所では、コンピテント層の表面がこすられたり削られたりして、多くはリース・クレーターから放射状に直線が引かれたように縞模様が刻まれていることだ。

さらに、ブンテ角礫岩の小石は縞模様があって鏡のように磨かれており、かつてこれらは氷河由来の岩石にしか見られない特徴だと思われてきた。しかし私は、同じように磨かれて縞模様のついた石灰岩をベリーズで見たことがあり、この石灰岩はチクシュルーブ・クレーターから噴出したものだ。ほかにも、ロシアには六〇〇〇平方キロメートルにわたって中生代の粗粒堆積物に覆われた地形があって、かつては氷河堆積物に分類されていた。しかしいまでは、およそ一億六七〇〇万年前（ジュラ紀中期）に形成された直径八〇キロメートルのプツェツ－カトゥンキ衝突構造と関連した衝突堆積物であることが確認されている。

しかし何よりも注目すべきは、オバーベックと同僚らがユタ州南部のダッチピークでティライト（およそ七億年前の先カンブリア時代末期の氷河作用の結果とされてきた）の簡単なサンプリングを行った結果、石英に見られる衝撃変形と明らかに同じ痕跡が残された岩石を発見したことだろう。こうした衝撃岩石は、ブンテ角礫岩のように衝突堆積物として確認されているケースのなかでも滅多に存在しない。そうなるとこの発見からは、ダッチピークの堆積物の氷河由来の信憑性が疑われてもおかしくない。

では衝突由来の土石流と、氷河作用などほかの原因による土石流とは、どのように区別できるのだろう。証拠として最も優れているのは、堆積物のなかの衝撃鉱物の存在だろう。ただし、衝撃岩石が含まれるのはごく稀で、しかも古い時代の衝突構造の侵食によって変形する可能性がある。そこで私は、土石流堆積物が衝突由来である可能性を示すべつの証拠を提案したい。それは、極度の圧力がかかって塑性(そせい)変形したあとに脆性(ぜいせい)破壊した岩石の存在である。こうした岩石は変形しており、多くは岩石の一部のみに変位を伴う断裂がぐるりと平行に走っている。そのため岩石は褶曲(しゅうきょく)して面がずれてい

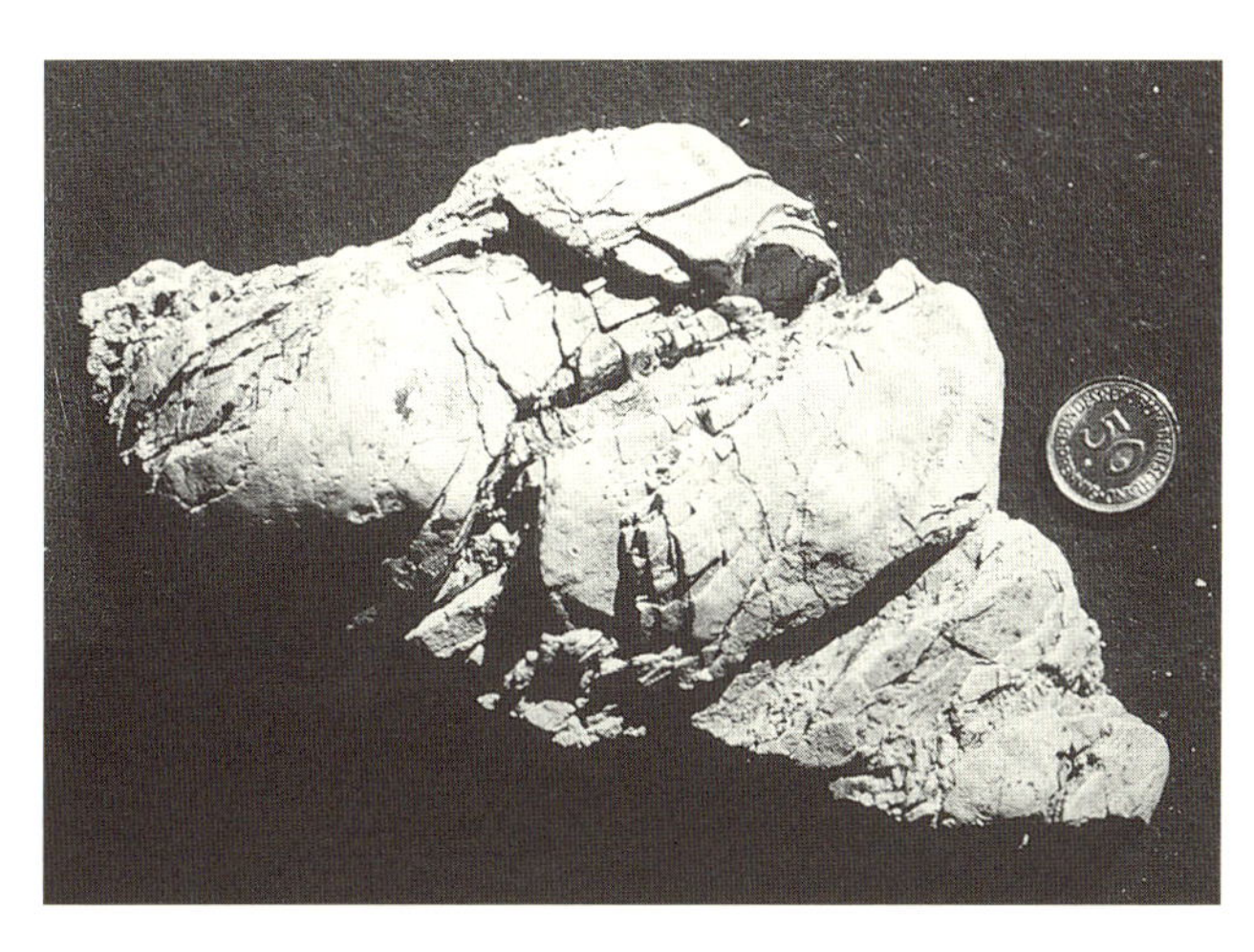

図10－2　ブンテ角礫岩（ドイツのリース・クレーター）から採集されたジュラ紀の石灰大礫岩。褶曲に伴う断裂が入り、粉砕の兆候が見え始めている。

るが、砕けてはいない（一般には「ブレッド・カット・トゥ・スライス」構造と呼ばれる）。あるいは変形した岩石は完全に押しつぶされ、粉々になっている可能性もある。こうした変形は通常の地殻変動の結果ではない。地殻変動とは関係ない堆積物のなかで発生している。

このように褶曲したり断裂したり、あるいは粉砕された岩石のサンプルを、私はブンテ角礫岩から収集した（図10－2）。場所はブラジルでペルム紀末期に形成されたアラグァイニャ衝突構造で、小石には超高速での衝撃の痕跡が残されている（図10－3）。そしてもうひとつはベリーズのアルビオン層で、これはチクシュルーブ衝撃クレーターと関連している。これだけ岩石が変形して粉砕されるためには、非常に大きな封圧が一時的にかか

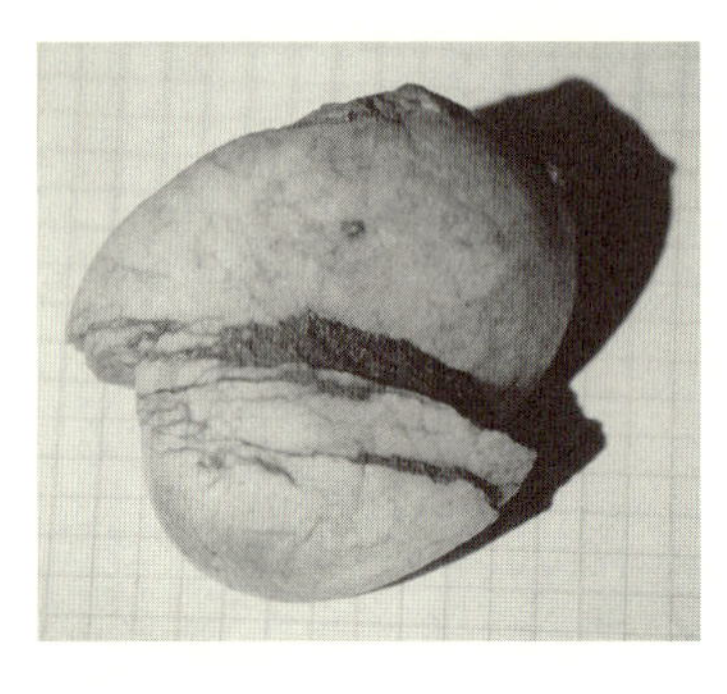

図10−3　ブラジルのアラグァイニャ衝突構造から採集された小石。塑性変形のあとに断裂が入り、面がずれて食い違っている。これらの小石は超高速での衝撃の証拠だ（石英に羽のような筋が刻まれる）。

らなければならない。米国地質調査所の地球化学者エド・カオは最大で三〇キロバールだと推測しているが、超高速で天体が衝突すれば、これだけの圧力は発生する。通常の氷河堆積物では、こうした特徴は生まれない。

大昔の氷河堆積物に関する文献を調べた結果、これまで氷河堆積物とされてきたものの、衝突堆積物に分類し直すべきだと考えられる候補がいくつか見つかった。ここでは、岩石に変形や断裂や褶曲が見られるかどうかが判断基準になった。なかでも特にふたつの事例は有望だ。どちらも原生代中期（一〇～一五億年前）のものだが、この時代に広範囲で氷河作用が進行していたことは認められていない。実際、これらの堆積物を氷河由来として認めるためには、地球の気候の歴史を大幅に見直さなければならない。そのひとつ、インド中北部のガンガウのティライトは厚さがおよそ五〇メートルにおよび、そこに含まれるチャートや石英には変形後に脆性破壊した痕跡が見られるという。べつの文献では、インドにある原生代中期はじめの堆積物（図

図10－4　インドの原生代中期のティライトから採集した岩石の「ブレッド・カット・トゥ・スライス」構造。F. Ahmad, *Quarterly Journal of the Geological, Mining and Metallurgical Society of India*, **27**, 157-61(1955) より。

10－4）中の変形した巨礫が報告されている。巨礫は階段状に褶曲し、断裂が走っている（「ブレッド・カット・トゥ・スライス」構造）。これらの岩石は明らかに強い圧力をかけられてから、一部が脆性破壊されたものだ。

原生代中期の天体衝突由来の土石流堆積物に分類し直すべきもうひとつの候補は、スコットランドのストア・グループだ（一二億年前）。土石流堆積物の下の岩盤は断裂がひどく、堆積物の地層には褶曲した岩石が含まれ、氷河作用の影響だと見られてきた。

しかし、ストア・グループのなかのスタック・ファダ・メンバーと呼ばれる地層は、衝突由来の溶解性物質が噴出したものだとすでに確認されている。しかも、クレーターと考えられる地形も近くに形成されている。これまではティライトとされてきたが、衝突起源の大規模な土石流だった可能性は高い。

中国中部の罗圏のティライト（およそ五億三〇〇〇万年前のカンブリア紀初期のものとされるが、この時代にも氷河作用は認められていない）も同様に、岩石に変位を伴う亀裂が平行に走っている。これらは「砕石（さいせき）」と呼ばれる。それよりも少し古い、南投のティライトは厚さが六〇メートルにおよび、断裂が入った岩石や褶曲した岩石が含まれ、さらには縞模様、圧力ピット、圧力による裂け目、磨かれた表面、窪んだ断裂など、チクシュルーブのアルビオン堆積物の岩石と似たような特徴を備えている。南投のティライトの岩石の一部は、押し砕かれている。大昔の氷河堆積物に関するほかの複数の研究でも、変形して断裂が入り褶曲したティライトについて紹介されており、「砕かれ、流動化し、圧力をかけられて変形している」岩石に関する報告もある。

地質記録に残されているティライトの多くは土石流由来であり、氷河由来の根拠として利用されてきた基準の問題も認識された。そうなると氷河ティライトの一部は、氷河とは無関係の堆積物として解釈し直す必要があるかもしれない。衝撃クレーターからの土石流に含まれる岩石は、変形し、面がずれて断裂が入り、褶曲している。あるいは、変形後の脆性破壊によって岩石が押し砕かれている。このような特徴を備えるには、非常に大きな封圧が一時的にかからなければならないだろう。変形や断裂を伴う岩石がティライトに存在していることは、堆積物を衝突起源として判断できる指標だとも考えられる。そうなると、大昔の土石流堆積物の一部が、巨大な天体の衝突によって生成されたものだと証明されるのは避けられないだろう。衝突由来の疑いが持たれるティライトや関連する堆積物を丹念に調査して、岩石に変形や断裂が認められるか、衝撃による変形の証拠を発見できるか確認するのは当然の作業だ。

11

シヴァ仮説　彗星シャワーと銀河の回転木馬

天体が地球に衝突する割合には一定のパルスが存在しているという結論に我々は達した。その一部は大量絶滅との相関関係があるし、おそらく彗星シャワーが原因のものも含まれるだろう。

ユージン・シューメーカー、ルース・ウルフ、
『大量絶滅、クレーターの年代、彗星シャワー』

もしもデイヴィッド・ラウプやジャック・セプコスキーが主張するように、大量絶滅は周期的に発生しているとしたら、その周期性を何が引き起こしているのかが大きな疑問として浮上する。一九八三年九月、大量絶滅に関してすでに複数のニュース雑誌で報道されている記事を、天体物理学者のリチャード・ストーサーズと私は興味深く読んだ。大量絶滅の周期性に関する公表前の論文のコピーをラウプから送られたあと、ストーサーズと私は大量絶滅を周期的に引き起こす原因の候補を探し始めていた。

ストーサーズは博学である。天体物理学者でありながら、古代の文献をオリジナルのラテン語とギ

リシャ語で読んで、古典古代の大気の変化、太陽黒点の観察、火山の噴火など自然事象に関する記録を見つけた。私たちはすでに共同で、古代の火山の噴火が大気や気候におよぼした影響に関する説明を編集していた。たとえばストーサーズは、気温が低かった紀元五三六年には「乾霧」が大量に発生して太陽光が遮断されたが、それは史上最大級の火山の噴火の結果であることを発見した。一部のライターは、その年に大気がきわめて不安定だったのは天体の衝突が原因だった可能性さえ指摘している。

私は長いあいだ地質サイクルに注目してきた。オフィスには、この主題に関するたくさんの論文がファイルにまとめられている。長いスパンの地質サイクルの種類や期間については、多くの記事が様々な説を主張している。しかしほとんどのアイデアは、何も存在しないところに一定のパターンを何とか見出したいと願う地質学者が勝手に想像しただけで、厳密な統計的分析に耐えられるものはほとんどない。周期を見つけ出す作業はリスクの高いゲームにもたとえられるが、その点を考慮しても、ラウプとセプコスキーの研究は信頼性があって、正しい解決策を主張しているような印象を受けた。

もしも大量絶滅が周期的なもので、白亜紀末期の大量絶滅の原因が天体の衝突だとしたら、天変地異そのものが周期的に発生する可能性はあるだろうか。一九八三年末の時点では、天体衝突との関連性が確認されている大量絶滅はふたつしかなかった（白亜紀末期と始新世末期）。もちろん、イリジウム濃度の異常や衝撃石英や微小テクタイトだけが、大きな物体が地球に衝突した証拠というわけではない。過去に天体が衝突した地点には、規模や年代が様々な衝突クレーターが数多く残されている

（図11－1）。そしてその一部の年代は、大量絶滅が発生した年代とかなり一致している。たとえばハロルド・ユーリーが一九七三年に指摘しているように、シベリアのポピガイにあるクレーターは半径一〇〇キロメートルにおよび、衝突時に衝撃石英と微小球体が生じたが、およそ三六〇〇万年前に形成されたことがわかっている。これは、始新世末期に発生した大量絶滅の時期と近い。

ストーサーズと私は、天体衝突クレーターに関する最も完全なリストを探し出した。それは、カナダ地質調査所のクレーター専門家リチャード・グリーブによって編集されたものだ（図11－2）。一九八三年時点でこのリストには、確認ずみのおよそ一五〇の衝突クレーターに関して、大きさと場所と推定年代が記されていた。今日、増え続けるリストは、アース・インパクト・データベースとしてオンライン上にまとめられ、クレーターの数はおよそ一八五にまで増えた。それでもこれは、実際に地球に衝突した天体の数に比べれば、ほんのわずかにすぎない。侵食が激しく、あるいは堆積物に覆われてしまい、確認するのが難しくなったクレーターはもっとたくさん存在している。さらに、深海にはクレーターがひとつも発見されていない。発見されるのは、浅い大陸棚の地域に限られる。これが特に意外でないのは、大洋底は年代が若く、出来上がってからせいぜい一億八五〇〇万年しか経過していないからだ。これではクレーターは比較的少数しか残されないはずだ。一方、薄い海洋地殻に衝突した天体がどのような痕跡を残すのか、誰にもわからない。かつて私は、巨大な衝突物が海洋地殻を突き抜けると、そのあとにはマントル由来の火山活動が誘発され、衝突クレーターが覆い隠されてしまった可能性を指摘している。

(a)

(b)

図 11-1　衝突クレーター。（a）アリゾナ州にある小規模のバリンジャー・クレーター。直径およそ1.2キロメートルで、およそ5万年前に形成された。（b）ケベック州にある大規模なマニクアガン・クレーター。直径100キロメートルで、およそ2億1400万年前に形成された。

図 11-2　世界で確認されている衝突クレーターの分布。アース・インパクト・データベースより描き直し。

クレーターの年代推定の多くは、天体に衝突された岩石の年代や、衝撃構造を覆う最も古い堆積物の年代に基づいて、おおよその範囲を示しているだけである。しかし、グリーブが確認したクレーターの多くは、年代がかなり正確に特定されていると私たちは判断した。放射年代測定によって、衝突の時期に関する厳密な統計分析が行われているからだ。ちなみにストーサーズは、古代の黒点周期を確認するために統計的手法を発明したが、これを使うと、天体衝突のようにノイズが多くて不完全な記録のなかから周期性を見出すことも可能だ（偶然の一致なのだが、同じ手法はラウプによっても別個に開発され、彼とセプコスキーによる大量絶滅の画期的な分析に使われた）。私たちはグリーブのリストのなかから年代がきわめて正確に特定されている複数のクレーターを対象にして、ＮＡ

SAのコンピュータで周期性に関する分析を行うことにした。ここではスペクトル分析という新しい手法が使われた。クレーターの初期分析の結果が記されたアウトプットを手に持ってコンピュータ室から戻ってきたストーサーズは、興奮した様子で笑みを浮かべていたので、金鉱を掘り当てたことはすぐにわかった。衝突クレーターの記録は、およそ三一〇〇万年の周期性をはっきり示していたのだ。

もっと最近になって二〇〇五年には、韓国人科学者のヘオン＝ヤン・チャンとホン＝キュー・ムンが異なる分析テクニックを利用して、クレーター形成に二六〇〇万年の周期があることを発見した。二〇一五年には、ケン・カルデイラと私も似たような周期の存在に気づいた。もちろん、これらの結果は未だに論争の的になっているし、天体衝突は個別の事象である可能性も考えられる。そこで私は、過去二億六〇〇〇万年の衝突クレーター形成率に関するデータを、最大級のクレーターが形成された年代と大量絶滅の年代と比較してみたところ、三つのあいだに驚くほどの相関関係を発見した。実際、あまりにも良すぎて、偶然の産物としては片づけられない（図11－3）。衝突クレーターの形成率が高いように見える時代には、おそらく彗星や小惑星がシャワーのように降り注いだのだろう。あるいは、大きな物体が衝突する傾向の強い時代もあるが、いずれの時代に関しても大量絶滅との相関関係が成り立っている。

クレーターの年代に関するストーサーズの統計的分析から、データセットに含まれる天体衝突には周期性があるという確信を私たちは強めた。では、天体はどこからやって来たのだろう。それにはふたつの可能性が考えられる。ひとつは、火星と木星の軌道のあいだに位置する小惑星帯から飛来して

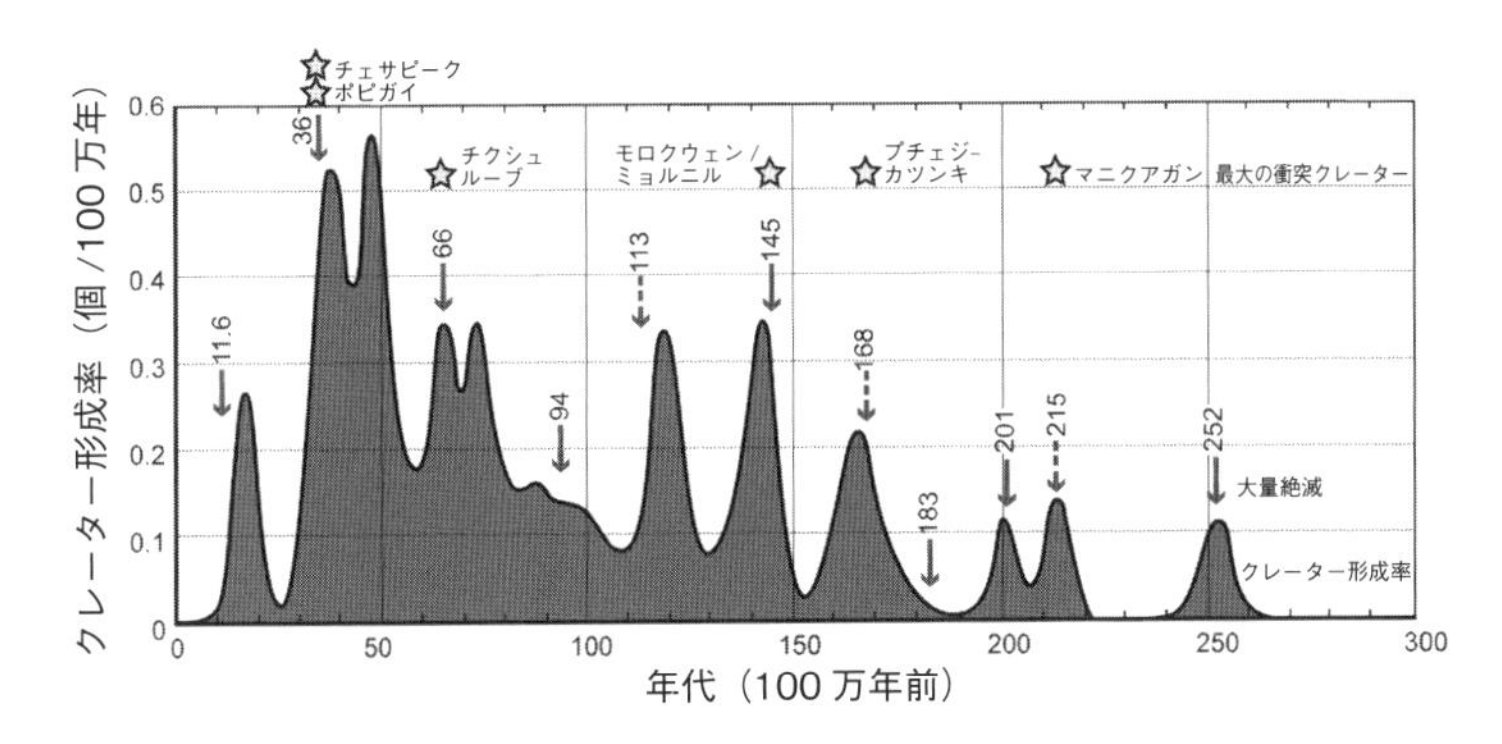

図11-3　過去2億6000万年の衝突クレーター形成の歴史。衝突クレーター形成率のピークと、大量絶滅（矢印）と最大規模のクレーター形成（星）の時期のあいだには相関関係が成り立っている。小規模の絶滅は破線矢印で示されている。

きて、地球の軌道を横切る小惑星。もうひとつはそれよりも遠く、太陽系を取り巻いているオールト雲から飛来してきた氷の塊、すなわち彗星が衝突した可能性だ。ただし、小惑星帯は力学的に安定しているので、そこからたくさんの小惑星が周期的に地球に向かってくるとは考えにくい。そうなると残るのはオールト雲の彗星で、実際に何兆個もの彗星がそこには存在している。私はストーサーズから、ロスアラモス国立研究所の天文学者ジャック・ヒルズが行った計算について聞かされた。それによると、近くを通過する星によって重力摂動が引き起こされると、結合の緩いオールト雲の彗星は揺さぶられる可能性がある。その結果、大量の彗星が内部太陽系に放り出されて彗星シャワーが発生し、その一部が地球に衝突するのだ。ヒルズは、彗星シャワーが恐竜の絶滅の原因だったのではないかとも推測している。

　しかし彗星シャワーが犯人だとしたら、なぜおよそ三〇〇〇万年の周期を示すのだろう。たとえば、私が知っている宇宙サイクル、すなわち太陽が天の川銀河を一周するのに要する時間は二億五〇〇〇万年である。太陽が銀河の渦状腕〔訳注：渦巻銀河が持つ渦状の構造〕を通過する際、それに関連してもっと周期の短い現象が発生する可能性については、たとえばイギリスの天文学者ヴィクター・クリューブとビル・ネーピアが指摘しているが、詳しいことはわからない。

セレンディピティ（思わぬ偶然）が科学の新発見につながることはめずらしくない。天体物理学者のストーサーズが、ゴッダード宇宙研究所で私のオフィスのすぐ階下に勤務していたのも、実に幸運な偶然だった。そのため私は、確認ずみの宇宙サイクルのなかで周期がおよそ三〇〇〇万年のものはあるだろうかと尋ねるチャンスに恵まれた。すると少し考えたあと、つぎのような答えが返ってきた。「ああ、あるよ。太陽系には、円盤状の天の川銀河の中央平面をはさんだ動きもあって、行って帰ってくるまでにはおよそ六〇〇〇〜七〇〇〇万年がかかる。そうなると、べつの面への移動、すなわち片道に要する時間はその半分で、およそ三〇〇〇〜三五〇〇万年の周期になるだろう。太陽系はメリーゴーラウンドの馬のようなものだと想像すればよい」。つまり、「僕たちは円盤状の銀河を回転しながら、同時に銀河面をはさんで上下にも運動しているわけだ。円盤のなかの最も密集した部分を三〇〇〇〜三五〇〇万年ごとに通過しているんだよ」（図11-4）。

このような太陽をはじめとする恒星のいわゆるz振動について、かつてストーサーズは研究に取り組んだことがあった。そして私は文献を調べるうちに、トロントのヨーク大学の天文学者キンモ・イ

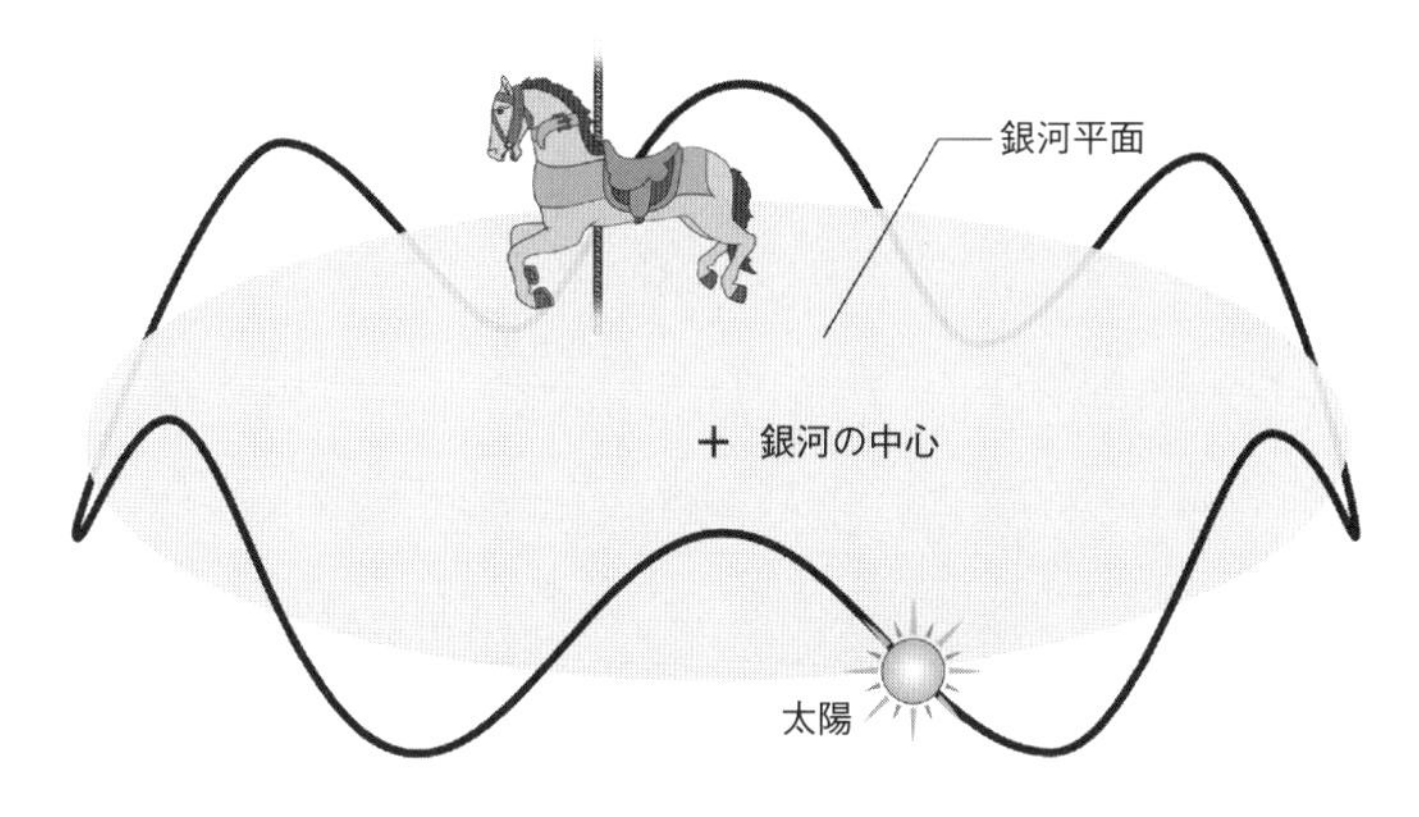

図11－4　銀河を周回しながら回転木馬のように移動する太陽系。銀河中央平面をはさんで上下に動いている。

ンナネンと同僚らが執筆した論文に注目した。そこには、太陽が銀河面を縦断する周期は三三〇〇万年である可能性が最も高いと書かれていた。ストーサーズは、この値はプラスマイナス一〇パーセントの範囲内で正しいだろうと推測している。大量絶滅やクレーター形成の年代推定にエラーが生じる可能性や、銀河の周期を確実に特定できないことを考慮しても、三つの周期はきれいに一致しているようだ。大量絶滅と衝突クレーター形成のサイクルが、銀河の基本的な周期のひとつと同じだとは、偶然の一致にしては出来すぎているようにも思える。

　私たちは念のため、ほかの天文周期、すなわち太陽の伴星〔訳注：オールト雲の外側に存在すると仮定される、ネメシスと呼ばれる恒星。一九九頁も参照〕や周回中の惑星がオールト雲に近づく周期などに関しても、天体衝突の原因である可能性を考えた。しかしいずれも可能性はきわめて低く、その場しのぎの感は否めず、結局は却下した。銀河との関連性についての確信は強まるばかりで、銀河面をはさんだ太陽系の上下運動と彗星シャワーのあいだには、何らかの関係があるとしか思えなかった。これほど素晴らしいアイデアが間違っているはずがない。しかし、これまでもサイクルを探し求めて惑わされた人たちがいるのだから、まだ大事な疑問に答えなければならない。すなわち、こうした動きのサイクルは、オールト雲の彗星の摂動にどのようにつながるのだろうか。

太陽系の端のオールト雲の彗星をかく乱させるような何かがあって、この単独または複数の物体の巨大な力が、強力な重力摂動を引き起こしているのではないかと私たちは推論した。ヒルズは恒星の仕業である可能性を示唆しているが、恒星との近接遭遇が三〇〇〇万年ごとに発生するのでは頻度が多すぎる。それよりはむしろ、ガスや塵から成る星間雲に注目すべきだろう。星間雲は星よりもずっと重く、なかには太陽の質量の一万倍以上にも達するものもある。そんな大きな雲と近接遭遇したら、彗星シャワーが発生する可能性も考えられる。

私たちの銀河では、「バリオン」粒子〔訳注：三つのクォークから構成される亜原子粒子〕で構成される通常物質の大部分が、扁平な円盤の形に配置されている（図11-5）。このような円盤状になるのは、エネルギーを含む光子を銀河円盤から放出したあと、通常物質は温度が下がるからだ。その結果、通常物質の運動速度は低下して、エネルギーの少なくなった塊は、銀河の中心平面近くのより狭い空間に移動する。中央平面の近くに大きな星間雲が優先的に配置されることはすでに確認されており、太陽系が円盤を上下に移動するあいだに星間雲と遭遇する傾向は大きい。このような傾向は、彗星衝突

図11－5　私たちの天の川銀河のような渦巻銀河を真横から見たところ。銀河中央平面に可視物質が集中しているところに注目してほしい。写真提供：ケン・クローフォード。

や大量絶滅のサイクルを解明する銀河モデルを作成するうえで貴重な鍵となる。

太陽系が銀河面を縦断する推定周期と、天体衝突や大量絶滅の周期を比較してみると、それぞれのあいだには相関関係が成り立っている可能性が考えられる。ゴッダード宇宙研究所の天文学者のパット・タデウスとコロンビア大学のゲイリー・カナンはのちに、星間雲の銀河面への集中は不十分で、しかも太陽の上下運動はそれほど大きくないので、クレーターが周期的に形成されるほどではないと論じている。しかし、一部の天文学者が指摘しているように、銀河の中央平面からの太陽の上下運動は過去のほうが大きかった。そして太陽と同様の年代の恒星のほとんどは、いまでも上下運動がかなり大きい。上下運動に変化が引き起こされたのは、過去に巨大な星間雲とあやうく衝突しかけた太陽が重力の「強い衝撃」を受けたからだとも考えられる。

一方、サウスウェスタン・ルイジアナ大学のジョン・マテーゼと同僚らは、銀河の動きをコンピュータシミュレーションで計算した結果、銀河の潮汐によって引き起こされる重力摂動の影響をオールト雲はきわめて受けやすいことを明らかにした。すなわち、銀河の中央平面に密集している質量の引力に引き寄せられるのだという。こちらのほうがアイデアとしてはシンプルであり、星間雲との遭遇についてわざわざ考える必要がなくなる（遭遇の可能性はあるが、おそらくもっと偶発的だと思われる）。

もっと最近になって二〇一四年には、ハーバード大学の天体物理学者リサ・ランドールとマシュー・リースが、オールト雲で最大の重力摂動は、ダークマターという風変わりな物質で構成される目に見えない薄い円盤が発信源だという結論に達した。天文学者によれば、ダークマターとは、宇宙の全物質のおよそ八五パーセントを占める物質である。意外にも、恒星や星雲や銀河のなかで目に見える物質は、全体のわずか一五パーセントにすぎない。

ダークマターが宇宙に存在する証拠のほとんどは、銀河の動きから推測される。回転する銀河の中心から遠く離れた恒星の運動は、可視物質の分布だけから予測されるよりもずっと速いが、この事実はダークマターによって説明できる。何らかの物質が加わらないかぎり、銀河は分解してしまうだろう。「過剰な」速度を説明するために必要なダークマターは、銀河を取り巻くような形で球状に密集していると考えられる。一方、ダークマターが存在する証拠は、銀河団［訳注：多数の銀河が集まった、自己重力系では最大の構造］の研究からも推測される。銀河団が分解しないようにまとめている重力を説明するためには、可視物質以外にも何かが存在していなければならない。さらにダークマターの存在は、遠方の銀河の重力レンズ現象によっても明らかだ。はるか遠くの銀河から発せられる光の経路は、途中で通過する銀河がダークマターに取り囲まれていると歪められ、円環状に見えてしまう。

そこで天体物理学者はダークマターの存在を確信するようになり、彼らのほとんどは、それが弱い相互作用をする重い粒子で構成されている可能性が最も高いと信じている。電磁放射線とは相互作用をしないので、検出するのが難しい。ダークマターが存在する場所は、私たちの銀河系のような渦巻銀河を取り囲む球状のハローだと推測されるが、ランドールとリースによれば、一部は銀河の中央平面に薄い円盤状に凝縮している。円盤のなかのダークマターのごく一部分は通常物質のような相互作用を行うため、エネルギーを散逸させ、冷却したあとには、通常物質の円盤の内部に埋め込まれ、ごく薄い円盤が形成されるのだという。さらにダークマターの円盤は自然に分裂し、複数の小さくて密度の高い塊が形成されることも一部では予測されている。薄い円盤状のダークマターは目に見えないが、ほかの物体への引力によって存在は確認される。今後ダークマターの存在を確かめるためには、人工衛星「ガイア」〔訳注：二〇一三年に欧州宇宙機関が打ち上げた、宇宙望遠鏡を搭載した探査機〕から送られる新しいデータに頼ることになる。現在ガイアは、銀河面のなかの恒星の位置や動きを測定しているが、これらの恒星の運動は銀河の円盤の総質量に左右されるので、そこからダークマターの量を推測できるはずだ。

彗星シャワーが発生する経緯については、つぎのように考えられる。密度の高い銀河円盤を太陽系が通過すると、（ダークマターや可視物質の）凝縮された重力によって、彗星群から成るオールト雲がかく乱される。そのため、およそ三〇〇〇万年ごとに大量の彗星がつぎつぎと内太陽系に向かい、最終的に一部が地球を直撃する。現在の私たちがこのサイクルのどのあたりに位置しているのかと言えば、銀河の中央平面に比較的近く、「下側」から縦断しているところだ。彗星がオールト雲から弾き飛ばされ、内太陽系にやって来るまでには二〇〇〜三〇〇〇万年かかるだろう。この推測に確たる根拠はなく、過去一〇〇〜二〇〇〇万年のあいだに形成された新しいクレーターや、微小テクタイトを含む地層の年代に基づいている。

私たちは銀河の振動という仮説に関して一九八四年に原著論文を発表したが、その過程についてはここで紹介する価値がある。注目の話題に関する論文の発表に伴う浮き沈みがよくわかる事例だからだ。一九八三年の秋にストーサーズと私は、銀河からの彗星シャワーについての研究結果を記録的な速さで書きまとめ、そこには衝突クレーターで検出された三〇〇〇万年サイクルを裏付ける統計的分析も含まれていた。この年の一一月半ばにはイギリスの『ネイチャー』誌に原稿を提出した。このように急いだのは、これが非常に注目度の高い研究テーマであることを、ふたりともわかっていたからだ。ラウプとセプコスキーの研究結果はすでに『サイエンス』誌や『サイエンス・ニュース』誌で報告され、一二月には『ニューヨーク・タイムズ』紙でも報道された。周期的に発生する大量絶滅のメカニズムについて、ほかのグループが検討を進めていることは間違いなかった。

論文の発表は根比べのようなものだ。ストーサーズと私は大急ぎで論文を執筆して提出したが、査読には時間がかかる。私たちはプレプリントの原稿の発送か、場合によっては原稿のコピーを科学関連の報道機関に送付する可能性も考えた。しかし『ネイチャー』誌に受け入れられるためには、記事の刊行前に報道機関にはいっさいの情報を漏らさないことが条件だった。そこで腰を据え、『ネイチャー』誌からの査読結果を待ち続けた。

一二月半ばに戻ってきた査読結果は、一刻も早く論文を発表したいという私たちの願いを打ち砕いた。ある査読者は研究結果に特に批判的で、大幅に修正されない限り掲載は認められないと指摘した。彼の考えでは、私たちの時系列分析は「きわめて未熟」で、地学的事象の周期性というアイデアは「くだらない」ものだった。おまけに彼は、私たちにつぎのような皮肉なお世辞まで付けていた。「このふたりの著者には以前も会っているが、そのときは何事も疑う姿勢が優れていた。ところが今回は、採用するデータに批判的な目を向けようとせず、統計的にナンセンスな事柄に執着しているようだ」。

べつの査読者、すなわち米国地質調査所のユージン・シューメーカーからも、かなり否定的な意見が伝えられた。やはり私たちの仮説は「未熟」で、分析は「誤解を招く恐れがある」と結論したのだ。

そして、私たちが提案した大量絶滅とクレーター形成の年代は、まったく一致していないと指摘した。さらに銀河モデルに関しては、銀河面を縦断する時間間隔は、大量絶滅やクレーター形成のデータと位相が一致しない点を指摘した。それでもシューメーカーは、天体衝突や大量絶滅という主題に関して私が「真剣に取り組んだ姿勢」を評価してくれた（一九九七年に非業の死を遂げる前に発表された最後の論文で、シューメーカーが最終的に銀河周期仮説を支持してくれるようになったのは興味深い）。私たちはロンドンにいる『ネイチャー』誌のフィリップ・キャンベルに長距離電話をかけて、ふたりの査読者の批判を考慮して原稿を書き換える準備があることを伝えた。

そこで私たちは論文に修正を加えて『ネイチャー』誌にふたたび送った。そしてひたすら待ち続けたが、今回のほうが不安は膨らむ一方だった。やがて二月九日、私はウォルター・アルバレスから電話をもらった。おそらく『ネイチャー』誌の査読者から私たちの研究についての噂を聞きつけたようで、自分たちがカリフォルニア大学バークレー校で手がけ、やはり『ネイチャー』誌に提出した研究と類似点があるかどうか知りたがっていた。未公表の論文について話し合うのはためらわれたが、アルバレスからは、バークレー校の天文物理学者のリチャード・ミュラーと共にクレーターの分析を行い、彗星シャワーは二八〇〇万年の周期で発生すると仮定していることを知らされた。さらにアルバレスのグループは、周期性に関する新たな発見をテーマにした会議を三月はじめに計画しており、そこに私たちを招待し、今回の発見について発表する機会を提供すると申し出た。

数日後、バークレー校でのふたつの研究のプレプリントが私たちのもとに届いた。周期性に関する彼らのモデルでは、長い楕円軌道で太陽を周回する矮小化した伴星が、二六〇〇万年ごとにオールト雲に突入すると仮定していた。しかしストーサーズは、このような距離が離れた連星や惑星は軌道が不安定ではないかと考えた。しかも伴星は余分な可動部のようなもので、銀河そのものにおよそ三〇〇〇万年のサイクルが内蔵されているならば、この周期性を説明するために必要とされる存在ではない。そこで私たちは、会議には出席しないのが最善だと結論した。いずれの論文も査読中であり、受理されていなかったからだ。実際、大量絶滅の周期性に関して最初に天文物理学者の関心を集めたラウプとセプコスキーの研究でさえ、まだ論文は刊行されていなかった。

彗星の周期性を説明するため、ほかにも複数のグループが『ネイチャー』誌に原稿を提出したという知らせが、まもなく届いた。いずれも、バークレー校で開かれる会議で取り上げられる予定だった。しかし私たちは、彗星シャワーの証拠の発見に関して自分たちに優先権があると思っていたので、それを奪われないよう大事をとって、原稿のコピーを『サイエンス』誌のディック・カーと『サイエンス・ニュース』誌のシェリル・サイモンに送った。さらに『ニューヨーク・タイムズ』紙のウォルター・サリヴァンにも手渡したが、いずれの場合にも、『ネイチャー』誌に記事が掲載される日程が決まるまで発表を控えるという条件を理解してもらった。こうして動いたのは、ほかにも複数の論文が『ネイチャー』誌に提出されたことを知っても、私たちの研究の優先権を忘れないでほしかったからだ。

西海岸での出来事は、私たちがつぎにとる行動を決定づけた。ストーサーズにミュラーから電話があって、バークレー校物理学部のセミナーで伴星の仮説について語る予定だと聞かされたのだ。しかもミュラーは『サンフランシスコ・クロニクル』紙のデイヴィッド・パールマンを招待し、新しい発見に関して報道してもらうつもりだった。バークレー校の熱心な学生がこの話題を『クロニクル』紙に売り込んだので、ミュラーは公表せざるを得なくなったようだ。『ネイチャー』誌は事前公表を禁じていると私たちがミュラーに指摘すると、いずれにしても報道機関はこの話題を公表するのだからと反論された。

私たちはロンドンにある『ネイチャー』誌の編集部に相談した。すると、現状を考慮するならば、私たちも報道機関に発表する計画を進めるべきだとアドバイスされた。そこでサリヴァンに電話をして状況を説明したところ、彼は論文に目を通し、何らかの関連記事を掲載することに決めた。一九八四年二月一九日、『ニューヨーク・タイムズ』紙の日曜版に短い記事が載せられる。そして翌日の月曜日、『サンフランシスコ・クロニクル』紙にパールマンによる見開きの記事が掲載され、主にバークレー校の研究について取り上げられた。さらにその翌日の火曜日の『サイエンス・タイムズ』紙は、伴星と銀河の振動のどちらの仮説も扱った特集記事を組んだ。

報道機関にこれだけ情報がリークされたにもかかわらず、彗星シャワーに関する論文が『ネイチャー』誌で発表されると、かなりのセンセーションを巻き起こした。一九八四年四月一九日号ではすべての論文が紹介され、表紙はバリンジャー・クレーターの写真で、「大量絶滅」と派手に書かれた言葉が目を引いた。各論文は受け取られた順に掲載されたが、そのタイミングは興味深い。最初に紹介されたのは、彗星シャワーと天体衝突と銀河における太陽の振動の周期性を取り上げた私たちの論文だった（一九八三年一一月一六日）。二番目に掲載されたミズーリ大学の物理学者リチャード・シュワーツとフィリップ・ジェイムズによる論文が受け取られたのは、わずか一日後のことだ。ここでは太陽の振動が大量絶滅を引き起こした可能性が示唆されているが、天体の衝突については考慮されていない。太陽系の垂直方向の振動が極限に達すると宇宙線のレベルが上昇し、大量絶滅が発生したと指摘している。このアイデアは周期的な天体衝突について考慮しておらず、しかも銀河面から最大距離に達するタイミングと大量絶滅のタイミングがかなりずれているため、仮説として大きな関心を持たれなかった。

銀河の振動に関する論文のあとには、伴星に関するふたつの論文が続いた（信じられないが、ふたつとも同じ日、すなわち一九八四年一月三日に『ネイチャー』誌のオフィスに届けられた）。最初の論文はサウスウェスタン・ルイジアナ大学の物理学者ダン・ホイットマイアと、ヒューストンのコンピュータ・サービス・コーポレーションに在籍する物理学者アル・ジャクソンによって執筆された。つぎに掲載された論文の執筆者はカリフォルニア大学バークレー校のミュラーとマーク・デイヴィス、それにプリンストン高等研究所のピエト・ハットである。バークレー校のグループは伴星をネメシスと名付け、これは科学者やメディアの注目を集めた。最後は一月三〇日に『サイエンス』誌に届けられた論文で、このなかではアルバレスとミュラーが衝突クレーターのスペクトル分析を行い、二八〇〇万年という周期を割り出している。

私たちの論文が掲載された号の『ネイチャー』誌には、ジョン・マドックス編集長の社説と、イギリスの著名な地質学者アンソニー・ハラムによる「ニュース・アンド・ビューズ」での解説も掲載された。社説のなかでマドックスは、プレプリントを配布して刊行前に情報をリリースすることに伴う問題について取り上げた。対照的にハラムは、ラウプとセプコスキーの結果が依存している地質年代尺度に焦点を当てた。何かほかの時間尺度が使われていたら（実際に当時は、若干異なる時間尺度がいくつか存在していた）、周期性は消滅する可能性を示唆している。しかしラウプとセプコスキーがすでに示し、ストーサーズと私も確認しているように、いかなる地質年代尺度を利用しても二六〇〇万年の周期は存在している。時間尺度を変更すればわずかなランダム変化が生じるが、大量絶滅の時期はこうしたランダム変動に左右されないほど安定していた。

まさに最初から、これは報道機関にとって非常に興味深いテーマになることを私たちは認識していた。新聞やニュース雑誌で直ちに取り上げられただけでなく、『ディスカバー』誌のデニス・オーヴァーバイからは特集記事を組みたいというアプローチがあった。彼は私たちにインタビューしたあと、記事のなかで銀河振動仮説の基本について順を追って説明した。その一方、ネメシス仮説についても分析し、遠方の伴星に安定性を認めることには問題がある点を指摘している。そのあと、同じ年のうちに、天体衝突と大量絶滅に関するストーリーは『タイム』誌の表紙を飾るまでになった。

私と教え子のブルース・ハガティは、仮説には名まえが必要だと考え、シヴァ仮説と呼ぶことにした。破壊と再生をつかさどるヒンドゥー教の神にちなんだ命名である（図11-6）。大量絶滅によっ

図 11－6　世界の周期的な破壊と再生を司るヒンドゥー教のシヴァ神。インドのアジャンター石窟群のデカン玄武岩に刻まれている。

て古い世界が破壊され、そのあとの世界に新しい生物種が適応放散していくというアイデアにはぴったりだ。この研究の最終結果として、彗星の衝突と天の川銀河の力学とのあいだの潜在的な関連性が浮かび上がった。地震の揺れが地震計によって計測されるように、地球が銀河円盤を縦断し振動している証拠は、大量絶滅のなかに記録されているのではないだろうか。

12

地殻の大変動とダークマター

大陸の移動、地殻の伸長と圧縮、地震、火山の噴火、海進と海退、極移動が因果関係で相互に結びついていることは間違いない。……しかし、どれが原因でどれが結果なのかは、未来にならなければ明らかにはされない。

アルフレッド・ウェゲナー、『大陸および海洋の起源』

地質学者は最終法則を夢見るものなのだろうか。プレートテクトニクスに関して、地質学者はすでにパラダイムとなる理論を獲得していると、大抵の人たちは指摘するだろう。五〇年前のプレートテクトニクスの発見は、二〇世紀の素晴らしい科学的成果のひとつに数えられている。では、プレートテクトニクスの理論は完成しているのだろうか。私はそう思わない。プレートテクトニクスは、地球の表面を覆う複数のプレートの配置や相互作用の観点から、現在の地球の地質を解説している。過去（そして未来）のプレートの動きを推定することも可能だが、第一原理［訳注：最も根本となる基本法則をさし、それを前提にすると自然現象を説明できる］からプレートテクトニクスの歴史を導き出すことは未だに不可能である。歴史を事後解釈できるとしても、重要な疑問が残される。すなわち、ホットスポット火山の噴火、海洋底拡大に伴う変動、プレートテクトニクス運動、大陸の分裂などの地質事象は、なぜあの場所とタイミングで発生しているのだろうか、それとも時や場所に関して、ある種のパターンに従っているのだろうか。ランダムな事象なのだろうか、それとも時を空間領域で説明できなければならない。地球に関する完全な理論は、地質活動ットスポットをパラダイムに組み込めばよい）、時間と頻度の領域からも取り組むべきだ。実際、近年の複数の発見によって、地質学では新しい理論が誕生間近のような印象を私は受ける。ここでは天文学のコンテキストで、時間や空間の観点から地球の地質活動の解明に取り組む。

一九八三年末、「銀河回転木馬説」に関する論文を『ネイチャー』誌に提出したあと、リチャード・ストーサーズと私は追跡調査記事の作成に取り組み始めた。およそ三〇〇〇万年の周期が地質記録の様々な側面に偏在していることを報告し、『サイエンス』誌に寄稿するつもりだった。この点に注目したのは、プリンストン大学のアル・フィッシャーとマイク・アーサーの論文を読んだことがきっかけだった。一九七七年に発表されたその論文では、海洋生物の多様性と海洋気候に三二〇〇万年の周期が存在している点が示唆されており、ふたりはこれがプレートテクトニクスと関係している可能性を考えた。地質事象がほぼ三〇〇〇万年の周期で繰り返されるというアイデアは、地質学の文献に古くから記されている。二〇世紀はじめには、堆積層に関して優れた研究成果を残したアマデウス・W・グレーボーが、およそ三〇〇〇万年の周期で行われる地殻活動と造山運動の影響で、海水面が周期的に変動している可能性を指摘した。一九二〇年代には、イギリスの著名な地質学者アーサー・ホームズが放射年代測定の複数の結果に基づいて、地球の地殻活動にも同様に三〇〇〇万年の周期が存在する可能性を示唆した。しかし地質記録に一定の周期を見いだす発想は支持されなかった。ほとんどの地質学者はこの主題の価値を認めず、何も存在しないところに周期を見つけたい傾向が生み出した幻想として片づけた。たしかに、初期の論文はどれも地質事象の統計的分析を行っていない。地質事象の年代はあまりにも大雑把で、量的分析には耐えられなかったのだ。

長年にわたって多くの論文が、海水面と地球の気候変動をプレートテクトニクスによる変化と結びつけて考えてきた。たとえば、海洋底が拡大する速度の変動は、海水面の変化に長期的な影響をおよぼしている可能性がある。中央海嶺に沿って急速に拡大するほうが、高温で活発な海洋地殻が生み出される。この高温の地殻は浮揚性があるので、海嶺頂部が隆起して、海盆から水が取り除かれ、大陸に浅海が形成される。一方、海洋底の拡大がスローダウンすると、新しい地殻の温度が下がって動きが落ち着くため、海深は深くなり、大陸棚の水が海盆に戻っていく可能性がある。こうした時期の大陸は、海抜が高くて乾燥している。海面が低く、大陸棚地域が水面よりも上に出ているときには、海洋生物の多様性は減少すると考えられる。

これが気候と関連している可能性は、露出した陸地よりも水に覆われた地域のほうが、太陽放射をはるかにたくさん吸収する事実が根拠になっている。海洋表層の温度が上昇すると、水はたくさんの熱エネルギーを蓄積することができる。そんな海水の上の空気は温かく、気候はさわやかになる。逆に、むき出しの陸地は太陽放射の多くを大気圏外に跳ね返してしまう。吸収されたエネルギーは、大気圏外に直ちに再放射して失われるのだ。その結果、気候はずっと涼しく乾燥が激しく、季節ごとの気温の高低差が大きくなる。さらに地球の気候は、大気中の二酸化炭素の量にも大きく左右される。海洋底が急速に拡大して沈み込む時期には、火山の噴火によって大量の二酸化炭素が放出され、温室効果が発生する結果、地球の温暖化が進行する。

地球の海水面と気候が三〇〇〇万年の周期で変動しているならば、長期的な気候に影響をおよぼしていると見られる地球のテクトニクスが、同じ周期で変化しているか問いかけてみるのは道理にかなっている。実際、アリゾナ大学の地質学者ポール・ダモンは一九七〇年に発表した論文で、地球のテクトニクスと海水面の変化にはおよそ三六〇〇万年の周期があると指摘している。一九八四年、私は地質学の文献を探し回り、海水面や造山運動や様々な種類の火山活動に関し、自分としては最高のデータセットをまとめた。これらの現象についてストーサーズと私は、大量絶滅や衝突クレーターの場合と同じ技術を使って分析した。そこからは、地質の大変動の記録には一貫しておよそ三〇〇〇万年の周期が存在していると考えられた。さらに私たちは、海洋地殻拡大の速度と方向についても変化の時期に関する情報を集めた。その結果、こうしたプレート運動の変化をまとめたデータセットも、およそ三〇〇〇万年の周期を示しているようだったが、分析の対象となる地質事象の数はきわめて少なかった。

本質的にランダムな系の記録が地質には保存されていると、大抵の地質学者は信じている。大きなスケールの周期性が記録されているとは、ほとんど誰も考えない。しかもランダムなプロセスというアイデアは、チャールズ・ライエル以前の時代から現在に至るまで、地質学の思想に浸透してきた。したがって地球の地質プロセスの周期性についてストーサーズと私が一九八四年末に『サイエンス』誌の記事ではじめて言及したとき、その反応は冷たかった。地質記録から確認される周期性については、長年多くの論文で異なる説が提案されてきたが、どれも綿密な調査に耐えられなかったことは一因として考えられる。

私たちのデータベースは小さすぎ、対象となる周期が少なすぎるので、地質サイクルが本物であることを示す意味のある統計を生み出せないと主張する地質学者もいた。しかし私は、ライエルの流れを汲む地質学者の多くは地球の歴史の循環性を認めないので、長期的な規則正しい地質サイクルが存在する可能性を受け入れると、矛盾が発生することも原因だと信じている。たとえば、二〇世紀はじめの数学者ミルティン・ミランコビッチ（一八七九～一九五八）の説によれば、氷河期の気候と海水面の変動に循環性が見られるのは地球の軌道と傾きのわずかな変化の結果で、それを引き起こすのは月や惑星の重力効果だという。この仮説は何年間も顧みられなかった。結局のところ、このアイデアは地球科学と天体力学の相互関係を示唆しており、しかも占星術の雰囲気もあったので、ライエルのふたつの法則に反したのである。一九七〇年代半ばになってようやく、ミランコビッチの仮説は広く受け入れられるようになった。気候科学者のジム・ヘイズとジョン・インブリエとニック・シャックルトンが気候と海水面に関する地質記録を量的に満足できるレベルで研究し、その結果を『サイエンス』誌で発表したあとのことだ。それによれば、気候の周期と軌道力学に基づいた運動は、きれいにマッチしていた。ミランコビッチは死後になってようやく、気候学での画期的な研究を評価されたのである。

では、火山活動、テクトニクス、海水面、気候の長期的な変化が、長くて規則的な間隔で引き起こされるのは何が原動力なのだろうか。はじめにストーサーズと私は、周期的に発生する天体衝突が、深く定着した地質プロセスに何らかの影響をおよぼしている可能性を考えた。

私は一九八七年に『ネイチャー』誌に掲載された短報で、以下のような可能性を紹介した。大きな衝突物は地殻の深部（二〇キロメートル以上の深さ）まで達して割れ目を発生させる。すると上部マントルの圧力が減少し、地殻の岩石が激しい勢いで溶け始める。そのため衝突地点では洪水玄武岩が生成され、おそらくマントルのホットスポットも形成される。つぎにホットスポットが大陸の分裂を促すと、テクトニクスが活発になり、海洋底拡大の速度に変化が生じる。残念ながら、これまで確認されている天体衝突構造のなかには、洪水玄武岩噴火と明らかな関連性を持つものは存在しない。ただし火星では、大規模な衝突と関連する放射状・同心円状の割れ目に沿って、噴火流出物の一部が痕跡を残している。

衝突によって発生した巨大な地震波は地球を横断して進み、おそらく遠くの場所でも火山活動を引き起こした。六六〇〇万年前のチクシュルーブでの天体衝突で発生した地震表面波は、地球を瞬く間に移動して、正反対にあるインド洋にまで達したと一部では指摘されている。この対蹠点（たいせき）に集中した地震エネルギーは地殻に割れ目を生じさせ、デカン・トラップでの火山活動が促されたとも考えられる。似たような現象は水星でも発生しているようだ。巨大な衝突によってカロリス盆地が形成された地点の正反対の場所には、破砕岩石が無秩序に散乱した地形が広がっている。そして火星では、大きな衝突盆地の真裏に当たる場所の近くに火山体が形成されている。ただし、チクシュルーブでの天体衝突とデカン・トラップの関連性という発想には問題がある。六六〇〇万年前の大陸の位置を再現してみると、ユカタン半島は北緯およそ二〇度、当時のインドは南緯およそ二〇度で、レユニオン・ホットスポットの上に位置しているが、ふたつの場所の経度は一八〇度離れていない。

しかしもうひとつの可能性では、いわゆるＰＫＰ地震波に注目する。ＰＫＰ実体波は衝突や地震によって生み出され、地球内部を進んでいくが、このとき地球の核によって屈折し、衝突地点から一四四度離れた場所に集中する。これは、白亜紀末期の火山噴火と関連するレユニオン・ホットスポットやデカン・トラップとチクシュルーブとの経度上の位置関係とほぼ等しい。そうなると、地球のある地点で発生した大規模な衝突が、世界の裏側で火山活動を引き起こし、活発化させる可能性を考えてもよい。

一九九〇年代はじめ、私はニューヨーク大学の図書館に戻り、主要なジャーナルのページを丹念に調べた。海水面、テクトニクス、様々な種類の火山活動、海洋底拡張速度の不連続性、そして大昔の気候の指標、たとえば酸素が激減した海洋の存在や、高温で乾燥した気候を示唆する塩類鉱床の発生に関してデータセットを作成するためだ。私は過去二億六〇〇〇万年の地球の歴史で、このような事象が七七回記録されていることを確認した（**図12－1**）。そして教え子のケン・カルデイラと一緒に

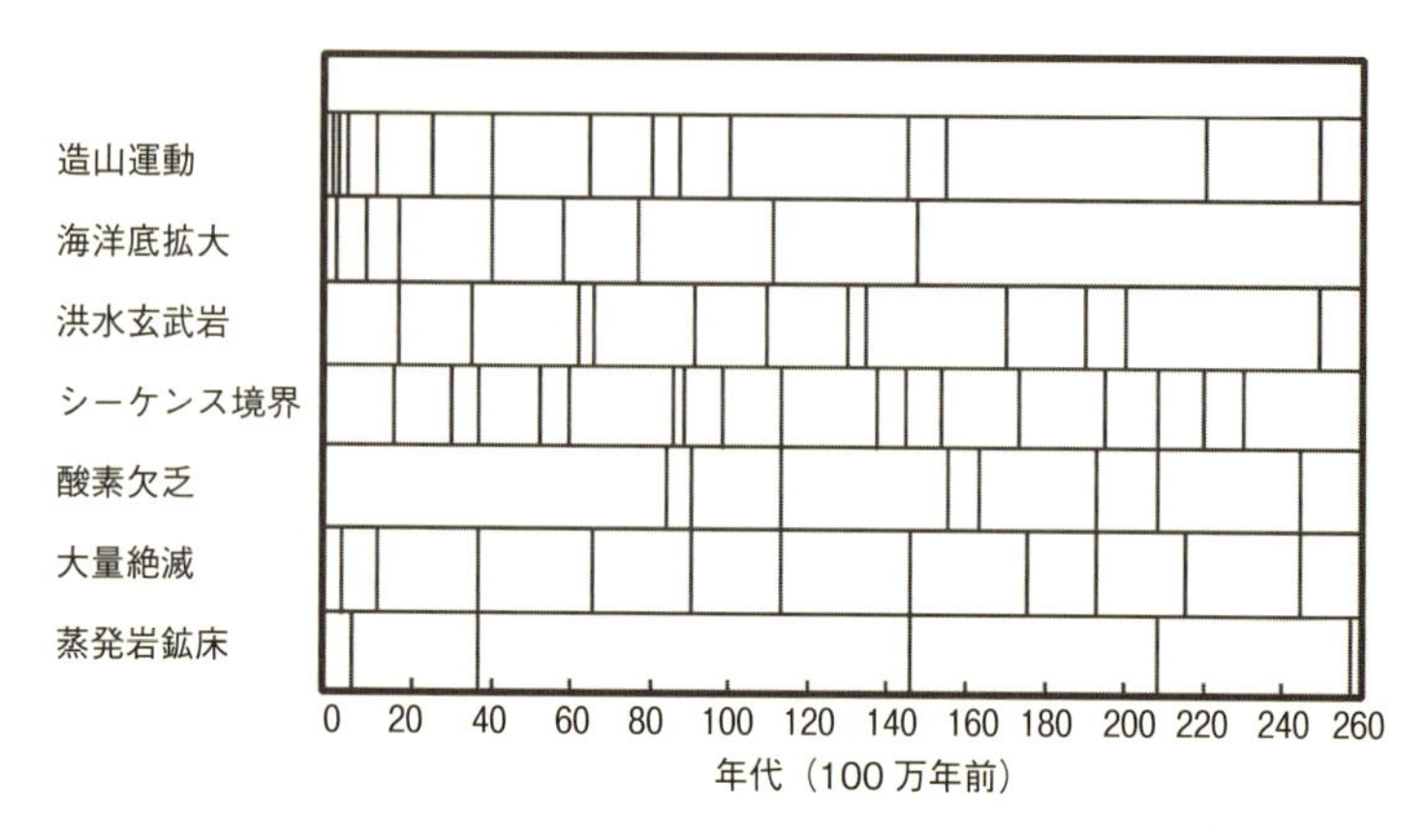

図12－1　過去2億6000万年に発生した77の地質事象の分光分布。

改訂されたデータを分析した結果、二六〇〇～二七〇〇万年の周期が繰り返されていることをはっきり認めた。ここでも地質の大変動のリズムが見出されたのだ（**図12－2**）。一方、ストーサーズは地磁気逆転に関して同じような研究を行い、およそ三〇〇〇万年の周期性を検出した。では、こうした地質サイクルを何が引き起こしているのだろうか。

この謎を解く鍵となりそうなアイデアは、天体物理学から提供される目に見えないダークマターかもしれない。地球はおよそ三〇〇〇万年の宇宙軌道で、銀河中央平面に沿って密集したダークマターの塊を通過している可能性があることを思い出してほしい。一九八六年には天体物理学者のローレンス・クラウス、ノーベル賞を受賞したハーバード大学のフランク・ウィルチェック、（ふたりとは独立に）ハーバード・スミソニアン天体物理学センターのキャサリン・フリーズが、ダークマターの粒子は地球に捕獲され、核に蓄積される可能性を指摘した。

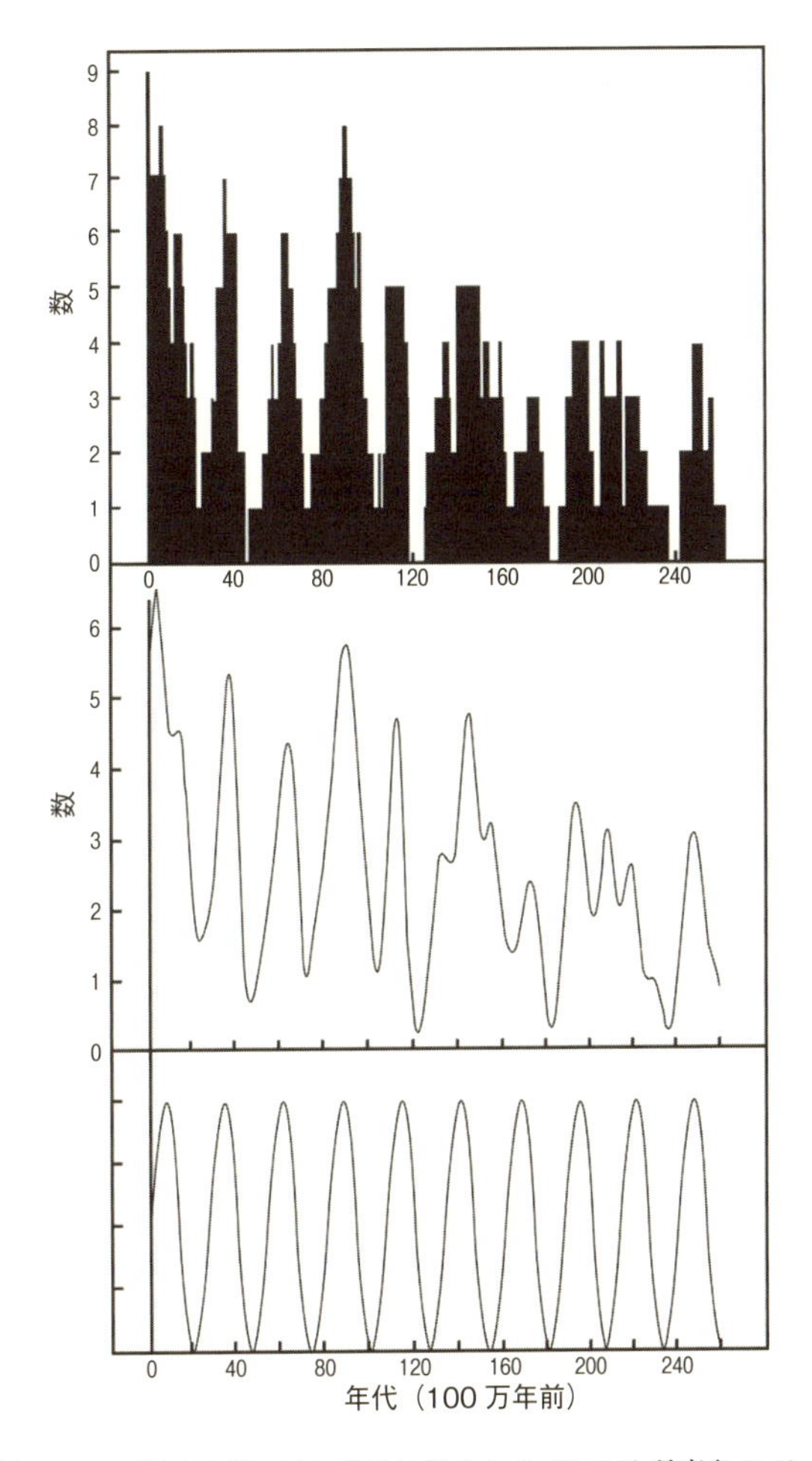

図12－2　過去2億6000万年に発生した77の地質事象のグラフ。大量絶滅、地殻運動、海洋底拡大の変化、洪水玄武岩噴火、海水面と気候の変化が含まれる。移動平均（500万年の移動窓、上）と平滑化したデータ（中央）を2600万年の周期（下）と比較すると、変動の多くはこの周期に帰せられることがわかる。

核の内部でダークマター粒子の密度が一定の値に達すると、相互消滅が引き起こされ（粒子が自らの反粒子になる）、地球内部で莫大な量の熱が発生するという。

私は『アストロパーティクル・フィジックス』誌（地質学者はまず読まない）で一九九八年に発表された論文を見つけ出した。ユトカル大学に所属するインドの天体物理学者アスファー・アッバスとサマール・アッバス（親子）によって執筆されたもので、ミッシングリンクを提供してくれる可能性があった。ふたりとも、ダークマターならびにダークマターと地球の相互作用に関心を持っていた。そして、地球の通過時に捕獲されたダークマターが、あとで消滅するときに放出されるエネルギーの量を計算した結果、ＷＩＭＰ（ほかの物質との電磁気的相互作用がほとんどない重い粒子）とのあいだでの相互消滅からは一〇の一六乗ワット以上のエネルギーが生み出される可能性が明らかにされた。これは地球の現在の熱流量（およそ一〇の一三乗ワット）の一〇〇〇倍であり、地球内部で磁場が生み出されるために必要と推定されるエネルギー（およそ一〇の一一乗ワット）よりもはるかに大きい。地球がダークマターの塊とおよそ三〇〇〇万年の周期で遭遇することと、そのとき捕獲される不安定な物質が生み出す影響を考慮すれば、地質活動が繰り返される原因についての可能性の高い仮説が生み出される。

地球のマントルは本質的に不安定だと考えられる。核から余分な熱が放出されると、マントル底部のいわゆるＤダブルプライムマントル境界の温度が上昇する。このような熱パルスはマントルプルームを生み出し、先端が広くて細長い高温の溶岩が上昇していく。そして上昇するプルームが地球の地殻と衝突すると、ホットスポットが形成され、洪水玄武岩噴火が発生し、通常はそのあと大陸に割れ目が入り、海洋底の拡大が始まる。ダークマターという新たなソースが地球内部の温度を周期的に上昇させると、マントルプルームの活動が周期的に促され、地球の核やマントルの対流のパターンに変化が生じ、それが過去に発生してきたような地球規模のテクトニクスや火山活動、地球磁場の逆転、気候や生命の変化といった影響をもたらすのである。この新しい仮説では、地球上の地質事象が天の川銀河の構造や力学と関連づけられる。

この仮説の構成要素がさらなる調査や検証に耐えられるか、現時点ではまだ明言できない。もちろん地質事象のあいだの相関関係は、たとえ周期的なパターンの一部ではなくても発生する可能性があるし、長期的な地質サイクルは宇宙の活動とは無関係に存在するのかもしれない。地球の周期性を銀河の観点から説明することの長所は、普遍性にある（銀河の円盤上のすべての恒星と惑星は似たような上下運動を行っている）。そしてもうひとつ、地球や（おそらく）ほかの太陽系惑星の生物や地質の進化を銀河の大きな周期と関連づけられるだろう。そうなると、地球の歴史に関して見解の異なる漸進主義者と天変地異主義者の過去の争いは、シャドーボクシングにすぎないのかもしれない。今日のような地質記録を形成した点では、どちらの変化も重要だったと考えられる。大きな小惑星や彗星の衝突、大規模な洪水玄武岩噴火といった天変地異は、プレートテクトニクスのゆっくりとした動きや、水や風や氷河による着実な侵食作用と同じく、地球の歴史の一部なのだ。

エピローグ　すべては何を意味するのか　新しい地質学

地球の記録を新たな形で理解すれば、銀河そのものの状態や進化について新たな形で理解できるようになる。

ビクター・キューブ、ウィリアム・ネーピア、『巨大な彗星と銀河』

地質学では革命が今まさに始まろうとしており、将来は地質学と天文学が統合する可能性を秘めている。それにはたくさんの証拠が存在しているが、私は本書を通じ、その一部を紹介してきた。この新しい見解では、地質学は天体物理学の一分野と見なされ、太陽系や天の川銀河の状態という大きな問題と関連性を持つことになる。地球という惑星を理解するためには、宇宙のコンテキストで研究しなければならない。これまで地質学者の研究は、地球の内部や表面で何が進行しているかという点に集中してきたが、こうした過去の姿勢は、地球の枠組みを超えた大きなスケールの事象に注目する姿勢とバランスをとらなければならない。

何らかのテーマで進歩する唯一の方法は、確立された原則に疑問を抱くことだとアインシュタインは語った。一八六年前にチャールズ・ライエルによって地質学で提唱された斉一説という自明の概念は、役に立たなくなってからも長く生き残った。ライエルの三つの法則——すべての地質プロセスは徐々に進行する、地球外の力には頼らない、地球の運命を支配する天文周期は存在しない——は、いまではおわかりのように、主に理論的な根拠と神学的な根拠に基づいて信じられてきた。地球を設計した賢明な創造主は、合理的で段階的な変化を常に想定して行動するという確信から、ライエルのアイデアは生まれた。天変地異による破壊的な変化など許されなかった。そんなことは、政治を席巻した革命的なアイデアによって世界が逆さまになったフランス人しか考えない。イギリス人のライエルは、地質の変化はごく長い時間をかけて徐々に進行するという発想に、地質学が立ち返るように仕向けるのが自らの使命だと考えた。天変地異説など禁じられなければならなかった。

そもそも私は、天体衝突という仮説を疑う研究者のひとりで、ライエルの亡霊の影響に支配されていた。しかし、白亜紀末期のチクシュルーブでの天体衝突に関する証拠が圧倒的な説得力を持つと、考えを改めた。いまや、地球には様々な大きさの彗星や小惑星が衝突する可能性が理解されるようになった。そしてこれらの衝突がもたらす効果についての計算からは、大きな物体の衝突が地球上の生命の歴史に影響をおよぼすことは避けようのない事実だと考えられる。衝突の証拠を発見するのは簡単ではないが、複数の大量絶滅に天体衝突が関わっている可能性を示す証拠は存在している。入手される記録は改善されていくだろう。しかし、一部の大量絶滅と、激しい洪水玄武岩噴火やそれと関連した海洋無酸素事変の年代のあいだにも相関関係が見られることからは、生命に壊滅的な被害を与える地球環境の破壊が地球内部の圧力によって引き起こされる可能性も否定できない。実際のところ私たちの惑星は、地球の内からも外からも激しい変化に悩まされているのだ。

大きな物体の衝突や洪水玄武岩噴火は、地球の歴史に影響をおよぼす通常のプロセスの一部であり、これらのあいだには関連性が考えられる。こうした事象は滅多に発生しないが、長期間におよぶ地質記録を見るかぎり、これからも地球は時々こうした天変地異を確実に経験するだろう。しかし地質学者は、天体衝突が一度かぎりの事象で、白亜紀末期の出来事に限られるという仮説にこだわり続け、地球の歴史にとっての天文学の重要性を十分に認めようとしない。それは間違いなく、ライエルのパラダイムから抜け出せないことも一因だろう。一部の地質学者は天変地異説を嫌悪するあまり、急激な変化というアイデア（特に地球外からもたらされる変化）を即座に拒絶するほどだ。

なかには、古き良き時代をなつかしむ地質学者もいるようだ。かつては大量絶滅を説明するために多くの仮説が立てられた。海進・海退サイクル、大陸の移動、気候が寒冷な氷河期、地球の温暖化などだ。しかし、天体衝突の仮説が登場したうえに、大規模な火山の噴火も環境に大きな被害をもたらす可能性が認識されると、競争の場は変化した。これらの地質要因はすべてダークマターの重力効果に関連している可能性が浮上したのだ。銀河に存在するダークマターが彗星の衝突を周期的に引き起こす一方、地球には不安定なダークマターを捕獲する能力があるので、地球内部の温度が上昇し、地質や火山の活動が周期的な発作で引き起こされるのだろう。地質学が過去や未来を真に予測するためには、天文学との連携が不可欠だと私は考えている。

現在、地球とダークマターの相互作用というアイデアは、仮説と推測が入り混じっている。しかしこの前提を受け入れれば、地質記録はライエルの世界とはまったく違うものに見えてくる。もはや私たちは、地質変化の解明をペースの遅い段階的な変化に頼ることができない。ゆっくりとしたリズムで進行する地質の変動や気候の変化を生き残った生命が勝利を収め、その連続が生命の進化を推し進めたとは考えられない。新しい地質学によれば、生命は回復力を持っているものの、宇宙からの攻撃にさらされ、地球の奥深くを発生源とする激しい噴火に見舞われ、破壊的な環境の変化や大量絶滅を周期的に経験する。これらの事象が進化の過程に変化を引き起こすのだ。しかもすべての活動は、円盤状の銀河を星々が、上下運動を伴い規則的に周回しながら遭遇するダークマターの副作用にすぎないのかもしれない。もしもこの仮説が正しければ、地質学者と天文学者が協力する機会が訪れる。この新しい地質学は天変地異の周期に注目し、部分的に天文学の影響を受けることになる。私が学校で教えられた地質学とは、確実に大きく異なる。

謝辞

同僚のケン・カルディイラ、ヨラム・エシェット、アンドレアス・プロコフ、スティーブン・セルフ、リチャード・ストーサーズ、テイラー・ヴォルクに感謝を述べたい。本書が取り上げた幅広い主題に関する論文を、私と一緒に執筆してくれただけでなく、私のアイデアを広く知らせるための手段を提供してくれた。ニューヨーク大学英語学教授のアーネスト・ギルマンはすべての章に目を通し、説得力のあるコメントを多数寄せてくれた。おかげで本書の中身は洗練された。バーバラ・リチャードソンは、本書を読者が読みやすい形に仕上げるために尽力してくれた。トレイシー・パーセルは原稿をひととおり読んで、文章のスタイルに多くの修正を加えてくれた。そして、私と話し合って貴重な情報を提供してくれた以下の方たちにも、この場をかりて謝辞を表する。アスファー・アッバス、ジョナサン・アダムス、ウォルター・アルバレス、デイヴィッド・ブリン、フィリップ・クレイズ、ロドルフォ・コッチョーニ、チャック・ドレイク、ダグ・アーウィン、ニック・アイルス、ローズ・フェアブリッジ、アル・フィッシャー、シモン・ガレオッティ、ビル・グレン、リチャード・グリーブ、ポール・ヘブナー、アラン・ヒルデブランド、マーティ・ホファート、ビル・ホルサー、ボブ・ジャストロー、デニス・ケント、デイヴィッド・キング、クリスティアン・コーバール、デイヴィッド・

クリング、ジョン・マテーゼ、フローレンティン・モウラッセ、デュウェイ・マクリーン、三浦保範、シモネッタ・モネーキ、サンドロ・モンタナリ、リチャード・ミュラー、アドリアナ・オカンポ、チャック・オフィサー、ポール・オルセン、カール・オース、ルシール・ペトラニー、ケヴィン・ポープ、リサ・ランドール、デイヴ・ラウプ、デイヴィッド・シュワーツマン、ジャック・セプコスキー、沈樹忠、ジーン・シューメーカー、ジャン・スミット、モーリーン・スタイナー、ジェシカ・ホワイトサイド、ジョージ・ウィリアムズ。本書は長い時間をかけて計画を練ったため、一部の方たちのお名前を紹介できないことをお断りしておく。ジェニファー・ドイッチャーは、たくさんの図を準備してくれた。ニューヨーク大学とゴッダード宇宙科学研究所の図書館施設は貴重な存在だった。コロンビア大学出版会のパトリック・フィッツジェラルドは本プロジェクトを最初から見守り、必要なときに大いに励ましてくれた。ほかにもコロンビア大学出版会の素晴らしいスタッフの方たちは、本書の編集と出版に力を貸してくれた。ライアン・グロエンダイク、カスリン・ジョルジェ、ミレンダ・リー、イレーネ・パヴィット、どうもありがとう。

訳者あとがき

今年（二〇一九年）の前半は、宇宙からのニュースが話題になりました。まず二月には、小惑星探査機「はやぶさ2」が、小惑星「リュウグウ」への着陸に成功しました。美しい立体視画像も公開されました。表面からは岩石の破片も集積されたそうです。「はやぶさ2」は、来年末ごろ地球に帰還する予定で、宇宙からのお土産の中身が楽しみです。そしてもうひとつ、四月には、地球上の八つの天体望遠鏡を結合させた国際協力プロジェクトが、巨大ブラックホールの撮影に成功しました。写真では、光の環に囲まれた黒い部分がはっきりと確認できます。こうしたニュースを聞かされると宇宙への親近感がわき、地球は決して宇宙の離れ小島ではないのだという思いが強くなります。

本書の著者のマイケル・ランピーノも、地質学者でありながら、宇宙に興味をそそられた研究者のひとりです。ランピーノによると、地質学では「地質学の父」とも呼ばれるチャールズ・ライエルが提唱した斉一説が長年にわたって幅を利かせ、過去の地質現象は、現在の地質現象と同じ作用で進行したと信じられてきました。大量絶滅の痕跡が残された地層が発見され、その分析の結果、宇宙から飛来した物質の存在が確認されても、小惑星の衝突が大惨事を引き起こしたとは認められませんでした。しかしいままでは、恐竜が絶滅した白亜紀末期にかぎっては、巨大な小惑星の衝突との関連性が認められています。（ランピーノいわく）干し草の山から一本の針を見つけ出すような根気強いフィールドワークが、衝突クレーターの偶然の発見にも助けられ、実を結んだのです。

ランピーノがユニークなところは、周期的に発生していると思われる大量絶滅が、やはり周期的に宇宙から飛来してくると思われる彗星や小惑星の衝突によって引き起こされ、その周期性は本人いわく銀河の回転木馬説により説明され、しかもそこにはダークマターが関わっているという仮説を立てていることです。私たちの太陽系は銀河系内を上下運動しながら周回していますが、そのとき周期的に銀河平面にある可視物質やダークマター（宇宙に存在する物質の八五パーセントを構成する）と遭遇し、それをきっかけに彗星や小惑星が地球に向かって弾き飛ばされたり、地球の火山活動が活発になったりするとのことです（詳しくは本文をお読みください）。ただし、これはあくまでも仮説であって、本人も認めていますが、専門家のあいだでは懐疑的な見方が多いといいます。地道なフィールドワークを通じて、動かぬ証拠が発見されたわけではありません。巻末の参考文献の量からも察せられるように、ランピーノは多方面からデータを集めてきて、それらを解析した結果を持論として紹介しています。そうなると、たとえ解析の方法が正しくても、データそのものが間違っていれば、仮説の正しさは証明されません。大量絶滅と天体衝突の同時性は、根拠が不安定なのです。

ただし、根拠が不安定だからといって、ランピーノの仮説が間違っているとは言い切れません。奇抜な発想が素直に受け入れられない事例は、これまでにもたくさんあります。しかも、天体衝突と大量絶滅の関連性は六六〇〇万年前のひとつしか立証されていないと言いますが、見方を変えれば、少なくとも一度は立証されているのです。今後、新たな発見がないとは言い切れません。ユニークな説が色々と出てくるのは当然ではないでしょうか。実際、ランピーノの謎解きのプロセスは鮮やかで、推理小説で犯人探しをするような面白さを経験できます。宇宙を舞台にしたスケールの大きな仮説には、一読の価値があります。

ちなみに、冒頭で紹介した「リュウグウ」の立体視画像は、ロックバンドＱＵＥＥＮのギタリスト、ブライアン・メイが作成したものです。彼は天体物理学の博士の学位を持つ天文学者でもあり、しかも天体衝突への関心が高いそうです。遠い将来、地球に衝突する可能性のある「潜在的に危険な小惑星」に分類される「リュウグウ」からは、目が離せなかったようです。天体衝突が避けられない出来事だとしたら、人類はこれから何ができるのか。せめて、数々の苦難を乗り越えてきた地球を大切に守らなければならないと、本書を読んで強く感じました。

最後になりましたが、本書の翻訳では、化学同人の加藤貴広さんに大変お世話になりました。どうもありがとうございました。

二〇一九年六月

小坂恵理

索　引

索　引

【か行】

【さ行】

索　引

【た行】

索　引

【な行】

【は行】

索　引

【ま行】

【や行】

【ら行】

【わ行】

参考文献

この参考文献は包括的なリストではない。本書を執筆する際に用いた情報源、歴史的に興味深い論文、読者が本書のテーマをさらに探究するための文献を掲載している。

はじめに

Alvarez, L. W., W. Alvarez, F. Asaro, and H. V. Michel. Extraterrestrial cause of the Cretaceous/Tertiary extinction: Experimental results and theoretical interpretation. *Science* 208 (1980): 1095-1108.

Descartes, R. *Meditations on First Philosophy*. Paris: Adam and Tannery, 1641. 邦訳：デカルト著、三木清訳、『省察』、岩波文庫（1950）

Lyell, C. *Principles of Geology, Being an Attempt to Explain the Former Changes of the Earth's Surface by Processes Still in Operation*. 3 vols. London: Murray, 1830-1833. 邦訳：ライエル著、J. A. シコード編、河内洋佑訳、『ライエル地質学原理（上下）』、朝倉書店（2006-2007）

第1章　天変地異説 vs 漸進主義説

Cuvier, G. *Essay on the Theory of the Earth with Geological Illustrations by Professor Jameson*. 5th ed. Edinburgh: Blackwell, 1827.

Dana, J. D. *Creation; or, the Biblical Cosmogony in the Light of Modern Science*. Oberlin, Ohio: Goodrich, 1885.

Dana, J. D. *The Geological Story Briefly Told*. New York: American Books, 1875.

Dana, J. D. *Manual of Geology*. Taylor, N.Y.: Blakeman, 1863.

Darwin, C. *On the Origin of Species by Means of Natural Selection or the Preservation of Favored Races in the Struggle for Survival*. London: Murray, 1859. 邦訳：ダーウィン著、渡辺政隆訳、『種の起源（上下）』、光文社古典新訳文庫（2009）、ほか。

du Toit, A. L. *Our Wandering Continents, an Hypothesis of Continental Drifting*. Edinburgh: Oliver and Boyd, 1937.

Hutton, J. *Theory of the Earth, or an Investigation of Laws Observable in the Composition, Dissolution and Restoration of Land Upon the Globe*. 2 vols. London: Cadell and Davies, 1795.

Paley, W. *Natural Theology, or Evidences of the Existence and Attributes of the Deity Collected from the Appearances of Nature*. London: Faulder, 1802.

Rudwick, M. J. S. *Georges Cuvier, Fossil Bones, and Geological Catastrophes*. Chicago: University of Chicago Press, 1997.

第2章　ライエルの法則

Lyell, C. *Life, Letters and Journals of Sir Charles Lyell, Bart*. 2 vols. London: Murray, 1881.

Lyell, C. *Principles of Geology, Being an Attempt to Explain the Former Changes of the Earth's Surface, by Reference to Causes Now in Operation.* 3 vols. London: Murray, 1830-1833. 邦訳：ライエル著、J. A. シコード編、河内洋佑訳、『ライエル地質学原理（上下）』、朝倉書店（2006-2007）

Sloane, D. S. Evolution — Its meaning. In *Creation by Evolution*, edited by F. Mason. New York: Macmillan, 1928.

Whiston, W. *A New Theory of the Earth, From its Origin to the Consummation of All Things.* London: Roberts, 1696.

第3章　アルバレスの仮説

Albertao, G. A., and P. P. Martins Jr. A possible tsunami deposit at the Cretaceous-Tertiary boundary in Pernambuco, northeastern Brazil. *Sedimentary Geology* 104 (1996): 189-201.

Alegret, L., E. Thomas, and K. C. Lohmann. End-Cretaceous marine mass extinction not caused by productivity collapse. *Proceedings of the National Academy of Sciences of the United States of America* 109 (2012): 728-32.

Alvarez, L. W. Mass extinctions caused by large bolide impacts. *Physics Today* 40 (1987): 24-33.

Alvarez, L. W., W. Alvarez, F. Asaro, and H. V. Michel. Extraterrestrial cause of Cretaceous/Tertiary extinction: Experimental results and theoretical interpretation. *Science* 208 (1980): 1095-1108.

Alvarez, W. *T. Rex and the Crater of Doom.* Princeton, N.J.: Princeton University Press, 1997. 邦訳：ウォルター・アルヴァレズ著、月森左知訳、『絶滅のクレーター——T・レックス最後の日』、新評論（1997）

Alvarez, W., L. Alvarez, F. Asaro, and H. V. Michel. The end of the Cretaceous: Sharp boundary or gradual transition. *Science* 223 (1984): 1183-86.

Alvarez, W., J. Smit, W. Lowrie, F. Asaro, S. V. Margolis, P. Claeys, M. Kastner, and A. R. Hildebrand. Proximal impact deposits at the Cretaceous-Tertiary boundary in the Gulf of Mexico: A restudy of DSDP Leg 77 Sites 536 and 540. *Geology* 20 (1992): 697-700.

Bernaola, G., and S. Monechi. Calcareous nannofossil extinction and survivorship across the Cretaceous-Paleogene boundary at Walvis Ridge (ODP Hole 1262C, South Atlantic Ocean). *Palaeogeography, Palaeoclimatology, Palaeoecology* 255 (2007): 132-56.

Bleiweiss, R. Fossil gap analysis supports early Tertiary origin of trophically diverse avian orders. *Geology* 26 (1998): 323-26.

Bohor, B. F., E. E. Foord, P. J. Modreski, and D. M. Triplehorn. Mineralogic evidence for an impact event at the Cretaceous-Tertiary boundary. *Science* 224 (1984): 867-69.

Bohor, B. F., P. J. Modreski, and E. E. Foord. Shocked quartz in the Cretaceous-Tertiary boundary clays: Evidence for a global distribution. *Science* 236 (1987): 705-9.

Bohor, B. F., D. M. Triplehorn, D. J. Nichols, and H. T. Millard Jr. Dinosaurs, spherules, and the magic layer: A new K-T boundary site in Wyoming. *Geology* 15 (1987): 896-99.

Booth, B., and F. Fitch. *Earth Shock.* New York: Walker, 1979.

Bostwick, J. A., and F. T. Kyte. The size and abundance of shocked quartz in Cretaceous-Tertiary boundary sediments from the Pacific basin. *Geological Society of America Special Papers* 307 (1996): 403-15.

Bourgeois, J., T. A. Hansen, P. L. Wiberg, and E. G. Kauffman. A tsunami deposit at the Cretaceous-Tertiary boundary in Texas. *Science* 241 (1988): 567-70.

参考文献

Bralower, T. J., C. K. Paull, and R. M. Leckie. The Cretaceous-Tertiary cocktail: Chicxulub impact triggers margin collapse and extensive sediment gravity flows. *Geology* 26 (1998): 331-34.

Carlisle, D. B., and D. R. Braman. Nanometre-size diamonds in the Cretaceous/Tertiary boundary of Alberta. *Nature* 352 (1991): 708-9.

Chao, E. C. T., R. Huttner, and H. Schmidt-Kaler. *Principal Exposures of the Ries Meteorite Crater in Southern Germany.* Munich: Bayerisches Geologisches Landesamt, 1978.

Claeys, P., W. Kiessling, and W. Alvarez. Distribution of Chicxulub ejecta at the Cretaceous-Tertiary boundary. *Geological Society of America Special Papers* 356 (2002): 55-68.

De Laubenfels, M. W. Dinosaur extinction: One more hypothesis. *Journal of Paleontology* 30 (1956): 207-17.

Evans, N. J., and C. F. Chai. The distribution and geochemistry of platinum-group elements as event markers in the Phanerozoic. *Palaeogeography, Palaeoclimatology, Palaeoecology* 132 (1997): 373-90.

Fornaciari, E., L. Giusberti, V. Luciani, F. Tateo, C. Agnini, J. Backman, M. Oddone, and D. Rio. An expanded Cretaceous-Tertiary transition in a pelagic setting of the Southern Alps (central-western Tethys). *Palaeogeography, Palaeoclimatology, Palaeoecology* 255 (2007): 98-131.

Frankel, C. *The End of the Dinosaurs: Chicxulub Crater and Mass Extinctions.* Cambridge: Cambridge University Press, 1999.

Hallam, A. End-Cretaceous mass extinction event: Argument for terrestrial causation. *Science* 238 (1987): 1237-42.

Hildebrand, A. R., and W. V. Boynton. Proximal Cretaceous-Tertiary boundary impact deposits in the Caribbean. *Science* 248 (1990): 843-47.

Hildebrand, A. R., G. T. Penfield, D. A. Kring, M. Pilkington, A. Z. Camargo, S. B. Jacobsen, and W. V. Boynton. Chicxulub crater: A possible Cretaceous/Tertiary boundary impact crater on the Yucatán Peninsula, Mexico. *Geology* 19 (1991): 867-71.

Hildebrand, A. R., M. Pilkington, M. Connors, C. Ortiz-Aleman, and R. E. Chavez. Size and structure of the Chicxulub crater revealed by horizontal gravity gradients and cenotes. *Nature* 376 (2002): 415-17.

Hsü, K. J. *The Great Dying: Cosmic Catastrophe, Dinosaurs, and the Theory of Evolution.* New York: Harcourt Brace Jovanovich, 1986.

Jones, D. S., P. A. Mueller, J. R. Bryan, J. P. Dobson, J. E. T. Channell, J. C. Zachos, and M. A. Arthur. Biotic, geochemical and paleomagnetic changes across the Cretaceous/Tertiary boundary at Braggs, Alabama. *Geology* 15 (1987): 311-15.

Keller, G. Deccan volcanism, the Chicxulub impact and the end-Cretaceous mass extinction: Coincidence? Cause and effect? *Geological Society of America Special Papers* 505 (2014): 57-89.

Keller, G., T. Adatte, Z. Berner, M. Harting, G. Baum, M. Prauss, A. A. Tantawy, and D. Stüben. Chicxulub impact predates K-T boundary: New evidence from Brazos, Texas. *Earth and Planetary Science Letters* 255 (2007): 339-56.

Keller, G., T. Adatte, W. Stinnesback, M. Affolter, L. Schilli, and J. Guadalupe Lopez-Oliva. Multiple spherule layers in the late Maastrichtian of northeastern Mexico. *Geological Society of America Special Papers* 356 (2002): 145-61.

Keller, G., T. Adatte, W. Stinnesbeck, M. Rebolledo-Vieyra, J. Urrutia Fucugauchi, U. Kramar, and D. Stüben. Chicxulub impact predates the K-T boundary mass extinction. *Proceedings of the National Academy of Sciences of the United States of America* 101 (2004): 3753–58.

Keller, G., J. G. Lopez-Oliva, W. Stinnesbeck, and T. Adatte. Age, stratigraphy, and deposition of near-K/T siliciclastic deposits in Mexico: Relation to bolide impact? *Geological Society of America Bulletin* 109 (1997): 410–28.

Keller, G., W. Stinnesbeck, T. Adatte, and D. Stüben. Multiple impacts across the Cretaceous-Tertiary boundary. *Earth-Science Reviews* 62 (2003): 327–63.

Kent, D. V. An estimate of the duration of the faunal change at the Cretaceous-Tertiary boundary. *Geology* 5 (1978): 769–71.

Kiyokawa, S. Cretaceous-Tertiary boundary sequence in the Cacarajicara Formation, western Cuba: An impact-related, high-energy, gravity flow deposit. *Geological Society of America Special Papers* 356 (2002): 125–44.

Koeberl, C., and K. G. MacLeod, eds. Catastrophic events and mass extinctions: Impacts and beyond. *Geological Society of America Special Papers* 356 (2002).

Kousoukos, E. A. An extraterrestrial impact in the early Danian: A secondary K/T boundary event. *Terra Nova* 10 (1998): 68–73.

Krogh, T. E., S. L. Kamo, and B. F. Bohor. Fingerprinting the K/T impact site and determining the time of impact by U-Pb dating of single shocked zircons from distal ejecta. *Earth and Planetary Science Letters* 119 (1993): 425–29.

Krogh, T. E., S. L. Kamo, V. L. Sharpton, L. E. Marin, and A. R. Hildebrand. U-Pb ages of single shocked zircons linking distal K/T ejecta to the Chicxulub crater. *Nature* 366 (1993): 731–34.

Kyte, F. T. A meteorite from the Cretaceous/Tertiary boundary. *Nature* 396 (1998): 237–39.

Longrich, N. R., B.-A. S. Bhullar, and J. A. Gauthier. Mass extinction of lizards and snakes at the Cretaceous-Paleogene boundary. *Proceedings of the National Academy of Sciences of the United States of America* 109 (2012): 21396–401.

Longrich, N. R., T. Tokaryk, and D. J. Field. Mass extinction of birds at the Cretaceous/Paleogene (K-Pg) boundary. *Proceedings of the National Academy of Sciences of the United States of America* 108 (2011): 15253–57.

Lopez-Oliva, J. G., and G. Keller. Age and stratigraphy of near-K/T boundary siliciclastic deposits in northeastern Mexico. *Geological Society of America Special Papers* 307 (1996): 227–42.

MacLeod, N. *The Great Extinctions: What Causes Them and How They Shape Life*. Buffalo, N.Y.: Firefly Books, 2013.

Maurrasse, F. J.-M. R. New data on the stratigraphy of the southern peninsula of Haiti. *Transactions du 1er Colloque sur la Geologie D'Haiti, Port-au-Prince, 27–29 March 1980* (1982): 184–98.

Maurrasse, F. J.-M. R., and G. Sen. Impacts, tsunamis, and the Haitian Cretaceous-Tertiary boundary layer. *Science* 252 (1991): 1690–93.

McHone, J. F., R. P. Nieman, C. F. Lewis, and A. M. Yates. Stishovite at the Cretaceous/Tertiary boundary, Raton, New Mexico. *Science* 243 (1989): 1182–84.

Meyers, P. A., and B. R. T. Simoneit. Global comparisons of organic matter in sediments across the Cretaceous/Tertiary boundary. *Organic Geochemistry* 16 (1989): 641–48.

Morgan, J., M. Warner, J. Brittan, R. Buffler, A. Camargo, G. Christeson, P. Denton, A. Hildebrand, R. Hobbs, H. Macintyre, et al. Size and morphology of the Chicxulub impact crater. *Nature* 390 (1997): 472–76.

Morgan, J., M. Warner, and R. Grieve. Geophysical constraints on the size and structure of the Chicxulub impact crater. *Geological Society of America Special Papers* 356 (2002): 39–46.

Nichols, D. J. Selected plant microfossil records of the terminal Cretaceous event in terrestrial rocks, western North America. *Palaeogeography, Palaeoclimatology, Palaeoecology* 255 (2007): 22–34.

Nohr-Hansen, H., and G. Dam. Palynology and sedimentology across a new marine Cretaceous-Tertiary boundary section on Nuussuaq, West Greenland. *Geology* 25 (1997): 851–54.

Norris, R. D., and J. V. Firth. Mass wasting of Atlantic continental margins following the Chicxulub impact event. *Geological Society of America Special Papers* 356 (2002): 79–95.

Ocampo, A. C., K. O. Pope, and A. G. Fischer. Ejecta blanket of the Chicxulub crater from Albion Island, Belize. *Geological Society of America Special Papers* 307 (1996): 75–88.

Ohno, S., T. Kadono, K. Kurosawa, T. Hamura, T. Sakaiya, K. Shigemori, Y. Hironaka, T. Sano, T. Watari, K. Otani, et al. Production of sulphate-rich vapour during Chicxulub impact and implications for ocean acidification. *Nature Geoscience* 7 (2014): 279–82.

Olsson, R. K., K. G. Miller, J. V. Browning, J. D. Wright, and B. S. Cramer. Sequence stratigraphy and sea-level change across the Cretaceous-Tertiary boundary on the New Jersey passive margin. *Geological Society of America Special Papers* 356 (2002): 97–108.

Opik, E. J. On the catastrophic effects of collisions with celestial bodies. *Irish-Astronomical Journal* 5 (1958): 34–36.

Paul, C. R. C. Interpreting bioevents: What exactly did happen to planktonic foraminifers across the Cretaceous-Tertiary boundary? *Palaeogeography, Palaeoclimatology, Palaeoecology* 224 (2005): 291–310.

Pierazzo, E., A. N. Hahmann, and L. C. Sloan. Chicxulub and climate: Radiative perturbations of impact-produced S-bearing gases. *Astrobiology* 3 (2003): 99–118.

Pope, K. O. Impact dust not the cause of the Cretaceous-Tertiary mass extinction. *Geology* 30 (2002): 99–102.

Pope, K. O., A. C. Ocampo, and C. E. Duller. Mexican site for K/T impact crater? *Nature* 351 (1991): 105.

Pospichal, J. J. Calcareous nannofossils at the K-T boundary, El Kef: No evidence for stepwise, gradual, or sequential extinctions. *Geology* 22 (1994): 99–102.

"Possible Yucatan Impact Basin." *Sky and Telescope*, March 1982, 249–250.

Powell, J. L. *Four Revolutions in the Earth Sciences: From Heresy to Truth*. New York: Columbia University Press, 2015.

Powell, J. L. *Night Comes to the Cretaceous: Dinosaur Extinction and the Transformation of Modern Geology*. New York: Freeman, 1998. 邦訳：ジェームズ・ローレンス・パウエル著、寺嶋英志、瀬戸口烈司訳、『白亜紀に夜がくる——恐竜の絶滅と現代地質学』、青土社（2001）

Rampino, M. R., and R. C. Reynolds. Clay mineralogy of the Cretaceous-Tertiary boundary clay. *Science* 219 (1983): 495–98.

Renne, P. R., A. L. Deino, F. J. Hilgen, K. F. Kuiper, D. F. Mark, W. S. Mitchell III, L. E. Morgan, R. Mundil, and J. Smit. Time scales of critical events around the Cretaceous-Paleogene boundary. *Science* 339 (2013): 684–87.

Ryder, G., D. Fastovsky, and S. Gartner, eds. The Cretaceous-Tertiary event and other catastrophes in Earth history. *Geological Society of America Special Papers* 307 (1996).

Schulte, P., L. Alegret, I. Arenillas, J. A. Arz, P. J. Barton, P. R. Brown, T. J. Bralower, G. L. Christeson, P. Claeys, C. C. Cockell, et al. The Chicxulub asteroid impact and mass extinction at the Cretaceous-Paleogene boundary. *Science* 327 (2010): 1214-18.

Sharpton, V. L., G. B. Dalrymple, L. E. Marin, G. Ryder, B. C. Schuraytz, and J. Urrutia-Fucugauchi. New links between the Chicxulub impact structure and the Cretaceous/Tertiary boundary. *Nature* 359 (1992): 819-21.

Sharpton, V. L., and P. D. Ward, eds. Global catastrophes in Earth history. *Geological Society of America Special Papers* 247 (1990).

Sheehan, P. M., D. E. Fastovsky, R. G. Hoffmann, C. B. Berghaus, and D. L. Gabriel. Sudden extinction of the dinosaurs: Latest Cretaceous, Upper Great Plains, USA. *Science* 254 (1991): 835-39.

Sigurdsson, H., S. D'Hondt, M. A. Arthur, T. J. Bralower, J. C. Zachos, and M. Channell. Glass from the Cretaceous/Tertiary boundary in Haiti. *Nature* 349 (1991): 482-87.

Sigurdsson, H., S. D'Hondt, and S. Carey. The impact of the Cretaceous/Tertiary bolide on evaporite terrane and generation of sulfuric acid aerosols. *Earth and Planetary Science Letters* 109 (1992): 543-59.

Silver, L. T., and P. H. Schultz, eds. Geological implications of impacts of large asteroids and comets on the Earth. *Geological Society of America Special Papers* 190 (1982).

Smit, J., and J. Hertogen. An extraterrestrial event at the Cretaceous-Tertiary boundary. *Nature* 285 (1980): 198-200.

Smit, J., and G. Klaver. Sanidine spherules at the Cretaceous-Tertiary boundary indicate large impact event. *Nature* 292 (1981): 47-49.

Smit, J., and F. T. Kyte. Siderophile-rich magnetic spheroids from the Cretaceous-Tertiary boundary in Umbria, Italy. *Nature* 310 (1984): 403-5.

Smit, J., A. Montanari, N. H. M. Swinburne, W. Alvarez, A. R. Hildebrand, S. V. Margolis, P. Claeys, W. Lowrie, and F. Asaro. Tektite-bearing, deep-water clastic unit at the Cretaceous-Tertiary boundary in northeastern Mexico. *Geology* 20 (1992): 99-103.

Smit, J., Th. B. Roep, W. Alvarez, A. Montanari, P. Claeys, J. M. Grajales-Nishimura, and J. Bermudez. Coarse-grained clastic sandstone complex at the K/T boundary around the Gulf of Mexico: Deposition by tsunami waves induced by the Chicxulub impact? *Geological Society of America Special Papers* 307 (1996): 151-82.

Stanley, S. M. Delayed recovery and the spacing of major extinctions. *Paleobiology* 16 (1990): 401-14.

Stinnesbeck, W., and G. Keller. K/T boundary coarse-grained siliciclastic deposits in northeastern Mexico and northeastern Brazil: Evidence for mega-tsunami or sea-level changes? *Geological Society of America Special Papers* 307 (1996): 197-209.

Swisher, C. C., III, J. M. Grajales-Nishimura, A. Montanari, S. V. Margolis, P. Claeys, W. Alvarez, P. Renne, E. Cedillo-Pardoa, F. J. Maurrasse, G. H. Curtis, et al. Coeval $^{40}Ar/^{39}Ar$ ages of 65.0 million years ago from Chicxulub crater melt rock and Cretaceous-Tertiary boundary tektites. *Science* 257 (1992): 954-58.

Urey, H. C. Cometary collisions and geological periods. *Nature* 242 (1973): 32-33.

Vajda, V. V., and S. McLoughlin. Extinction and recovery patterns of the vegetation across the Cretaceous-Palaeogene boundary — A tool for unraveling the causes of the end-Permian mass-extinction. *Review of Palaeobotany and Palynology* 144 (2007): 99-112.

Vajda, V. V., and S. McLoughlin. Fungal proliferation at the Cretaceous-Tertiary boundary.

Science 303 (2004): 1489.

Vajda, V., J. I. Raine, and C. J. Hollis. Indication of global deforestation at the Cretaceous-Tertiary boundary by New Zealand fern spike. *Science* 294 (2001): 1700-1702.

Vellekoop, J., S. Esmeray-Senlet, K. G. Miller, J. V. Browning, A. Sluijs, B. van de Schootbrugge, J. S. Sinninghe Damsté, and H. Brinkhuis. Evidence for Cretaceous-Paleogene boundary bolide impact winter conditions from New Jersey, USA. *Geology* 44 (2016): 619-22.

Widmark, J. G. V., and B. Malmgren. Benthic foraminiferal change across the Cretaceous-Tertiary boundary in the deep sea; DSDP Sites 525, 527, and 465. *Journal of Foraminiferal Research* 22 (1992): 81-113.

Witts, J. D., R. J. Whittle, P. B. Wignall, J. A. Crame, J. E. Francis, R. J. Newton, and V. C. Bowman. Macrofossil evidence for a rapid and severe Cretaceous-Paleogene mass extinction in Antarctica. *Nature Communications* 7 (2016). doi: 10.1038/11738.

第4章　大量絶滅

Bailer-Jones, C. A. L. The evidence for and against astronomical impacts on climate change and mass extinctions: A review. *International Journal of Astrobiology* 8 (2009): 213-39.

Bambach, R. K. Phanerozoic biodiversity mass extinctions. *Annual Review of Earth and Planetary Sciences* 34 (2006): 127-55.

Benton, M. J. Diversification and extinction in the history of life. *Science* 268 (1995): 52-58.

Benton, M. J. *The Fossil Record 2.* London: Chapman & Hall, 1993.

Darwin, C. *On the Origin of Species by Means of Natural Selection or the Preservation of Favored Races in the Struggle for Survival.* London: Murray, 1859. 邦訳：ダーウィン著、渡辺政隆訳、『種の起源（上下）』、光文社古典新訳文庫（2009）、ほか。

Erwin, D. H. *Extinction: How Life on Earth Nearly Ended 250 Million Years Ago.* Princeton, N.J.: Princeton University Press, 2006. 邦訳：Douglas H. Erwin 著、大野照文監訳、沼波信、一田昌宏訳、『大絶滅――2億5千万年前、終末寸前まで追い詰められた地球生命の物語』、共立出版（2009）

Fischer, A. G., and M. A. Arthur. Secular variations in the pelagic realm. *Society of Economic Paleontologists and Mineralogists Special Publication* 25 (1977): 19-50.

Fox, W. T. Harmonic analysis of periodic extinctions. *Paleobiology* 13 (1987): 257-71.

Hsü, K. J. Sedimentary petrology and biologic evolution. *Journal of Sedimentary Petrology* 56 (1983): 729-32.

Lyell, C. *Principles of Geology, Being an Attempt to Explain the Former Changes of the Earth's Surface by Processes Still in Operation.* 3 vols. London: Murray, 1830-1833. 邦訳：ライエル著、J. A. シコード編、河内洋佑訳、『ライエル地質学原理（上下）』、朝倉書店（2006-2007）

Melott, A. L., and R. K. Bambach. Do periodicities in extinction—with possible astronomical connections—survive a revision of the geological timescale? *Astrophysical Journal* 773 (2013): 6-11.

Morgan, T. H. *A Critique of the Theory of Evolution.* Princeton, N.J.: Princeton University Press, 1916.

Newell, N. D. Periodicity in invertebrate evolution. *Journal of Paleontology* 26 (1952): 371-85.

Rampino, M. R. Are marine and nonmarine extinctions correlated? *Eos, Transactions of the American Geophysical Union* 69 (1988): 889-95.

Rampino, M. R., and K. Caldeira. Periodic impact cratering and extinction events over the

last 260 million years. *Monthly Notices of the Royal Astronomical Society* 454 (2015): 3480-84.

Rampino, M. R., B. M. Haggerty, and T. C. Pagano. A unified theory of impact crises and mass extinctions: Quantitative tests. *Annals of the New York Academy of Sciences* 822 (1997): 403-31.

Raup, D. M. Biogeographic extinction: A feasibility test. *Geological Society of America Special Papers* 190 (1982): 277-81.

Raup, D. M. Impact as a general cause of extinction: A feasibility test. *Geological Society of America Special Papers* 247 (1990): 27-32.

Raup, D. M. A kill curve for Phanerozoic marine species. *Paleobiology* 17 (1991): 37-48.

Raup, D. M. The role of extinction in evolution. *Proceedings of the National Academy of Sciences of the United States of America* 91 (1994): 6758-63.

Raup, D. M. Size of the Permo-Triassic bottleneck and its evolutionary implications. *Science* 206 (1979): 217-18.

Raup, D. M., and J. J. Sepkoski Jr. Periodic extinctions of families and genera. *Science* 231 (1986): 833-36.

Raup, D. M., and J. J. Sepkoski Jr. Periodicity of extinctions in the geologic past. *Proceedings of the National Academy of Sciences of the United States of America* 81 (1984): 801-5.

Raup, D. M., and J. J. Sepkoski Jr. Testing for periodicity of extinctions. *Science* 241 (1988): 94-99.

Sepkoski, J. J., Jr. *A Compendium of Fossil Marine Animal Families.* Milwaukee Public Museum Contributions in Biology and Geology 51. Milwaukee: Milwaukee Public Museum, 1982.

Sepkoski, J. J., Jr. *A Compendium of Fossil Marine Animal Families.* 2nd ed. Milwaukee Public Museum Contributions in Biology and Geology 83. Milwaukee: Milwaukee Public Museum, 1992.

Sepkoski, J. J., Jr. *A Compendium of Fossil Marine Animal Genera.* Bulletin of American Paleontology 363. Ithaca, N.Y.: Paleontological Research Institution, 2002.

Sepkoski, J. J., Jr. Extinction and the fossil record. *Geotimes* 39 (1994): 15-17.

Sepkoski, J. J., Jr. A kinetic model of Phanerozoic taxonomic diversity II: Early Phanerozoic families and multiple equilibria. *Paleobiology* 5 (1979): 222-52.

Sepkoski, J. J., Jr. Patterns of Phanerozoic extinctions: A perspective from global databases. In *Global Events and Event Stratigraphy in the Phanerozoic*, edited by O. H. Walliser, 35-52. Berlin: Springer, 1996.

Sepkoski, J. J., Jr. Ten years in the library: New data confirm paleontological patterns. *Paleobiology* 19 (1993): 43-51.

Sepkoski, J. J., Jr., and D. M. Raup. Was there a 26-Myr periodicity of extinctions? *Nature* 321 (1986): 535-36.

Stigler, S. M., and M. J. Wagner. A substantial bias in nonparametric tests for periodicity in geophysical data. *Science* 238 (1984): 940-45.

Stothers, R. B. Structure and dating errors in the geologic time scale and periodicity in mass extinctions. *Geophysical Research Letters* 16 (1989): 119-22.

第5章　キルカーブとストレンジラブ・オーシャン

Adushkin, V. V., and I. V. Nemchinov. Consequences of impacts of cosmic bodies on the

surface of the Earth. In *Hazards Due to Comets and Asteroids*, edited by T. Gehrels, 721–78. Tucson: University of Arizona Press, 1994.

Alvarez, L. W. Experimental evidence that an asteroid impact led to the extinction of many species 65 million years ago. *Proceedings of the National Academy of Sciences of the United States of America* 80 (1983): 627–42.

Beerling, D. J., B. H. Lomax, D. L. Royer, G. R. Upchurch Jr., and L. R. Kump. An atmospheric pCO_2 reconstruction across the Cretaceous-Tertiary boundary from leaf megafossils. *Proceedings of the National Academy of Sciences of the United States of America* 99 (2002): 7836–40.

Caldeira, K., and M. R. Rampino. The aftermath of the K/T boundary mass extinction: Biogeochemical stabilization of the carbon cycle and climate. *Paleoceanography* 8 (1993): 515–25.

Caldeira, K., M. R. Rampino, T. Volk, and J. C. Zachos. Biogeochemical modeling at mass extinction boundaries: Atmospheric carbon dioxide and ocean alkalinity at the K/T boundary. In *Global Bioevents: Abrupt Changes in the Global Biota Through Time*, edited by E. G. Kaufman and O. H. Walliser, 333–45. Berlin: Springer, 1990.

Chapman, C. R., and D. Morrison. Impacts on the Earth by asteroids and comets: Assessing the hazard. *Nature* 367 (1994): 33–40.

Covey, C., S. J. Ghan, J. J. Walton, and P. R. Weissman. Global environmental effects of impact-generated aerosols: Results from a general circulation model. *Geological Society of America Special Papers* 247 (1990): 263–70.

Covey, C., S. L. Thompson, P. R. Weissman, and M. C. MacCracken. Global climatic effects of atmospheric dust from an asteroid or comet impact on Earth. *Global and Planetary Change* 9 (1994): 263–73.

Croft, S. K. A first-order estimate of shock heating and vaporization in oceanic impacts. *Geological Society of America Special Papers* 190 (1982): 143–51.

Davies-Vollum, K. S., L. D. Boucher, P. Hudson, and A. Y. Proskurowski. A Late Cretaceous coniferous woodland from the San Juan Basin, New Mexico. *Palaios* 26 (2011): 89–98.

Durda, D. D., and D. A. Kring. Ignition threshold for impact-generated fires. *Journal of Geophysical Research* 109 (2004): E08004.

Eldredge, N., and S. J. Gould. Punctuated equilibria: An alternative to phyletic gradualism. In *Models in Paleobiology*, edited by T. J. M. Schopf, 82–115. San Francisco: Freeman, 1972.

Galeotti, S., H. Brinkhuis, and M. Huber. Records of post-Cretaceous-Tertiary boundary millennial-scale cooling from western Tethys: A smoking gun for the impact-winter hypothesis. *Geology* 32 (2004): 529–32.

Gerstl, S. A., and A. Zardecki. Reduction of photosynthetically active radiation under extreme stratospheric aerosol loads. *Geological Society of America Special Papers* 190 (1982): 201–10.

Goldin, T. J., and H. J. Melosh. Self-shielding of thermal radiation by Chicxulub impact ejecta: Firestorm or fizzle. *Geology* 37 (2009): 1135–38.

Griffis, K., and D. J. Chapman. Survival of phytoplankton under prolonged darkness: Implications for the Cretaceous-Tertiary boundary darkness hypothesis. *Palaeogeography, Palaeoclimatology, Palaeoecology* 67 (1988): 305–14.

Hollander, D. J., J. A. McKenzie, and K. J. Hsü. Carbon isotope evidence for unusual plankton blooms and fluctuations of surface water CO_2 in Strangelove Ocean after terminal

Cretaceous event. *Palaeogeography, Palaeoclimatology, Palaeoecology* 104 (1993): 229-37.

Hsü, K. J., Q. He, J. A. McKenzie, H. Weissert, K. Perch-Nielsen, H. Oberhänsli, K. Kelts, J. Labrecque, L. Tauxe, U. Krähenbühl, et al. Mass mortality and its environmental and evolutionary consequences. *Science* 216 (1992): 249-56.

Hsü, K. J., and J. A. McKenzie. Carbon-isotope anomalies at era boundaries: Global catastrophes and their ultimate cause. *Geological Society of America Special Papers* 247 (1990): 61-69.

Hsü, K. J., H. Oberhänsli, J. Y. Gao, S. Shu, C. Haihong, and U. Krähenbühl. Strangelove Ocean before the Cambrian explosion. *Nature* 316 (1985): 809-11.

Izett, G. A., W. A. Cobban, J. D. Obradovich, and M. J. Kunk. The Manson impact structure: $^{40}Ar/^{39}Ar$ age and its distal impact ejecta in the Pierre Shale in southeastern South Dakota. *Science* 262 (1993): 729-32.

Jansa, L. F. Cometary impacts into ocean: Their recognition and the threshold constraint for biological extinctions. *Palaeogeography, Palaeoclimatology, Palaeoecology* 104 (1993): 271-86.

Katongo, C., C. Koeberl, B. J. Witzke, R. H. Hammond, and R. R. Anderson. Geochemistry and shock petrography of the Crow Creek Member, South Dakota, USA: Ejecta from the 74-Ma Manson impact structure. *Meteoritics & Planetary Science* 39 (2004): 31-51.

Kring, D. A. The Chicxulub impact event and its environmental consequences at the Cretaceous-Tertiary boundary. *Palaeogeography, Palaeoclimatology, Palaeoecology* 255 (2007): 4-21.

Kring, D. A., and D. D. Durda. Trajectories and distribution of material ejected from Chicxulub impact crater: Implications for post-impact wildfires. *Journal of Geophysical Research* 107 (2002): 6-1-22.

Kyte, F. T. The extraterrestrial component in marine sediments: Description and interpretation. *Paleoceanography* 3 (1988): 235-47.

Kyte, F. T., Z. Zhou, and J. T. Wasson. High noble metal concentrations in a late Pliocene sediment. *Nature* 292 (1981): 417-20.

Kyte, F. T., Z. Zhou, and J. T. Wasson. New evidence on the size and possible effects of a late Pliocene asteroid impact. *Science* 241 (1988): 63-65.

Melosh, H. J. *Impact Cratering: A Geologic Process.* New York: Oxford University Press, 1989.

Melosh, H. J. The mechanics of large meteoroid impacts in the Earth's oceans. *Geological Society of America Special Papers* 190 (1982): 121-27.

Melosh, H. J., N. M. Schneider, K. J. Zahnle, and D. Latham. Ignition of global wildfires at the Cretaceous/Tertiary boundary. *Nature* 343 (1990): 251-54.

Melott, A. L., B. C. Thomas, G. Dreschhoff, and C. K. Johnson. Cometary airbursts and atmospheric chemistry: Tunguska and a candidate Younger Dryas event. *Geology* 38 (2010): 355-58.

Morrison, D., C. R. Chapman, and P. Slovic. The impact hazard. In *Hazards Due to Asteroids and Comets*, edited by T. Gehrels, 59-91. Tucson: University of Arizona Press, 1994.

O'Keefe, J., and T. J. Ahrens. Impact production of CO_2 by the Cretaceous/Tertiary extinction bolide and resultant heating of the Earth. *Nature* 338 (1989): 247-49.

Pierazzo, E., D. A. Kring, and H. J. Melosh. Hydrocode simulation of the Chicxulub impact event and the production of climatically active gases. *Journal of Geophysical Research* 103

(1998): 28-607-25.
Poag, C. W. Roadblocks on the kill curve: Testing the Raup hypothesis. *Palaios* 12 (1997): 582-90.
Pope, K. O. Impact dust not the cause of the Cretaceous-Tertiary mass extinction. *Geology* 30 (2002): 99-102.
Pope, K. O., K. H. Baines, A. C. Ocampo, and B. A. Ivanov. Energy, volatile production, and climatic effects of the Chicxulub Cretaceous/Tertiary impact. *Journal of Geophysical Research* 102 (1997): 21-645-64.
Pope, K. O., K. H. Baines, A. C. Ocampo, and B. A. Ivanov. Impact winter and the Cretaceous/Tertiary extinctions: Results of a Chicxulub asteroid impact model. *Earth and Planetary Science Letters* 128 (1994): 719-25.
Prinn, R. G., and B. Fegley Jr. Bolide impacts, acid rain, and biospheric traumas at the Cretaceous-Tertiary boundary. *Earth and Planetary Science Letters* 83 (1987): 1-15.
Rampino, M. R. Role of the galaxy in periodic impacts and mass extinctions on the Earth. *Geological Society of America Special Papers* 356 (2002): 667-78.
Rampino, M. R., and K. Caldeira. Periodic impact cratering and extinction events over the last 260 million years. *Monthly Notices of the Royal Astronomical Society* 454 (2015): 3480-84.
Rampino, M. R., and B. M. Haggerty. Extraterrestrial impacts and mass extinctions of life. In *Hazards Due to Asteroids and Comets*, edited by T. Gehrels, 827-57. Tucson: University of Arizona Press, 1994.
Rampino, M. R., and T. Volk. Mass extinctions, atmospheric sulphur and climatic warming at the K/T boundary. *Nature* 332 (1988): 63-65.
Raup, D. M. Impact as a general cause of extinction: A feasibility test. *Geological Society of America Special Papers* 247 (1990): 27-32.
Raup, D. M. A kill curve for Phanerozoic marine species. *Paleobiology* 17 (1991): 37-48.
Shoemaker, E. M., and R. F. Wolfe. Mass extinctions, crater ages, and comet showers. In *The Galaxy and the Solar System*, edited by R. Smoluchowski, J. N. Bahcall, and M. S. Matthews, 338-86. Tucson: University of Arizona Press, 1986.
Shoemaker, E. M., R. F. Wolfe, and C. S. Shoemaker. Asteroid and comet flux in the neighborhood of Earth. *Geological Society of America Special Papers* 247 (1990): 155-70.
Steiner, M. B., and E. M. Shoemaker. An hypothesized Manson impact tsunami: Paleomagnetic and stratigraphic evidence in the Crow Creek Member, Pierre Shale. *Geological Society of America Special Papers* 302 (1996): 419-32.
Toon, O. B., K. Zahnle, D. Morrison, R. P. Turco, and C. Covey. Environmental perturbations caused by the impacts of asteroids and comets. *Reviews of Geophysics* 35 (1997): 41-78.
Toon, O. B., K. Zahnle, R. P. Turco, and C. Covey. Environmental perturbations caused by asteroid impacts. In *Hazards Due to Asteroids and Comets*, edited by T. Gehrels, 791-826. Tucson: University of Arizona Press, 1994.
Vajda, V., J. I. Raine, and C. J. Hollis. Indication of global deforestation at the Cretaceous-Tertiary boundary by New Zealand fern spike. *Science* 294 (2007): 1700-1702.
Varricchio, D. Taphonomy of Jack's Birthday Site, a diverse dinosaur bonebed from the Upper Cretaceous Two Medicine Formation of Montana. *Palaeogeography, Palaeoclimatology, Palaeoecology* 114 (1995): 297-323.
Varricchio, D. J., and J. R. Horner. Hadrosaurid and lambeosaurid bone beds from the Upper

Cretaceous Two Medicine Formation of Montana: Taphonomic and biologic implications. *Canadian Journal of Earth Sciences* 30 (1993): 997-1006.

Vellekoop, J., S. Esmeray-Senlet, K. G. Miller, J. V. Browning, A. Sluijs, B. van de Schootbrugge, J. S. Sinninghe Damsté, and H. Brinkhuis. Evidence for Cretaceous-Paleogene boundary bolide "impact winter" conditions from New Jersey, USA. *Geology* 44 (2016): 619-22.

Vickery, A. M., and H. J. Melosh. Atmospheric erosion and impactor retention in large impacts, with application to mass extinctions. *Geological Society of America Special Papers* 247 (1990): 289-99.

Wang, W., and T. J. Ahrens. Shock vaporization of anhydrite and global effects of the K/T bolide. *Earth and Planetary Science Letters* 156 (1998): 125-40.

Wolbach, W. S., I. Gilmour, E. Anders, C. J. Orth, and R. R. Brooks. Global fire at the Cretaceous-Tertiary boundary. *Nature* 334 (1988): 670-73.

Wolfe, J. A. Palaeobotanical evidence for a marked temperature increase following the Cretaceous/Tertiary boundary. *Nature* 343 (1990): 153-56.

Wolfe, J. A., and G. R. Upchurch. Vegetation, climatic and floral changes at the Cretaceous-Tertiary boundary. *Nature* 324 (1986): 148-52.

Zachos, J. C., and M. A. Arthur. Paleoceanography of the Cretaceous/Tertiary boundary event: Inferences from stable isotopic and other data. *Paleoceanography* 1 (1986): 5-26.

Zachos, J. C., M. A. Arthur, and W. E. Dean. Geochemical evidence for suppression of pelagic marine productivity at the Cretaceous/Tertiary boundary. *Nature* 337 (1989): 61-64.

Zahnle, K. Atmospheric chemistry by large impacts. *Geological Society of America Special Papers* 247 (1990): 271-88.

第6章　自然選択と天変地異説

Darwin, C. Natural selection. Letter to *Gardeners' Chronicle and Agricultural Gazette*, April 21, 1860, 362-63.

Darwin, C. *On the Origin of Species by Means of Natural Selection or the Preservation of Favored Races in the Struggle for Survival.* London: Murray, 1859. 邦訳：ダーウィン著、渡辺政隆訳、『種の起源（上下）』、光文社古典新訳文庫（2009）、ほか。

Dempster, W. J. *Evolutionary Concepts of the Nineteenth Century: Natural Selection and Patrick Matthew.* Durham: Pentland Press, 1996.

Eiseley, L. *Darwin's Century: Evolution and the Men Who Discovered It.* New York: Doubleday, 1959.

Gould, S. J. *The Flamingo's Smile: Reflections in Natural History.* New York: Norton, 1985. 邦訳：スティーヴン・ジェイ・グールド著、新妻昭夫訳、『フラミンゴの微笑――進化論の現在（上下）』、ハヤカワ文庫（2002）

Lyell, C. *Principles of Geology, Being an Attempt to Explain the Former Changes of the Earth's Surface by Processes Still in Operation.* 3 vols. London: Murray, 1830-1833. 邦訳：ライエル著、J. A. シコード編、河内洋佑訳、『ライエル地質学原理（上下）』、朝倉書店（2006-2007）

Matthew, P. Nature's law of selection. Letter to *Gardeners' Chronicle and Agricultural Gazette*, April 7, 1860, 312-13.

Matthew, P. *On Naval Timber and Arboriculture; with Critical Notes on Authors Who Have Recently Treated the Subject of Planting.* Edinburgh: Black, 1831.

Mayr, E. *Animal Species and Evolution.* Cambridge, Mass.: Harvard University Press, 1963.

Mayr, E. *Toward a New Philosophy of Biology*. Cambridge, Mass.: Harvard University Press, 1989. 邦訳：エルンスト・マイア著、八杉貞雄、新妻昭夫訳、『進化論と生物哲学——一進化学者の思索』、東京化学同人（1994）
McKinney, H. L. *Wallace and Natural Selection*. New Haven, Conn.: Yale University Press, 1972.
Rampino, M. R. Darwin's error? Patrick Matthew and the catastrophic nature of the geologic record. *Historical Biology* 23 (2011): 227–30.
Rudwick, M. J. S. *Georges Cuvier, Fossil Bones, and Geological Catastrophes: New Translations and Interpretations of the Primary Texts*. Chicago: University of Chicago Press, 1997.
Rudwick, M. J. S. *The Meaning of Fossils: Episodes in the History of Palaeontology*. 2nd ed. Chicago: University of Chicago Press, 1976. 邦訳：マーティン J. S. ラドウィック著、菅谷暁、風間敏共訳、『化石の意味——古生物学史挿話』、みすず書房（2013）
Wainwright, M. Natural selection: It's not Darwin's (or Wallace's) theory. *Saudi Journal of Biological Sciences* 15 (2008): 1–8.
Wainwright, M. The origin of species without Darwin and Wallace. *Saudi Journal of Biological Sciences* 17 (2010): 187–204.
Wallace, A. R. *My Life: A Record of Events and Opinions*. Vol. 2. New York: Dodd, Meade, 1905.

第７章　衝突と大量絶滅

▶全　般

Alvarez, W., F. Asaro, and A. Montanari. Iridium profile for 10 million years across the Cretaceous-Tertiary boundary at Gubbio (Italy). *Science* 250 (1990): 1700–1702.
Clube, S. V. M., and W. M. Napier. The role of episodic bombardment in geophysics. *Earth and Planetary Science Letters* 57 (1982): 251–62.
Glass, B. P., and B. M. Simonson. *Distal Impact Ejecta Layers: A Record of Large Impacts in Sedimentary Deposits*. Berlin: Springer, 2013.
Gostin, V. A., R. R. Keays, and M. W. Wallace. Iridium anomaly from the Acraman impact ejecta horizon: Impacts can produce sedimentary iridium peaks. *Nature* 340 (1989): 542–44.
Hallam, A. The case for sea-level change as a dominant causal factor in mass extinction of marine invertebrates. *Philosophical Transactions of the Royal Society of London B* 325 (1989): 437–55.
Hallam, A. Major bio-events in the Triassic and Jurassic. In *Global Events and Event Stratigraphy in the Phanerozoic*, edited by O. H. Walliser, 265–83. Berlin: Springer, 1995.
Holser, W. T., and M. Magaritz. Cretaceous/Tertiary and Permian/Triassic boundary events compared. *Geochimica et Cosmochimica Acta* 56 (1992): 3297–309.
Holser, W. T., M. Magaritz, and R. L. Ripperdan. Global isotopic events. In *Global Events and Event Stratigraphy in the Phanerozoic*, edited by O. H. Walliser, 63–88. Berlin: Springer, 1995.
Hsü, K. J., and J. A. McKenzie. A Strangelove ocean in earliest Tertiary. In *Carbon Cycle and Atmospheric CO_2: Natural Variations Archean to Present*, edited by E. T. Sundquist and W. S. Broecker, 32: 487–92. Washington, D.C.: American Geophysical Union, 1985.
Kasting, J. F., S. M. Richardson, J. B. Pollack, and O. B. Toon. A hybrid model of the CO_2 geochemical cycle and its application to large impact events. *American Journal of Science*

286 (1986): 361-89.

Kump, L. R. Interpreting carbon-isotope excursions: Strangelove oceans. *Geology* 19 (1991): 299-302.

Kump, L. R., and M. A. Arthur. Interpreting carbon-isotope excursions: Carbonates and organic matter. *Chemical Geology* 161 (1999): 181-98.

Kyte, F. T., and D. E. Brownlee. Unmelted meteoritic debris in a Late Pliocene iridium anomaly: Evidence for the ocean impact of a nonchondritic asteroid. *Geochimica et Cosmochimica Acta* 49 (1985): 1095-108.

Kyte, F. T., Z. Zhou, and J. T. Wasson. High noble metal concentrations in a late Pliocene sediment. *Nature* 292 (1981): 417-20.

Magaritz, M., W. T. Holser, and J. L. Kirschvink. Carbon-isotope events across the Precambrian/Cambrian boundary on the Siberian Platform. *Nature* 320 (1986): 258-59.

Margolis, S. V., P. Claeys, and F. T. Kyte. Microtektites, microkrystites, and spinels from a Late Pliocene asteroid impact in the Southern Ocean. *Science* 251 (1991): 1594-97.

McLaren, D. J., and W. D. Goodfellow. Geological and biological consequences of giant impacts. *Annual Review of Earth and Planetary Sciences* 18 (1990): 123-71.

Milne, D. H., and C. P. McKay. Response of marine plankton communities to a global atmospheric darkening. *Geological Society of America Special Papers* 190 (1982): 297-304.

Orth, C. J. Geochemistry of the bio-event horizons. In *Mass Extinctions: Processes and Evidence*, edited by S. K. Donovan, 37-72. New York: Columbia University Press, 1989.

Orth, C. J., M. Attrep Jr., and L. R. Quintana. Iridium abundance patterns across bio-event horizons in the fossil record. *Geological Society of America Special Papers* 247 (1990): 45-59.

Orth, C. J., M. Attrep Jr., L. R. Quintana, W. P. Elder, E. G. Kauffman, R. Diner, and T. Villamil. Elemental abundance anomalies in the late Cenomanian extinction interval: A search for the source(s). *Earth and Planetary Science Letters* 117 (1993): 189-204.

Rampino, M. R. Are marine and nonmarine extinctions correlated? *Eos, Transactions of the American Geophysical Union* 69 (1988): 889-95.

Rampino, M. R., B. M. Haggerty, and T. C. Pagano. A unified theory of impact crises and mass extinctions: Quantitative tests. *Annals of the New York Academy of Sciences* 822 (1997): 403-31.

Rampino, M. R., and T. Volk. Mass extinctions, atmospheric sulphur and climatic warming at the K/T boundary. *Nature* 332 (1988): 63-65.

Rigby, J. K., Jr., and D. L. Wolberg. The Therian mammalian fauna (Campanian) of Quarry 1, Fossil Forest study area, San Juan Basin, New Mexico. *Geological Society of America Special Papers* 209 (1987): 51-79.

Roccia, R., D. Boclet, P. Bonte, A. Castellarin, and C. Jehanno. An iridium anomaly in the Middle-Lower Jurassic of the Venetian region, northern Italy. *Journal of Geophysical Research* 91 (1986): E259-62.

Rogers, R. R. Taphonomy of three dinosaur bonebeds in the Upper Cretaceous Two Medicine Formation of Northwestern Montana: Evidence for drought-related mortality. *Palaios* 5 (1990): 394-413.

▶始新世末期

Alvarez, W., L. W. Alvarez, F. Asaro, and H. V. Michel. Iridium anomaly approximately synchronous with terminal Eocene extinctions. *Science* 216 (1982): 886-88.

参考文献

Bodiselitisch, B., A. Montanari, C. Koeberl, and R. Coccioni. Delayed climate cooling in the Late Eocene caused by multiple impacts: High-resolution geochemical studies at Massignano, Italy. *Earth and Planetary Science Letters* 233 (2004): 283–302.

Bottomley, R., R. Grieve, and V. Massaitis. The age of the Popigai impact event and its relationship to events at the Eocene/Oligocene boundary. *Nature* 388 (1997): 365–68.

Clymer, A., D. Bice, and A. Montanari. Shocked quartz from the late Eocene: Impact evidence from Massignano, Italy. *Geology* 24 (1996): 483–86.

Coccioni, R., D. Basso, H. Brinkhuis, S. Galeotti, S. Gardin, S. Monechi, and S. Spezzaferri. Marine biotic signals across a late Eocene impact layer at Massignano, Italy: Evidence for long-term environmental perturbations? *Terra Nova* 6 (2000): 258–63.

Coccioni, R., F. Fontalini, and S. Spezzaferri. Late Eocene impact-induced climate and hydrological changes: Evidence from the Massignano global stratotype section and point (Central Italy). *Geological Society of America Special Papers* 452 (2009): 97–118.

Farley, K. Cenozoic variations in the flux of interplanetary dust recorded by ^{3}He in deep-sea sediment. *Nature* 376 (1995): 153–56.

Farley, K. A., A. Montanari, E. M. Shoemaker, and C. S. Shoemaker. Geochemical evidence for a comet shower in the Late Eocene. *Science* 280 (1998): 1250–53.

Ganapathy, R. Evidence for a major meteorite impact on the Earth 34 million years ago: Implications for Eocene extinctions. *Science* 216 (1982): 885–86.

Glass, B. P. Possible correlations between tektite events and climatic changes? *Geological Society of America Special Papers* 190 (1982): 251–56.

Glass, B. P., R. N. Baker, D. Strozer, and G. A. Wagner. North American microtektites from the Caribbean Sea and their fission-track ages. *Earth and Planetary Science Letters* 19 (1973): 184–92.

Glass, B. P., D. L. DuBois, and R. Ganapathy. Relationship between an iridium anomaly and the North American microtektite layer in core RC9-58 from the Caribbean Sea. *Journal of Geophysical Research* 87, suppl. (1982): A425–28.

Glass, B. P., and B. M. Simonson. *Distal Impact Ejecta Layers: A Record of Large Impacts in Sedimentary Deposits.* Berlin: Springer, 2013.

Gohn, G. S., C. Koeberl, K. G. Miller, W. U. Reimold, J. V. Browning, C. S. Cockell, J. W. Horton Jr., T. Kenkmann, A. A. Kulpecz, D. S. Powars, et al. Deep drilling into the Chesapeake Bay impact structure. *Science* 320 (2008): 1740–45.

Grieve, R. A. F. Chesapeake Bay and other terminal Eocene impacts. *Meteoritics & Planetary Science* 31 (1996): 166–67.

Keller, G. Stepwise mass extinctions and impact events: Late Eocene to early Oligocene. *Marine Micropaleontology* 10 (1986): 267–93.

Koeberl, C., C. W. Poag, W. U. Reimold, and D. Brandt. Impact origin of the Chesapeake Bay structure and the source of the North American tektites. *Science* 271 (1996): 1263–66.

Masaitis, V. L., M. V. Naumov, and M. S. Mashchak. Anatomy of the Popigai impact crater, Russia. *Geological Societ y of America Special Papers* 339 (1999): 1–17.

Miller, K. G., W. A. Berggren, J. Zhang, and A. A. Palmer-Julson. Biostratigraphy and isotope stratigraphy of Upper Eocene microtektites at Site 612: How many impacts? *Palaios* 6 (1991): 17–38.

Monechi, S., A. Buccianti, and S. Gardin. Biotic signals from nannoflora across the iridium anomaly in the upper Eocene of the Massignano section: Evidence from statistical analysis.

Marine Micropaleontology 39 (2000): 219–37.
Montanari, A. Geochronology of the terminal Eocene impacts: An update. *Geological Society of America Special Papers* 247 (1990): 607–16.
Montanari, A., F. Asaro, H. V. Michel, and J. P. Kennett. Iridium anomalies of Late Eocene age at Massignano (Italy), and ODP Site 689B (Maud Rise, Antarctica). *Palaios* 8 (1993): 420–37.
Pierrard, O., E. Robin, R. Rocchia, and A. Montanari. Extraterrestrial Ni-rich spinel in upper Eocene sediments from Massignano, Italy. *Geology* 26 (1998): 307–10.
Poag, C. W. The Chesapeake Bay bolide impact: A convulsive event in Atlantic Coastal Plain evolution. *Sedimentary Geology* 108 (1997): 45–90.
Poag, C. W., and L. J. Poppe. The Toms Canyon structure, New Jersey outer continental shelf: A possible late Eocene impact crater. *Marine Geology* 145 (1998): 23–60.
Poag, C. W., D. S. Powars, L. J. Poppe, and R. B. Mixon. Meteoroid mayhem in Ole Virginny: Source of the North American tektite strewn field. *Geology* 22 (1994): 691–94.
Poag, C. W., D. S. Powars, L. J. Poppe, R. B. Mixon, L. E. Edwards, D. W. Folger, and S. Bruce. Deep Sea Drilling Project Site 612 bolide event: New evidence of a late Eocene impact-wave deposit and possible impact site, U.S. east coast. *Geology* 20 (1992): 771–74.
Prothero, D. R. *The Eocene-Oligocene Transition: Paradise Lost.* New York: Columbia University Press, 1994.
Sanfilippo, A., W. R. Riedel, B. P. Glass, and F. T. Kyte. Late Eocene microtektites and radiolarian extinctions on Barbados. *Nature* 314 (1985): 613–15.
Schmitz, B., S. Boschi, A. Cronholm, P. R. Heck, S. Monechi, A. Montanari, and F. Terfelt. Fragments of Late Eocene Earth-impacting asteroids linked to disturbance of asteroid belt. *Earth and Planetary Science Letters* 425 (2015): 77–83.
Vishnevsky, S., and A. Montanari. Popigai impact structure (Arctic Siberia, Russia): Geology, petrology, geochemistry, and geochronology of glass-bearing impactites. *Geological Society of America Special Papers* 339 (1999): 19–59.

▶ジュラ紀／白亜紀境界

Corner, B., W. U. Reimold, D. Bandt, and C. Koeberl. Morokweng impact structure, Northwest Province, South Africa: Geophysical imaging and shock petrographic studies. *Earth and Planetary Science Letters* 146 (1997): 351–64.
Deconinck, J. F., F. Baudin, and N. Tribovillard. The Purbeckian facies of the Boulonnais: A tsunami deposit hypothesis (Jurassic-Cretaceous boundary, northern France). *Comptes Rendus de l'Académie de sciences: Earth and Planetary Science* 330 (2000): 527–32.
Dypvik, H., S. T. Gudlaugsson, F. Tsikalas, M. Attrep Jr., R. E. Ferrell Jr., D. H. Krinsley, A. Mørk, J. I. Faleide, and J. Nagy. Mjølnir structure: An impact crater in the Barents Sea. *Geology* 24 (1996): 779–82.
Hart, R. J., M. A. G. Andreoli, M. Tredoux, D. Moser, L. D. Ashwal, E. A. Eide, S. J. Webb, and D. Brandt. Late Jurassic age for the Morokweng impact structure, Southern Africa. *Earth and Planetary Science Letters* 147 (1997): 25–35.
Houša, V., P. Pruner, V. A. Zakharov, M. Košťák, M. Chadima, M. A. Rogov, S. Slechta, and M. Mazuch. Boreal-Tethyan correlation of the Jurassic-Cretaceous boundary interval by magneto- and biostratigraphy. *Stratigraphy and Geological Correlation* 15 (2007): 297–309.
Irvine, G. J., I. McDonald, A. S. Gale, and W. U. Reimold. Platinum-group elements from the Purbeck Cinder Bed of England and the Boulonnais of France: Implications for an impact

event at the Jurassic-Cretaceous boundary. *Meteoritics & Planetary Science* 38 (2003): 2–23.

Kudielka, G., C. Koeberl, A. Montanari, J. Newton, and W. U. Reimold. Stable-isotope and trace-element stratigraphy of the Jurassic/Cretaceous boundary, Bosso River Gorge, Italy. In *Geological and Biological Effects of Impact Events*, edited by E. Buffetaut and C. Koeberl, 25–68. Berlin: Springer, 2000.

Kudielka, G., C. Koeberl, A. Montanari, J. Newton, and W. U. Reimold. Stable isotope stratigraphy of the J-K boundary Bosso Gorge, Italy. *Geochimica et Cosmochimica Acta* 58 (1999): 1393–97.

McDonald, I., G. J. Irvine, E. de Vos, A. S. Gale, and W. U. Reimold. Geochemical search for impact signatures in possible impact-generated units associated with the Jurassic-Cretaceous boundary in southern England and northern France. In *Biological Processes Associated with Impact Events*, edited by C. Cockell, I. Gilmour, and C. Koeberl, 257–86. Berlin: Springer, 2006.

Reimold, W. U., R. A. Armstrong, and C. Koeberl. A deep drillcore from the Morokweng impact structure, South Africa: Petrography, geochemistry, and constraints on the crater size. *Earth and Planetary Science Letters* 201 (2002): 221–32.

Smelror, M., S. R. A. Kelly, H. Dypvik, A. Mørk, J. Nagy, and F. Tsikalas. Mjølnir (Barents Sea) meteorite impact ejecta offers a Volgian-Ryazanian boundary marker. *Newsletters on Stratigraphy* 38 (2001): 129–40.

Tremolada, F., A. Bornemann, T. J. Bralower, C. Koeberl, and B. van de Schootbrugge. Paleoceanographic changes across the Jurassic/Cretaceous boundary: The calcareous phytoplankton response. *Earth and Planetary Science Letters* 241 (2006): 361–71.

Wimbledon, A. A. P. The Jurassic-Cretaceous boundary: An age-old correlative enigma. *Episodes* 31 (2008): 423–28.

Zakharov, V. A., A. S. Lapukhov, and O. V. Shenfilk. Iridium anomaly at the Jurassic-Cretaceous boundary in northern Siberia. *Russian Journal of Geology and Geophysics* 34 (1993): 83–90.

▶バイユー期／バース期境界

Jehanno, C., D. Boclet, P. Bonté, A. Castellarin, and R. Rocchia 1988. Identification of two populations of extraterrestrial particles in a Jurassic hardground of the Southern Alps. In *Proceedings of the 18th Lunar and Planetary Science Conference*, edited by G. Ryder, 623–30. Cambridge: Cambridge University Press, 1988.

Pallfy, J. Did the Puchezh-Katunki impact trigger an extinction? In *Cratering in Marine Environments and on Ice*, edited by H. Dypvik, M. Burchell, and P. Claeys, 135–48. Berlin: Springer, 2004.

Rocchia, R., D. Boclet, P. Bonté, A. Castellarin, and C. Jehanno. An iridium anomaly in the Middle-Lower Jurassic of the Venetian Region, Northern Italy. *Journal of Geophysical Research* 91 (1986): E259–62.

▶ノール期中期

Kirkham, A. Glauconitic spherules from the Triassic of the Bristol area, SW England: Probable mictotektite pseudomorph. *Proceedings of the Geologists' Association* 114 (2003): 11–21.

Onoue, T., H. Sato, T. Nakamura, T. Noguchi, Y. Hidaka, N. Shirai, M. Ebihara et al. Deep-sea record of impact apparently unrelated to mass extinction in the Late Triassic. *Proceedings of the National Academy of Sciences of the United States of America* 109 (2012): 19134–39.

Parker, W. G., and J. W. Martz. The Late Triassic (Norian) Adamanian-Revueltian tetrapod

faunal transition in the Chinle Formation of Petrified Forest National Park. *Earth and Environmental Science Transactions of the Royal Society of Edinburgh* 101 (2010): 231-60.

Sato, H., T. Onoue, T. Nozaki, and K. Suzuki. Osmium isotope evidence for a large Late Triassic impact event. *Nature Communications* 4 (2013): 1-7.

Thackrey, S., G. Walkden, A. Indares, M. Horstwood, S. Kelley, and R. Parrish. The use of heavy mineral correlation for determining the source of impact ejecta: A Manicouagan distal ejecta case study. *Earth and Planetary Science Letters* 285 (2009): 163-72.

Walkden, G., J. Parker, and S. Kelley. A Late Triassic impact ejecta layer in southwestern Britain. *Science* 298 (2013): 2185-88.

Wolfe, S. H. Potassium-argon ages of the Manicouagan-Mushalagan Lakes Structure. *Journal of Geophysical Research* 76 (1971): 5424-36.

▶デボン紀後期

Bai, S. L., Z. Q. Bai, X. P. Ma, D. R. Wang, and Y. L. Sun. *Devonian Events and Biostratigraphy of South China: Conodont Zonation and Correlation, Bio-Event and Chemo-Event, Milankovitch Cycle and Nickel-Episode.* Beijing: Beijing University Press, 1994.

Bond, D., and P. B. Wignall. Evidence for Late Devonian (Kellwasser) anoxic events in the Great Basin, western United States. In *Understanding Late Devonian and Permian-Triassic Biotic and Climatic Events: Towards an Integrated Approach*, edited by D. J. Over, J. R. Morrow, and P. B. Wignal, 225-62. Amsterdam: Elsevier, 2005.

Bond, D., P. B. Wignall, and G. Racki. Extent and duration of marine anoxia during the Frasnian-Famennian (Late Devonian) mass extinction in Poland, Germany, Austria and France. *Geological Magazine* 141 (2004): 173-93.

Bridge, J. S., and M. L. Droser. Unusual marginal-marine lithofacies from the Upper Devonian Catskill clastic wedge. *Geological Society of America Special Papers* 201 (1985): 143-61.

Casier, J.-G., and F. Lethiers. Ostracods and the late Devonian mass extinction: The Schmidt quarry parastratotype (Kellerwald, Germany). *Comptes Rendus de l'Académie de sciences: Earth and Planetary Science* 326 (1998): 71-78.

Casier, J.-G., F. Lethiers, and P. Claeys. Ostracod evidence for an abrupt mass extinction at the Frasnian/Famennian boundary (Devils Gate, Nevada, USA). *Comptes Rendus de l'Académie de sciences: Earth and Planetary Science* 322 (1996): 415-22.

Chai, Z.-F., X.-Y. Mao, S.-L. Ma, S.-L. Bai, C. J. Orth, Y.-Q. Zhou, and J.-G. Ma. Geochemical anomaly of the Devonian-Carboniferous boundary at Huangmao, Guangxi, China. *Abstracts, International Geological Correlation Project 199, Rare Events in Geology* (1987): 29.

Chen, D., and M. E. Tucker. The Frasnian-Famennian mass extinction: Insights from high-resolution sequence stratigraphy and cyclostratigraphy in South China. *Palaeogeography, Palaeoclimatology, Palaeoecology* 193 (2003): 87-111.

Chen, D., M. E. Tucker, Y. Shen, J. Yans, and A. Preat. Carbon isotope excursions and sea-level change: Implications for the Frasnian-Famennian biotic crisis. *Journal of the Geological Society* 159 (2002): 623-26.

Claeys, P., and J.-G. Casier. Microtektite-like impact glass associated with the Frasnian-Famennian boundary extinction. *Earth and Planetary Science Letters* 122 (1994): 303-18.

Claeys, P., J.-G. Casier, and S. V. Margolis. Microtektites and mass extinctions: Evidence for a Late Devonian asteroid impact. *Science* 257 (1992): 1102-4.

Claeys, P., F. T. Kyte, A. Herbosch, and J.-G. Casier. Geochemistry of the Frasnian-Famennian boundary, Belgium: Mass extinction, anoxic oceans and microtektite layer, but not much

iridium? *Geological Society of America Special Papers* 307 (1996): 491–504.

Ellwood, B. B., S. L. Benoist, A. El Hassani, C. Wheeler, and R. E. Crick. Impact ejecta layer from the mid-Devonian: Possible connection to global mass extinctions. *Science* 300 (2003): 1734–37.

Girard, C., E. Robin, R. Rocchia, L. Froget, and R. Feist. Search for impact remains at the Frasnian-Famennian boundary in the stratotype area, southern France. *Palaeogeography, Palaeoclimatology, Palaeoecology* 132 (1997): 391–97.

Gong, Y.-M., B.-H. Li, C.-Y. Wang, and Y. Wu. Orbital cyclostratigraphy of the Devonian Frasnian-Famennian transition in China. *Palaeogeography, Palaeoclimatology, Palaeoecology* 168 (2001): 237–48.

Goodfellow, W. D., H. H. J. Geldsetzer, D. J. McLaren, M. J. Orchard, and G. Klapper. Geochemical and isotopic anomalies associated with the Frasnian-Famennian extinction. *Historical Biology* 2 (1989): 51–72.

Joachimski, M. M. Comparison of organic and inorganic carbon isotope patterns across the Frasnian-Famennian boundary. *Palaeogeography, Palaeoclimatology, Palaeoecology* 132 (1997): 133–45.

Ma, X. P., and S. L. Bai. Biological, depositional, microspherule, and geochemical records of the Frasnian/Famennian boundary beds, South China. *Palaeogeography, Palaeoclimatology, Palaeoecology* 181 (2002): 325–46.

McGhee, G. R., Jr. The Frasnian-Famennian extinction event. In *Mass Extinctions: Processes and Evidence*, edited by S. K. Donovan, 133–51. New York: Columbia University Press, 1989.

McGhee, G. R., Jr. The Late Devonian extinction event: Evidence for abrupt ecosystem collapse. *Paleobiology* 14 (1988): 250–57.

McGhee, G. R., Jr. *The Late Devonian Mass Extinction*. New York: Columbia University Press, 1996.

McGhee, G. R., Jr. The multiple impacts hypothesis for mass extinction: A comparison of the Late Devonian and the late Eocene. *Palaeogeography, Palaeoclimatology, Palaeoecology* 176 (2001): 47–58.

McGhee, G. R., Jr. *When Invasion of the Land Failed: The Legacy of the Devonian Extinctions*. New York: Columbia University Press, 2013.

McLaren, D. J. Mass extinction and iridium anomaly in the Upper Devonian of Western Australia: A commentary. *Geology* 13 (1985): 170–72.

Nicoli, R. S., and P. E. Playford. Upper Devonian iridium anomalies, conodont zonation and the Frasnian-Famennian boundary in the Canning Basin, Western Australia. *Palaeogeography, Palaeoclimatology, Palaeoecology* 104 (1993): 105–13.

Playford, P. E., D. J. McLaren, C. J. Orth, J. S. Gilmore, and W. D. Goodfellow. Iridium anomaly in the Upper Devonian of the Canning Basin, Western Australia. *Science* 226 (1984): 437–39.

Racki, G. The Frasnian-Famennian biotic crisis: How many (if any) bolide impacts? *Geologische Rundschau* 87 (1999): 617–32.

Reimold, W. U., S. P. Kelley, S. C. Sherlock, H. Henkel, and C. Koeberl. Laser argon dating of melt breccias from the Siljan impact structure, Sweden: Implication for a possible relationship to Late Devonian extinction events. *Meteoritics & Planetary Science* 40 (2005): 591–607.

Schindler, E. Event-stratigraphic markers within the Kellwasser Crisis near the Frasnian-Famennian boundary (Upper Devonian) in Germany. *Palaeogeography, Palaeoclimatology, Palaeoecology* 104 (1993): 115-25.

Wang, K. Glassy microspherules (microtektites) from an Upper Devonian limestone. *Science* 256 (1992): 1547-50.

Wang, K., M. Attrep Jr., and C. J. Orth. Global iridium anomaly, mass extinction, and redox change at the Devonian-Carboniferous boundary. *Geology* 21 (1993): 1071-74.

Wang, K., and H. H. J. Geldsetzer. Late Devonian conodonts define the precise horizon of the Frasnian-Famennian boundary at Cinquefoil Mountain, Jasper, Alberta. *Canadian Journal of Earth Sciences* 32 (1995): 1825-34.

Wang, K., H. H. J. Geldsetzer, and B. D. E. Chatterton. A Late Devonian extraterrestrial impact and extinction in eastern Gondwana: Geochemical, sedimentological, and faunal evidence. *Geological Society of America Special Papers* 293 (1994): 111-20.

Wang, K., H. H. J. Geldsetzer, W. D. Goodfellow, and H. R. Krouse. Carbon and sulfur isotope anomalies across the Frasnian-Famennian extinction boundary, Alberta, Canada. *Geology* 24 (1996): 187-91.

Wang, K., C. J. Orth, M. Attrep Jr., B. D. E. Chatterton, H. Hou, and H. H. J. Geldsetzer. Geochemical evidence for a catastrophic biotic event at the Frasnian/Famennian boundary in south China. *Geology* 19 (1991): 776-79.

Warme, J. E., and H.-C. Kuehner. Anatomy of an anomaly: The Devonian catastrophic Alamo impact breccia of southern Nevada. *International Geology Review* 40 (1996): 189-216.

Warme, J. E., and C. A. Sandberg. Alamo megabreccia: Record of Late Devonian impact in southern Nevada. *GSA Today* 6 (1996): 1-7.

第8章 大 量 死

Becker, L., R. J. Poreda, A. R. Basu, K. O. Pope, T. M. Harrison, C. Nicholson, and R. Iasky. Bedout: A possible end-Permian crater offshore of northwestern Australia. *Science* 304 (2004): 1469-76.

Becker, L., R. J. Poreda, A. G. Hunt, T. E. Bunch, and M. Rampino. Impact event at the Permian-Triassic boundary: Evidence from extraterrestrial noble gases in fullerenes. *Science* 291 (2001): 1530-33.

Bercovici, A., Y. Cui, M.-B. Forel, J. Yu, and V. Vajda. Terrestrial paleoenvironment characterization across the Permian-Triassic boundary in South China. *Journal of Asian Earth Sciences* 98 (2015): 225-46.

Bercovici, A., and V. Vajda. Terrestrial Permian-Triassic boundary sections in South China. *Global and Planetary Change* 143 (2016): 312-33.

Bowring, S. A., D. H. Erwin, Y. G. Jin, M. W. Martin, K. Davidek, and W. Wang. U/Pb zircon geochronology and tempo of the end-Permian mass extinction. *Science* 280 (1998): 1039-45.

Burgess, S. D., S. Bowring, and S.-Z. Shen. High-precision timeline for Earth's most severe extinction. *Proceedings of the National Academy of Sciences of the United States of America* 111 (2014): 3316-21.

Cao, C., G. D. Love, L. E. Hays, W. Wang, S. Shen, and R. E. Summons. Biogeochemical evidence for euxinic oceans and ecological disturbance presaging the end-Permian mass extinction event. *Earth and Planetary Science Letters* 81 (2009): 188-201.

参考文献

Carrasquillo, A. J., C. Cao, D. H. Erwin, and R. E. Summons. Non-detection of C_{60} fullerene at two mass extinction horizons. *Geochimica et Cosmochimica Acta* 176 (2016): 18-25.

Chen, Z.-Q., J. Tong, K. Kaiho, and H. Kawahata. Onset of biotic and environmental recovery from the end-Permian mass extinction within 1-2 million years: A case study of the Lower Triassic of the Meishan section, South China. *Palaeogeography, Palaeoclimatology, Palaeoecology* 252 (2007): 176-87.

Chen, Z.-Q., H. Yang, M. Luo, M. J. Benton, K. Kaiho, L. Zhao, Y. Huang, K. Zhang, Y. Fang, H. Jiang, et al. Complete biotic and sedimentary records of the Permian-Triassic transition from Meishan section, South China: Ecologically assessing mass extinction and its aftermath. *Earth-Science Reviews* 149 (2015): 67-107.

Cirilli, S., C. P. Radrizzani, M. Ponton, and S. Radrizzani. Stratigraphical and palaeoenvironmental analysis of the Permian-Triassic transition in the Badia Valley (Southern Alps, Italy). *Palaeogeography, Palaeoclimatology, Palaeoecology* 138 (1998): 85-113.

Clarkson, M. O., S. A. Kasemann, R. A. Wood, T. M. Lentor, S. J. Daines, S. Richoz, F. Ohnemueller, A. Meixner, S. W. Poulton, and E. T. Tipper. Ocean acidification and the Permo-Triassic mass extinction. *Science* 348 (2015): 229-32.

Cui, Y., and L. R. Kump. Global warming and the end-Permian extinction event: Proxy and modeling perspectives. *Earth-Science Reviews* 149 (2015): 5-22.

Dao-Yi, X., and Y. Zheng. Carbon isotope and iridium event markers near the Permian/Triassic boundary in the Meishan section, Zhejiang Province, China. *Palaeogeography, Palaeoclimatology, Palaeoecology* 104 (1993): 171-76.

Erwin, D. H. *Extinction: How Life on Earth Nearly Ended 250 Million Years Ago.* Princeton, N.J.: Princeton University Press, 2006. 邦訳：Douglas H. Erwin 著、大野照文監訳、沼波信、一田昌宏訳、『大絶滅――２億５千万年前、終末寸前まで追い詰められた地球生命の物語』、共立出版（2009）

Erwin, D. H. *The Great Paleozoic Crisis.* New York: Columbia University Press, 1993.

Eshet, Y., M. R. Rampino, and H. Visscher. Fungal event and palynological record of ecological crisis and recovery across the Permian-Triassic boundary. *Geology* 23 (1995): 967-70.

Farley, K. A., P. Ward, G. Garrison, and S. Mukhopadhyay, Absence of extraterrestrial ^{3}He in Permian-Triassic age sedimentary rocks. *Earth and Planetary Science Letters* 240 (2005): 265-75.

Geldsetzer, H. H. J., and H. R. Krouse. Permian-Triassic extinction: Organic δ^{13}C evidence from British Columbia, Canada. *Geology* 22 (1994): 580-84.

Grasby, S. E., B. Beauchamp, D. P. G. Bond, P. Wignall, C. Talavera, J. M. Galloway, K. Piepjohn, L. Reinhardt, and D. Blomeier. Progressive environmental deterioration in northwestern Pangea leading to the latest Permian extinction. *Geological Society of America Bulletin* 127 (2015): 1331-47.

Holser, W. T., H. P. Schoenlaub, K. Boeckelmann, and M. Magaritz. The Permian-Triassic of the Gartnerkofel-1 core (Carnic Alps, Austria): Synthesis and conclusions. *Abhandlungen der Geologischen Bundesanstalt* 45 (1991): 213-32.

Isozaki, Y., N. Shimizu, J. Yao, Z. Ji, and T. Matsuda. End-Permian extinction and volcanic-induced environmental stress: The Permian-Triassic boundary interval of lower-slope facies at Chaotian, South China. *Palaeogeography, Palaeoclimatology, Palaeoecology* 252 (2007):

218–38.
Jin, Y. G., Y. Wang, W. Wang, Q. H. Shang, C. Q. Cao, and D. H. Erwin. Pattern of marine mass extinction near the Permian-Triassic boundary in South China. *Science* 289 (2000): 432–36.
Joachimski, M. M., X. Lai, S. Shen, H. Jiang, G. Luo, B. Chen, J. Chen, and Y. Sun. Climate warming in the latest Permian and the Permian-Triassic mass extinction. *Geology* 40 (2012): 195–98.
Kaiho, K., Z.-Q. Chen, H. Kawahata, Y. Kajiwara, and H. Sato. Close-up of the end-Permian mass extinction horizon recorded in the Meishan section, South China: Sedimentary, elemental, and biotic characterization and a negative shift in sulfate isotope ratio. *Palaeogeography, Palaeoclimatology, Palaeoecology* 239 (2006): 394–405.
Kershaw, S., T. Zhang, and G. Lan. A microbialite carbonate crust at the Permian-Triassic boundary in South China, and its palaeoenvironmental significance. *Palaeogeography, Palaeoclimatology, Palaeoecology* 146 (1999): 1–18.
Knoll, A. H., R. K. Bambach, D. E. Canfield, and J. P. Grotzinger. Comparative Earth history and Late Permian mass extinction. *Science* 273 (1996): 452–57.
Korte, C., and H. Kozur. Carbon-isotope stratigraphy across the Permian-Triassic boundary: A review. *Journal of Asian Earth Sciences* 39 (2010): 215–35.
Korte, C., P. Pande, P. Kalia, H. W. Kozur, M. M. Joachimski, and H. Oberhänsli. Massive volcanism at the Permian-Triassic boundary and its impact on the isotopic composition of the ocean and atmosphere. *Journal of Asian Earth Sciences* 37 (2010): 293–311.
Krull, E. S., and G. J. Retallack. Delta C-13 depth profiles from paleosols across the Permian-Triassic boundary: Evidence for methane release. *Geological Society of America Bulletin* 112 (2000): 1459–72.
Li, F., J. Yan, Z.-Q. Chen, J. G. Ogg, L. Tian, D. Korngreen, K. Liu, Z. Ma, and A. D. Woods. Global oolite deposits across the Permian-Triassic boundary: A synthesis and implications for palaeoceanography immediately after the end-Permian biocrisis. *Earth-Science Reviews* 149 (2015): 163–80.
Looy, C. V., W. A. Brugman, D. L. Dilcher, and H. Visscher. The delayed resurgence of equatorial forests after the Permian-Triassic ecologic crisis. *Proceedings of the National Academy of Sciences of the United States of America* 96 (1999): 13857–62.
Looy, C. V., R. J. Twitchett, D. L. Dilcher, J. H. A. van Konijnenburg-van Cittert, and H. Visscher. Life in the end-Permian dead zone. *Proceedings of the National Academy of Sciences of the United States of America* 98 (2001): 7879–83.
MacLeod, K. G., R. M. H. Smith, P. L. Koch, and P. D. Ward. Timing of mammal-like reptile extinctions across the Permian-Triassic boundary in South Africa. *Geology* 28 (2000): 227–30.
Magaritz, M. ^{13}C Minima follow extinction events: A clue to faunal radiation. *Geology* 17 (1989): 337–40.
Magaritz, M., and W. T. Holser. The Permian-Triassic of the Gartnerkofel-1 core (Carnic Alps, Austria): Carbon and oxygen isotope variation. *Abhandlungen der Geologischen Bundesanstalt* 45 (1991): 149–63.
Magaritz, M., R. V. Krishnamurthy, and W. T. Holser. Parallel trends in organic and inorganic carbon isotopes across the Permian/Triassic boundary. *American Journal of Science* 292 (1992): 727–39.
Michaelsen, P. Mass extinction of peat-forming plants and the effect on fluvial styles across

the Permian-Triassic boundary, northern Bowen Basin, Australia. *Palaeogeography, Palaeoclimatology, Palaeoecology* 179 (2002): 173-88.

Morante, R., J. J. Veevers, A. S. Andrew, and P. J. Hamilton. Determination of the Permian-Triassic boundary in Australia from carbon isotope stratigraphy. *Australian Petroleum Exploration Association Journal* 34 (1994): 330-36.

Pang, Y., and G. R. Shi. Life crises on land across the Permian-Triassic boundary in South China. *Global and Planetary Change* 63 (2009): 155-65.

Payne, J. L., and M. E. Clapham. End-Permian mass extinction in the oceans: An ancient analog for the twenty-first century? *Annual Review of Earth and Planetary Science* 40 (2012): 89-111.

Payne, J. L., A. V. Turchyn, A. Paytan, D. J. DePaolo, D. J. Lehrmann, M. Yu, and J. Wei. Calcium isotope constraints on the end-Permian mass extinction. *Proceedings of the National Academy of Sciences of the United States of America* 107 (2010): 8543-48.

Pilkington, M., and R. A. F. Grieve. The geophysical signature of terrestrial impact craters. *Reviews of Geophysics* 30 (1992): 161-81.

Rampino, M. R., and A. C. Adler. Evidence for abrupt latest Permian mass extinction of foraminifera: Results of tests for the Signor-Lipps effect. *Geology* 26 (1998): 415-18.

Rampino, M. R., A. Prokoph, and A. C. Adler. Tempo of the end-Permian event: High-resolution cyclostratigraphy at the Permian-Triassic boundary. *Geology* 28 (2000): 643-46.

Reinhardt, J. W. Uppermost Permian reefs and Permo-Triassic sedimentary facies from the southeastern margin of Sichuan Basin, China. *Facies* 18 (1988): 231-88.

Retallack, G. J. Permian-Triassic life crisis on land. *Science* 267 (1995): 77-80.

Retallack, G. J. A 300-million-year record of atmospheric carbon dioxide from fossil plant cuticles. *Science* 411 (2001): 287-90.

Retallack, G. J., J. J. Veevers, and R. Morante. Global coal gap between Permian-Triassic extinction and Middle Triassic recovery of peat-forming plants. *Geological Society of America Bulletin* 108 (1996): 195-207.

Rocca, M. C. L., and J. L. B. Presser. A possible new very large impact structure in Malvinas Islands. *Historia Natural* 5 (2015): 121-33.

Rothman, D. H., G. P. Fournier, K. L. French, E. J. Alm, E. A. Boyle, C. Cao, and R. E. Summons. Methanogenic burst in the end-Permian carbon cycle. *Proceedings of the National Academy of Sciences of the United States of America* 111 (2014): 5462-67.

Sandler, A., Y. Eshet, and B. Schilman. Evidence for a fungal event, methane-hydrate release and soil erosion at the Permian-Triassic boundary in southern Israel. *Palaeogeography, Palaeoclimatology, Palaeoecology* 242 (2006): 68-89.

Sano, H., and K. Nakashima. Lowermost Triassic (Griesbachian) microbial bindstone-cementstone facies, southwest Japan. *Facies* 36 (1997): 1-24.

Schneebeli-Herman, E., W. M. Kürschner, P. A. Hochuli, D. Ware, H. Weissert, S. M. Bernasconi, G. Roohi, K. ur-Rehman, N. Goudemand, and H. Bucher. Evidence for atmospheric carbon injection during the end-Permian extinction. *Geology* 41 (2013): 579-82.

Shao, L., P. Zhang, J. Dou, and S. Shen. Carbon isotope compositions of the Late Permian carbonate rocks in southern China: Their variations between the Wujiaping and Changxing formations. *Palaeogeography, Palaeoclimatology, Palaeoecology* 161 (2000): 179-92.

Shen, J., T. J. Algeo, Q. Hu, G. Xu, L. Zhou, and Q. Feng. Volcanism in South China during the Late Permian and its relationship to marine ecosystem and environmental changes.

Global and Planetary Change 105 (2013): 121-34.

Shen, J., Q. Feng, T. J. Algeo, C. Li, N. J. Planavsky, L. Zhou, and M. Zhang. Two pulses of oceanic environmental disturbance during the Permian-Triassic boundary crisis. *Earth and Planetary Science Letters* 443 (2016): 139-52.

Shen, W., Y. Lin, L. Xu, J. Li, Y. Wu, and Y. Sun. Pyrite framboids in the Permian-Triassic boundary section at Meishan, China: Evidence for dysoxic deposition. *Palaeogeography, Palaeoclimatology, Palaeoecology* 253 (2007): 323-31.

Smith, R. M. H., and P. D. Ward. Pattern of vertebrate extinctions across an event bed at the Permian-Triassic boundary in the Karoo Basin of South Africa. *Geology* 29 (2001): 1147-50.

Song, H., P. B. Wignall, D. Chu, J. Tong, Y. Sun, H. Song, W. He, and L. Tian. Anoxia/high temperature double whammy during the Permian-Triassic marine crisis and its aftermath. *Scientific Reports* 4 (2014). doi: 10.1038/srep041342.

Song, H., P. B. Wignall, J. Tong, and H. Yin. Two pulses of extinction during the Permian-Triassic crisis. *Nature Geoscience* 6 (2013): 52-56.

Stanley, S. M., and X. Yang. Two extinction events in the Late Permian. *Science* 266 (1994): 1340-44.

Steiner, M. B., Y. Eshet, M. R. Rampino, and D. M. Schwindt. Fungal abundance spike and the Permian-Triassic boundary in the Karoo Supergroup (South Africa). *Palaeogeography, Palaeoclimatology, Palaeoecology* 194 (2003): 405-14.

Sun, Y., M. M. Joachimski, P. B. Wignall, C. Yan, Y. Chen, H. Jiang, L. Wang, and X. Lai. Lethally hot temperatures during the Early Triassic greenhouse. *Science* 338 (2012): 366-70.

Sweet, W. C., Z. Yang, J. M. Dickins, and H. Yin. *Permo-Triassic Events in the Eastern Tethys.* Cambridge: Cambridge University Press, 1992.

Twitchett, R. J., C. Looy, R. Morante, H. Visscher, and P. B. Wignall. Rapid and synchronous collapse of marine and terrestrial ecosystems during the end-Permian biotic crisis. *Geology* 29 (2001): 351-54.

Verma, H. C., C. Upadhyay, R. P. Tripathi, A. D. Shukla, and N. Bhandari. Evidence of impact at the Permian/Triassic boundary from Mossbauer spectroscopy. *Hyperfine Interactions* 141 (2002): 357-60.

Visscher, H., H. Brinkhuis, D. L. Dilcher, W. C. Elsik, Y. Eshet, C. V. Looy, M. R. Rampino, and A. Traverse. The terminal Paleozoic fungal event: Evidence of terrestrial ecosystem destabilization and collapse. *Proceedings of the National Academy of Sciences of the United States of America* 93 (1996): 2155-58.

Visscher, H., C. V. Looy, M. E. Collinson, H. Brinkhuis, J. H. A. van Konijnenburg-van Cittert, W. M. Kürschner, and M. A. Sephton. Environmental mutagenesis during the end-Permian ecological crisis. *Proceedings of the National Academy of Sciences of the United States of America* 101 (2004): 12952-56.

Wang, Y., P. M. Sadler, S. Shen, D. H. Erwin, Y. Zhang, X. Wang, W. Wang, J. L. Crowley, and C. M. Henderson. Quantifying the process and abruptness of the end-Permian mass extinction. *Paleobiology* 40 (2014): 113-29.

Wang, Z.-Q., and A.-S. Chen. Traces of arborescent lycopsids and dieback of the forest vegetation in relation to the terminal Permian mass extinction in North China. *Review of Palaeobotany and Palynology* 117 (2001): 217-43.

Ward, P. D., J. Botha, R. Buick, M. O. De Kock, D. H. Erwin, G. H. Garrison, J. L. Kirschvink, and R. Smith. Abrupt and gradual extinction among Late Permian land vertebrates in the Karoo Basin, South Africa. *Science* 307 (2005): 709-14.

Ward, P., D. R. Montgomery, and R. Smith. Altered river morphology in South Africa related to the Permian-Triassic extinction. *Science* 289 (2000): 1740-43.

Weidlich, O., W. Kiessling, and E. Flugel. Permian-Triassic boundary interval as a model for forcing marine ecosystem collapse by long-term atmospheric oxygen drop. *Geology* 31 (2003): 961-64.

Wignall, P. B., and A. Hallam. Anoxia as a cause of the Permian-Triassic mass extinction: Facies evidence from northern Italy and the western United States. *Palaeogeography, Palaeoclimatology, Palaeoecology* 93 (1992): 21-46.

Wignall, P. B., H. Kozur, and A. Hallam. On the timing of palaeoenvironmental changes at the Permo-Triassic (P/TR) boundary using conodont biostratigraphy. *Historical Biology* 12 (1996): 39-62.

Wignall, P. B., and R. J. Twitchett. Oceanic anoxia and the end Permian mass extinction. *Science* 272 (1996): 1155-58.

Xie, S., R. D. Pancost, J. Huang, P. B. Wignall, J. Yu, X. Tang, L. Chen, X. Huang, and X. Lai. Changes in the global carbon cycle occurred as two episodes during the Permian-Triassic crisis. *Geology* 35 (2007): 1083-86.

Xie, S., R. D. Pancost, X. Huang, D. Jiao, L. Lu, J. Huang, F. Yang, and R. P. Evershed. Molecular and isotopic evidence for episodic environmental change across the Permo/Triassic boundary at Meishan in South China. *Global and Planetary Change* 55 (2007): 56-65.

Xie, S., R. D. Pancost, H. Yin, H. Wang, and R. P. Evershed. Two episodes of microbial change coupled with Permo/Triassic faunal mass extinction. *Nature* 434 (2005): 494-97.

Xu, L., Y. Lin, W. Shen, L. Qi, L. Xie, and Z. Ouyang. Platinum-group elements of the Meishan Permian-Triassic boundary section: Evidence for flood basaltic volcanism. *Chemical Geology* 246 (2007): 55-64.

Yin, H., K. Zhang, J. Tong, Z. Yang, and S. Wu. The Global Stratotype Section and Point (GSSP) of the Permian-Triassic boundary. *Episodes* 24 (2001): 102-14.

Yu, J., J. Broutin, Z.-Q. Chen, X. Shi, H. Li, D. Chu, and Q. Huang. Vegetation changeover across the Permian-Triassic boundary in southwest China: Extinction, survival, recovery, and paleoclimate—A critical review. *Earth-Science Reviews* 149 (2015): 203-24.

Yu, J., Y. Peng, S. Zhang, F. Yang, Q. Zhao, and Q. Huang. Terrestrial events across the Permian-Triassic boundary along the Yunnan-Guizhou border, SW China. *Global and Planetary Change* 55 (2007): 193-208.

Zhang, H., C. Cao, X. Liu, and S. Shen. The terrestrial end-Permian mass extinction in South China. *Palaeogeography, Palaeoclimatology, Palaeoecology* 448 (2015): 108-24.

Zheng, Q. F., C. Q. Cao, and M. Y. Zhang. Sedimentary features of the Permian-Triassic boundary sequence of the Meishan section in Changxing County, Zhejiang Province. *Science China Earth Sciences* 56 (2013): 956-69.

第9章　壊滅的な火山噴火と大量絶滅

Alvarez, L. W., W. Alvarez, F. Asaro, and H. V. Michel. Extraterrestrial cause of Cretaceous/Tertiary extinction: Experimental results and theoretical interpretation. *Science* 208 (1980):

1095-1108.

Berner, R. A., and D. J. Beerling. Volcanic degassing necessary to produce a $CaCO_3$ undersaturated ocean at the Triassic-Jurassic boundary. *Palaeogeography, Palaeoclimatology, Palaeoecology* 244 (2007): 368-73.

Black, B. A., J.-F. Lamarque, C. A. Shields, L. T. Elkins-Tanton, and J. T. Kiehl. Acid rain and ozone depletion from pulsed Siberian Traps magmatism. *Geology* 42 (2014): 67-70.

Blackburn, T. J., P. E. Olsen, S. A. Bowring, N. M. McLean, D. V. Kent, J. Puffer, G. McHone, E. T. Rasbury, and M. Et-Touhami. Zircon U-Pb geochronology links the end-Triassic extinction with the Central Atlantic Magmatic Province. *Science* 340 (2013): 941-44.

Bond, D. P. J., and P. W. Wignall. Large igneous provinces and mass extinctions: An update. *Geological Society of America Special Papers* 505 (2014): 29-55.

Burgess, S. D., S. Bowring, and S.-Z. Shen. High-precision timeline for Earth's most severe extinction. *Proceedings of the National Academy of Sciences of the United States of America* 111 (2014): 3316-21.

Caldeira, K., and M. R. Rampino. Carbon dioxide emissions from Deccan volcanism and a K/T boundary greenhouse effect. *Geophysical Research Letters* 17 (1990): 1299-302.

Chenet, A.-L., V. Courtillot, F. Fluteau, M. Gérard, X. Quidelleur, S. F. R. Khadri, K. V. Subbarao, and T. Thordarson. Determination of rapid Deccan eruptions across the Cretaceous-Tertiary boundary using paleomagnetic secular variation: 2. Constraints from analysis of eight new sections and synthesis for a 3500-m-thick composite section. *Journal of Geophysical Research: Solid Earth* 114 (2009): B06103.

Courtillot, V. E. *Evolutionary Catastrophes: The Science of Mass Extinctions.* New York: Cambridge University Press, 1999.

Courtillot, V. E., and P. R. Renne. On the ages of flood basalt events. *Comptes Rendus de l'Académie de sciences: Geoscience* 335 (2003): 113-40.

Deckart, K., G. Féraud, and H. Bertrand. Age of Jurassic continental tholeiites of French Guyana, Surinam and Guinea: Implications for the initial opening of the Central Atlantic Ocean. *Earth and Planetary Science Letters* 150 (1997): 205-20.

Drake, C. L., and Y. Herman. Did the dinosaurs die or evolve into red herrings? *Northwest Science* 62 (1988): 131-46.

Elkins-Tanton, L. T., and B. H. Hager. Giant meteoroid impacts can cause volcanism. *Earth and Planetary Science Letters* 239 (2005): 219-32.

Erba, E. Calcareous nannofossils and Mesozoic oceanic anoxic events. *Marine Micropaleontology* 52 (2004): 85-106.

Ernst, R. E., J. W. Head, R. Parfitt, E. Grosfils, and L. Wilson. Giant radiating dyke swarms on Earth and Venus. *Earth-Science Reviews* 39 (1995): 1-58.

Font, E., A. Nédélec, B. B. Ellwood, J. Mirão, and P. F. Silva. A new sedimentary benchmark for the Deccan Traps volcanism? *Geophysical Research Letters* 38 (2011): L24309.

Gevers, T. W. *The Life and Work of Dr. Alex L. du Toit.* Johannesburg: Geological Society of South Africa, 1949.

Girard, A., L. M. François, C. Dessert, S. Dupre, and Y. Godderis. Basaltic volcanism and mass extinction at the Permo-Triassic boundary: Environmental impact and climate modeling of the global carbon cycle. *Earth and Planetary Science Letters* 234 (2005): 207-21.

Hallam, A., and P. B. Wignall. *Mass Extinctions and Their Aftermath.* Oxford: Oxford University Press, 2002.

参考文献

Hesselbo, S. P., S. A. Robinson, F. Surlyk, and S. Piasecki. Terrestrial and marine extinction at the Triassic-Jurassic boundary synchronized with major carbon-cycle perturbation: A link to initiation of massive volcanism? *Geology* 30 (2002): 251-54.

Hotinski, R. M., K. L. Bice, L. R. Kump, R. G. Najjar, and M. A. Arthur. Ocean stagnation and end-Permian anoxia. *Geology* 29 (2001): 7-10.

Jerram, D. A., H. H. Svensen, S. Planke, A. G. Polozov, and T. H. Torsvik. The onset of flood volcanism in the north-western part of the Siberian Traps: Explosive volcanism versus effusive lava flows. *Palaeogeography, Palaeoclimatology, Palaeoecology* 441 (2015): 38-50.

Jones, A. P., G. D. Price, N. J. Price, P. S. DeCarli, and R. A. Clegg. Impact induced melting and the development of large igneous provinces. *Earth and Planetary Science Letters* 202 (2002): 551-61.

Jourdan, F., K. Hodges, B. Sell, U. Schaltegger, M. T. D. Wingate, L. Z. Evins, U. Söderlund, P. W. Haines, D. Phillips, and T. Blenkinsop. High-precision dating of the Kalkarindji large igneous province, Australia, and synchrony with the Early-Middle Cambrian (Stage 4-5) extinction. *Geology* 42 (2014): 543-46.

Keller, G., and A. C. Kerr, eds. Volcanism, impacts, and mass extinctions: Causes and effects. *Geological Society of America Special Papers* 505 (2014).

Kelley, S. P. The geochronology of large igneous provinces, terrestrial impact craters, and their relationship to mass extinctions on Earth. *Journal of the Geological Society* 164 (2007): 923-36.

Knight, K. B., S. Nomade, P. R. Renne, A. Marzoli, H. Bertrand, and N. Youbi. The Central Atlantic Magmatic Province at the Triassic-Jurassic boundary: Paleomagnetic and $^{40}Ar/^{39}Ar$ evidence from Morocco for brief episodic volcanism. *Earth and Planetary Science Letters* 228 (2004): 141-60.

Kravchinsky, V. A. Paleozoic large igneous provinces of northern Eurasia: Correlation with mass extinction events. *Global and Planetary Change* 86-87 (2012): 31-36.

McHone, G. J. G. Broad-terrane Jurassic flood basalts across northeastern North America. *Geology* 24 (1996): 319-22.

McLean, D. M. Deccan Trap mantle degassing in the terminal Cretaceous marine extinction. *Cretaceous Research* 61 (1985): 235-39.

McLean, D. M. A test of terminal Mesozoic catastrophe. *Earth and Planetary Science Letters* 53 (1981): 103-108.

Officer, C. B. Extinctions, iridium, and shocked minerals associated with the Cretaceous/Tertiary transition. *Journal of Geological Education* 38 (1990): 402-25.

Officer, C. B., and C. L. Drake. The Cretaceous-Tertiary transition. *Science* 219 (1983): 1383-90.

Officer, C. B., and C. L. Drake. Terminal Cretaceous environmental events. *Science* 227 (1985): 1161-67.

Officer, C. B., A. Hallam, C. L. Drake, and J. D. Devine. Late Cretaceous and paroxysmal Cretaceous/Tertiary extinctions. *Nature* 326 (1987): 143-49.

Olsen, P. E. Giant lava flows, mass extinctions and mantle plumes. *Science* 284 (1999): 604-5.

Palfy, J., and P. L. Smith. Synchrony between Early Jurassic extinction, oceanic anoxic event, and the Karoo-Ferrar flood basalt volcanism. *Geology* 28 (2000): 747-50.

Rampino, M. R. Mass extinctions of life and catastrophic flood basalt volcanism. *Proceedings of the National Academy of Sciences of the United States of America* 107 (2010): 6555-56.

Rampino, M. R., and S. Self. Large igneous provinces and biotic extinctions. In *The Encyclopedia of Volcanoes*, 2nd ed., edited by H. Sigurdsson, B. Houghton, S. McNutt, H. Rymer, and J. Stix, 1049–58. London: Academic Press, 2015.

Rampino, M. R., and R. B. Stothers. Flood basalt volcanism during the past 250 million years. *Science* 241 (1988): 663–68.

Ravizza, G., and B. Peucker-Ehrenbrink. Chemostratigraphic evidence of Deccan volcanism from the marine Osmium isotope record. *Science* 302 (2003): 1392–95.

Renne, P. R., C. J. Sprain, M. A. Richards, S. Self, L. Vandewrkluysen, and R. Pande. State shift of Deccan volcanism at the Cretaceous-Paleogene boundary, possibly induced by impact. *Science* 350 (2015): 76–78.

Richards, M. A., R. A. Duncan, and V. E. Courtillot. Flood basalts and hot-spot tracks: Plume heads and tails. *Science* 246 (1989): 103–7.

Robinson, N., G. Ravizza, R. Coccioni, B. Peucker-Ehrenbrink, and R. Norris. A high-resolution marine osmium isotope record for the late Maastrichtian: Distinguishing the chemical fingerprints of the Deccan and KT impactor. *Earth and Planetary Science Letters* 281 (2008): 159–68.

Rocchia, R., D. Boclet, V. Courtillot, and J. J. Jaeger. A search for iridium in the Deccan Traps and intertraps. *Geophysical Research Letters* 15 (1988): 812–15.

Rothman, D. H., G. P. Fournier, K. L. French, E. J. Alm, E. A. Boyle, C. Cao, and R. E. Summons. Methanogenic burst in the end-Permian carbon cycle. *Proceedings of the National Academy of Sciences of the United States of America* 111 (2014): 5462–67.

Ruhl, M., N. R. Bonis, G.-J. Reichart, J. S. Sinninghe Damsté, and W. M. Kürschner. Atmospheric carbon injection linked to end-Triassic mass extinction. *Science* 333 (2011): 430–34.

Saunders, A., and M. Reichow. The Siberian Traps and the end-Permian mass extinction: A critical review. *Chinese Science Bulletin* 54 (2009): 20–37.

Schaller, M. F., J. D. Wright, and D. V. Kent. Atmospheric pCO_2 perturbations associated with the Central Atlantic Magmatic Province. *Science* 331 (2012): 1404–7.

Schmidt, A., K. S. Carslaw, G. W. Mann, M. Wilson, T. J. Breider, S. J. Pickering, and T. Thordarson. The impact of the 1783–1784 AD Laki eruption on global aerosol formation processes and cloud condensation nuclei. *Atmospheric Chemistry and Physics* 10 (2010): 6025–41.

Schoene, B., K. M. Samperton, M. P. Eddy, G. Keller, T. Adatte, S. A. Bowring, S. F. R. Khadri, and B. Gertsch. U-Pb geochronology of the Deccan Traps and relation to the end-Cretaceous mass extinction. *Science* 347 (2015): 182–84.

Self, S., A. Schmidt, and T. A. Mather. Emplacement characteristics, time scales, and volcanic gas release rates of continental flood basalts on Earth. *Geological Society of America Special Papers* 505 (2014): 319–35.

Self, S., M. Widdowson, T. Thordarson, and A. E. Jay. Volatile fluxes during flood basalt eruptions and potential effects on the global environment: A Deccan perspective. *Earth and Planetary Science Letters* 248 (2006): 518–31.

Sinton, C. W., and R. A. Duncan. Potential links between ocean plateau volcanism and global ocean anoxia at the Cenomanian-Turonian boundary. *Economic Geology* 92 (1997): 836–43.

Stothers, R. B. Flood basalts and extinction events. *Geophysical Research Letters* 20 (1993): 1399–402.

Sun, Y., M. M. Joachimski, P. B. Wignall, C. Yan, Y. Chen, H. Jiang, L. Wang, and X. Lai.

Lethally hot temperatures during the Early Triassic greenhouse. *Science* 338 (2012): 366-70.

Svensen, H., F. Corfu, S. Polteau, Ø. Hammer, and S. Planke. Rapid magma emplacement in the Karoo Large Igneous Province. *Earth and Planetary Science Letters* 325-326 (2012): 1-9.

Svensen, H., S. Planke, L. Chevallier, A. Malthe-Sørenssen, F. Corfu, and B. Jamtveit. Hydrothermal venting of greenhouse gases triggering Early Jurassic global warming. *Earth and Planetary Science Letters* 256 (2007): 554-66.

Svensen, H., S. Planke, A. Malthe-Sørenssen, B. Jamtveit, R. Myklebust, T. R. Eidem, and S. S. Rey. Release of methane from a volcanic basin as a mechanism for initial Eocene global warming. *Nature* 429 (2004): 542-45.

Svensen, H., S. Planke, A. G. Polozov, N. Schmidbauer, F. Corfu, Y. Y. Podladchikov, and B. Jamtveit. Siberian gas venting and the end-Permian environmental crisis. *Earth and Planetary Science Letters* 277 (2009): 490-500.

Thordarson, T., and S. Self. Sulfur, chlorine, and fluorine degassing and atmospheric loading by the Roza eruption, Columbia River Basalt Group, Washington, USA. *Journal of Volcanology and Geothermal Research* 74 (1996): 49-73.

Thordarson, T., S. Self, N. Óskarsson, and T. Hulsebosch. Sulfur, chlorine, and fluorine degassing and atmospheric loading by the 1783-1784 Laki (Skaftár Fires) eruption in Iceland. *Bulletin of Volcanology* 58 (1996): 205-25.

Wignall, P. B. Large igneous provinces and mass extinctions. *Earth-Science Reviews* 53 (2001): 1-33.

Wignall, P. B. *The Worst of Times: How Life on Earth Survived Eighty Million Years of Extinctions.* Princeton, N.J.: Princeton University Press, 2015. 邦訳：ポール B. ウィグナル著、柴田譲治訳、『大絶滅時代とパンゲア超大陸——絶滅と進化の 8000 万年』、原書房 (2016)

Williams, D. A., and R. Greeley. Assessment of antipodal-impact terrains on Mars. *Icarus* 110 (1994): 196-202.

Yang, J., P. A. Cawood, Y. Du, H. Huang, H. Huang, and P. Tao. Large igneous province and magmatic arc sourced Permian-Triassic volcanogenic sediments in China. *Sedimentary Geology* 261-262 (2012): 120-31.

Yin, H., S. Huang, K. Zhang, F. Yang, M. Ding, X. Bi, and S. Zhang. Volcanism at the Permian-Triassic boundary in South China and its effects on mass extinctions. *Acta Geologica Sinica* 2 (1989): 417-31.

Zhu, D.-C., S.-L. Chung, X.-X. Mo, Z.-D. Zhao, Y. Niu, B. Song, and Y.-H. Yang. The 132 Ma Comei-Bunbury large igneous province: Remnants identified in present-day southeastern Tibet and southwestern Australia. *Geology* 37 (2009): 581-86.

第 10 章　大昔の氷河堆積物か、それとも天体衝突による堆積物か

Ahmad, F. An ancient tillite in central India. *Quarterly Journal of the Geological, Mining and Metallurgical Society of India* 27 (1955): 157-61.

Amor, K., S. P. Hesselbo, D. Porcelli, S. Thackrey, and J. Parnell. A Precambrian proximal ejecta blanket from Scotland. *Geology* 36 (2008): 304-6.

Arnaud, E., and C. H. Eyles. Catastrophic mass failure of a Neoproterozoic glacially influenced continental margin, the Great Breccia, Port Askaig Formation, Scotland. *Sedimentary Geology* 151 (2002): 313-33.

Arnaud, E., and C. H. Eyles. Neoproterozoic environmental change recorded in the Port Askaig Formation, Scotland: Climate vs tectonic controls. *Sedimentary Geology* 183 (2006): 99-124.

Benn, D. I., and A. R. Prave. Subglacial and proglacial glacitectonic deformation in the Neoproterozoic Port Askaig Formation, Scotland. *Geomorphology* 75 (2006): 266-80.

Bjørlykke, K. The Eocambrian "Reusch Moraine" at Bigganjargga and the geology around Varangerfjord, northern Norway. *Norges Geologiske Undersøkelse* 251 (1967): 19-44.

Branney, M. J., and R. J. Brown. Impactoclastic density current emplacement of terrestrial meteorite-impact ejecta and the formation of dust pellets and accretionary lapilli: Evidence from Stac Fada, Scotland. *Journal of Geology* 119 (2011): 275-92.

Cahen, L. Glaciations anciennes et dérive des continents. *Annales de la Société Géologique de Belgique* 86 (1963): 19-83.

Chao, E. C. T. Mineral-produced high-pressure striae and clay-polish: Key evidence for non-ballistic transport of ejecta from the Ries crater. *Science* 194 (1976): 615-18.

Chao, E. C. T., R. Huttner, and H. Schmidt-Kaler. *Principal Exposures of the Ries Meteorite Crater in Southern Germany*. Munich: Bayerisches Geologisches Landesamt, 1978.

Chumakov, N. M. Mesozoic tilloids of the middle Volga, USSR. In *Earth's Pre-Pleistocene Glacial Record*, edited by M. H. Hambrey and W. B. Harland, 570. Cambridge: Cambridge University Press, 1981.

Crosta, A. P., and J. J. Thome Filho. Geology and impact features of the Domo de Araguainha Astrobleme, states of Mato Grosso and Goias, Brazil. Paper presented at the 31st International Geological Congress, Rio de Janeiro, Brazil, 2000.

Crowell, J. C. Climatic significance of sedimentary deposits containing dispersed megaclasts. In *Problems in Palaeoclimatology*, edited by A. E. M. Nairn, 86-89. London: Wiley, 1964.

Davison, S., and M. J. Hambrey. Indications of glaciations at the base of the Proterozoic Stoer Group (Torridonian), NW Scotland. *Journal of the Geological Society* 153 (1996): 139-49.

Edwards, M. B. Discussion of glacial or non-glacial origin for the Bigganjargga tillite, Finnmark, northern Norway. *Geological Magazine* 134 (1997): 873-76.

Eyles, C. H. Glacially- and tidally-influenced shallow marine sedimentation of the Late Precambrian Port Askaig Formation, Scotland. *Palaeogeography, Palaeoclimatology, Palaeoecology* 68 (1988): 1-25.

Eyles, C. H., N. Eyles, and A. D. Miall. Models of glaciomarine sedimentation and their application to the interpretation of ancient glacial sequences. *Palaeogeography, Palaeoclimatology, Palaeoecology* 51 (1985): 15-84.

Eyles, N. Marine debris flows: Late Precambrian tillites of the Avalonian-Cadomian orogenic belt. *Palaeogeography, Palaeoclimatology, Palaeoecology* 79 (1990): 73-98.

Eyles, N., and N. Januszczak. "Zipper-rift": A tectonic model for Neoproterozoic glaciations during the breakup of Rodinia after 750 Ma. *Earth-Science Reviews* 65 (2004): 1-73.

Hambrey, M. J., and W. B. Harland, eds. *Earth's Pre-Pleistocene Glacial Record*. Cambridge: Cambridge University Press, 1981.

Horz, F., R. Ostertag, and D. A. Rainey. Bunte Breccia of the Ries: Continuous deposits of large impact craters. *Reviews of Geophysics and Space Physics* 21 (1983): 1667-725.

Jensen, P. A., and E. Wulff-Pedersen. Glacial or non-glacial origin of the Bigganjargga tillite, Finnmark, northern Norway. *Geological Magazine* 133 (1996): 137-45.

Kim, S. B., S. K. Chough, and S. S. Chun. Bouldery deposits in the lowermost part of the

Cretaceous Kyokpori Formation, SW Korea: Cohesionless debris flows and debris falls on a steep gradient delta slope. *Sedimentary Geology* 98 (1995): 97–119.

Link, P. K., J. M. G. Miller, and N. Christie-Blick. Glaciomarine facies in a continental rift environment: Neoproterozoic rocks of the western United States Cordillera. In *Earth's Glacial Record*, edited by M. Deynoux, J. M. Miller, and E. W. Domack, 29–46. Cambridge: Cambridge University Press, 1994.

Lopez-Gamundi, O. R. Thin-bedded diamictites in the glaciomarine Hoyada Verde Formation (Carboniferous), Calingasta-Uspallate Basin, western Argentina: A discussion on the emplacement conditions of subaqueous cohesive debris flows. *Sedimentary Geology* 73 (1991): 247–56.

Masaitis, V. L. Impact structures of northeastern Eurasia: The territories of Russia and adjacent countries. *Meteoritics & Planetary Science* 34 (1999): 691–711.

Mathur, S. M. The Middle Precambrian Gangau Tillite, Bijawar Group, Central India. In *Earth's Pre-Pleistocene Glacial Record*, edited by M. H. Hambrey and W. B. Harland, 428–30. Cambridge: Cambridge University Press, 1981.

Miall, A. D. Glaciomarine sedimentation in the Gowganda Formation (Huronian), Northern Ontario. *Journal of Sedimentary Research* 53 (1983): 477–91.

Middleton, G. V., and M. A. Hampton. Sediment gravity flows: Mechanisms of flow and deposition. In *Turbidites and Deep-Water Sedimentation: Short Course Notes*, edited by G. V. Middleton and A. Bouma, 1–38. Tulsa, Okla.: Society of Economic Paleontologists and Mineralogists, 1973.

Miller, J. M. G. The Proterozoic Konarock Formation, southwestern Virginia: Glaciomarine facies in a continental rift. In *Earth's Glacial Record*, edited by M. Deynoux, J. M. Miller, and E. W. Domack, 47–59. Cambridge: Cambridge University Press, 1994.

Mu, Y. Luoquan Tillite of the Sinian System in China. In *Earth's Pre-Pleistocene Glacial Record*, edited by M. H. Hambrey and W. B. Harland, 402–13. Cambridge: Cambridge University Press, 1981.

Mustard, P. S., and J. A. Donaldson. Early Proterozoic ice-proximal glaciomarine deposition: The lower Gowganda Formation at Cobalt Ontario, Canada. *Geological Society of America Bulletin* 98 (1987): 373–87.

Oberbeck, V. R., F. Horz, and T. Bunch. Impacts, tillites and the breakup of Gondwanaland: A second reply. *Journal of Geology* 102 (1994): 485–89.

Oberbeck, V. R., J. R. Marshall, and H. Aggarwal. Impacts, tillites and the breakup of Gondwanaland. *Journal of Geology* 101 (1993): 1–19.

Ocampo, A. C., K. O. Pope, and A. G. Fischer. Carbonate ejecta from the Chicxulub crater: Evidence for ablation and particle interactions under high temperatures and pressures. In *Proceedings of the 28th Lunar and Planetary Science Conference*, 1035–1036. Houston: Lunar and Planetary Institute, 1997.

Ocampo, A. C., K. O. Pope, and A. G. Fischer. Ejecta blanket deposits of the Chicxulub crater from Albion Island, Belize. *Geological Society of America Special Papers* 307 (1996): 75–88.

Parnell, J., D. Mark, A. E. Fallick, A. Boyce, and S. Thackrey. The age of the Mesoproterozoic Stoer Group sedimentary and impact deposits, NW Scotland. *Journal of the Geological Society* 168 (2011): 349–58.

Pincus, M. R., A. Cavoisie, and R. Gibbon. Preservation of Vredefort-derived shocked minerals in 300 Ma Dwyka Group tillite, South Africa. *Geological Society of America, Abstracts with*

Programs 46 (2014): 706.

Pope, K. O., and A. C. Ocampo. Chicxulub high altitude ballistic ejecta from central Belize. In *Proceedings of the 31st Lunar and Planetary Science Conference*, 1419. Houston: Lunar and Planetary Institute, 2000.

Pope, K. O., A. C. Ocampo, A. G. Fischer, W. Alvarez, B. W. Fouke, C. L. Webster, F. J. Vega, J. Smit, A. E. Fritsche, and P. Claeys. Chicxulub impact ejecta from Albion Island, Belize. *Earth and Planetary Science Letters* 170 (1999): 351–64.

Pope, K. O., A. C. Ocampo, A. G. Fischer, F. Vega, D. E. Ames, D. T. King, B. Fouke, R. J. Wachtman, and G. Kleteschka. Chicxulub impact ejecta deposits in southern Quintana Roo, Mexico, and central Belize. *Geological Society of America Special Papers* 384 (2005): 171–90.

Rampino, M. R. Tillites, diamictites, and ballistic ejecta of large impacts. *Journal of Geology* 102 (1994): 439–56.

Rampino, M. R., K. Ernstson, A. G. Fischer, D. T. King Jr., A. C. Ocampo, and K. O. Pope. Characteristics of clasts in K/T debris-flow diamictites in Belize compared with other known proximal ejecta deposits. *Geological Society of America, Abstracts with Programs* 28 (1996): A-182.

Reimhold, W. U., V. von Brunn, and C. Koeberl. Are diamictites impact ejecta? No supporting evidence from South African Dwyka Group diamictites. *Journal of Geology* 105 (1997): 517–30.

Rice, A. H. N., and C.-C. Hofmann. Evidence for a glacial origin of Neoproterozoic III striations at Oaibaccannjar'ga, Finnmark, northern Norway. *Geological Magazine* 137 (2000): 355–66.

Sable, E. G., and F. Maldonado. Breccias and megabreccias, Markagunt Plateau, southwestern Utah: Origin, age, and transport directions. *U.S. Geological Survey Bulletin* 2153-H (1997): 153–76.

Schermerhorn, L. J. G. Late Precambrian mixtites: Glacial and/or nonglacial? *American Journal of Science* 274 (1974): 673–824.

Simms, M. J. The Stac Fada impact ejecta deposit and the Lairg Gravity Low: Evidence for a buried Precambrian impact crater in Scotland. *Proceedings of the Geologists' Association* 126 (2015): 742–61.

Thomas, R. J., V. von Brunn, and C. G. A. Marshall. A tectono-sedimentary model for the Dwyka Group in southern Natal, South Africa. *South African Journal of Geology* 93 (1990): 809–17.

Visser, J. N. J. The problems of recognizing ancient subaqueous debris flow deposits in glacial sequences. *Transactions of the Geological Society of South Africa* 86 (1983): 127–35.

Visser, J. N. J. Submarine debris flow deposits from the Upper Carboniferous Dwyka Tillite Formation in the Kalahari Basin, South Africa. *Sedimentology* 30 (1983): 511–23.

von Brunn, V., and D. J. C. Gold. Diamictite in the Archaean Pongola Sequence of southern Africa. *Journal of African Earth Sciences* 16 (1993): 367–74.

von Brunn, V., and C. P. Gravenor. A model for late Dwyka glaciomarine sedimentation in the eastern Karoo Basin. *Transactions of the Geological Society of South Africa* 86 (1983): 199–209.

Wang, Y., L. Songhian, G. Zhengjia, L. Weixing, and M. Guogan. Sinian tillites in China. In *Earth's Pre-Pleistocene Glacial Record*, edited by M. H. Hambrey and W. B. Harland, 386–401. Cambridge: Cambridge University Press, 1981.

Williams, G. E., and P. W. Schmidt. Origin and paleomagnetism of the Mesoproterozoic Gangau tilloid (basal Vindhyan Supergroup), central India. *Precambrian Research* 79 (1996): 307-25.

第11章 シヴァ仮説

Alvarez, W. Toward a theory of impact crises. *Eos, Transactions of the American Geophysical Union* 67 (1986): 649-58.

Alvarez, W., and R. A. Muller. Evidence from crater ages for periodic impacts on the Earth. *Nature* 308 (1984): 718-20.

Bailer-Jones, C. A. L. Bayesian time series analysis of terrestrial impact cratering. *Monthly Notices of the Royal Astronomical Society* 416 (2011): 1163-80.

Bailer-Jones, C. A. L. The evidence for and against astronomical impacts on climate change and mass extinctions: A review. *International Journal of Astrobiology* 8 (2009): 213-39.

Chang, H.-H., and H.-K. Moon. Time-series analysis of terrestrial impact crater records. *Publications of the Astronomical Society of Japan* 57 (2005): 487-95.

Clube, S. V. M., and W. M. Napier. Giant comets and the galaxy: Implications of the terrestrial record. In *The Galaxy and the Solar System*, edited by R. Smoluchowski, J. N. Bahcall, and M. S. Matthews, 260-85. Tucson: University of Arizona Press, 1986.

Clube, S. V. M., and W. M. Napier. The role of episodic bombardment in geophysics. *Earth and Planetary Science Letters* 57 (1982): 251-62.

Davis, M., P. Hut, and R. A. Muller. Extinction of species by periodic comet showers. *Nature* 308 (1984): 715-17.

Fogg, M. J. The relevance of the background impact flux to cyclic impact/mass extinction hypotheses. *Icarus* 79 (1989): 382-95.

Grieve, R. A. F., V. L. Sharpton, A. K. Goodacre, and J. B. Garvin. A perspective on the evidence for periodic cometary impacts on Earth. *Earth and Planetary Science Letters* 76 (1985): 1-9.

Grieve, R. A. F., and E. M. Shoemaker. The record of past impacts on earth. In *Hazards Due to Asteroids and Comets*, edited by T. Gehrels, 417-62. Tucson: University of Arizona Press, 1994.

Hallam, A. The end-Triassic mass extinction event. *Geological Society of America Special Papers* 247 (1990): 577-83.

Hills, J. G. Comet showers and the steady-state infall of comets from the Oort cloud. *Astronomical Journal* 86 (1981): 1730-40.

Innanen, K. A., A. T. Patrick, and W. W. Duley. The interaction of the spiral density wave with the sun's galactic orbit. *Astrophysics and Space Science* 57 (1978): 511-15.

Lieberman, B. S., and A. L. Melott. Whilst this planet has gone cycling on: What role for periodic astronomical phenomena in large-scale patterns in the history of life? In *Earth and Life: Global Biodiversity, Extinction Intervals and Biogeographic Perturbations Through Time*, edited by J. Talent, 37-50. Dordrecht: Springer, 2012.

Matese, J. J., P. G. Whitman, K. A. Innanen, and M. J. Valtonen. Periodic modulation of the Oort cloud comets by the adiabatically changing galactic tide. *Icarus* 116 (1991): 255-68.

Matese, J., and D. Whitmire. Tidal imprint of distant Galactic matter on the Oort cloud. *Astrophysical Journal* 472 (1996): L41-43.

Matsumoto, M., and H. Kubotani. A statistical test for correlation between crater formation

rate and mass extinctions. *Monthly Notices of the Royal Astronomical Society* 282 (1996): 1407-12.

Melott, A. L., and R. K. Bambach. Nemesis reconsidered. *Monthly Notices of the Royal Astronomical Society* 407 (2010): L99-102.

Perlmutter, S., and R. A. Muller. Evidence for comet storms in meteorite ages. *Icarus* 74 (1988): 369-73.

Prokoph, A., A. D. Fowler, and R. T. Patterson. Evidence for periodicity and non-linearity in a high-resolution record of long-term evolution. *Geology* 28 (2000): 867-70.

Rampino, M. R. Role of the galaxy in periodic impacts and mass extinctions on the Earth. *Geological Society of America Special Papers* 356 (2002): 667-78.

Rampino, M. R., and K. Caldeira. Periodic impact cratering and extinction events over the last 260 million years. *Monthly Notices of the Royal Astronomical Society* 454 (2015): 3480-84.

Rampino, M. R., and B. M. Haggerty. Extraterrestrial impacts and mass extinctions of life. In *Hazards Due to Asteroids and Comets*, edited by T. Gehrels, 827-57. Tucson: University of Arizona Press, 1994.

Rampino, M. R., and B. M. Haggerty. Impact crises and mass extinctions: A working hypothesis. *Geological Society of America Special Papers* 307 (1996): 11-30.

Rampino, M. R., and B. M. Haggerty. The Shiva hypothesis: Impact crises, mass extinctions, and the galaxy. *Earth, Moon, and Planets* 72 (1996): 441-60.

Rampino, M. R., and R. B. Stothers. Geological rhythms and cometary impacts. *Science* 226 (1984): 1427-31.

Rampino, M. R., and R. B. Stothers. Geologic periodicities and the galaxy. In *The Galaxy and the Solar System*, edited by R. Smoluchowski, J. N. Bahcall, and M. S. Matthews, 241-59. Tucson: University of Arizona Press, 1986.

Rampino, M. R., and R. B. Stothers. Terrestrial mass extinctions, cometary impacts and the sun's motion perpendicular to the galactic plane. *Nature* 308 (1984): 709-12.

Randall, L. *Dark Matter and the Dinosaurs: The Astounding Interconnectedness of the Universe*. New York: HarperCollins, 2015. 邦訳：リサ・ランドール著、向山信治監訳、塩原通緒訳、『ダークマターと恐竜絶滅——新理論で宇宙の謎に迫る』、NHK 出版 (2016)

Randall, L., and M. Reece. Dark matter as a trigger for periodic comet impacts. *Physical Review Letters* 112 (2014): 161301-1-5.

Raup, D. M., and J. J. Sepkoski Jr. Periodicity of extinctions in the geologic past. *Proceedings of the National Academy of Sciences of the United States of America* 81 (1984): 801-5.

Schwartz, R. D., and P. B. James. Periodic mass extinctions and the sun's oscillation about the galactic plane. *Nature* 308 (1984): 712-13.

Shoemaker, E. M. Long-term variations in the impact cratering rate on Earth. In *Meteorites: Their Flux with Time and Impact Effects*, edited by M. M. Grady, R. Hutchison, G. J. H. McCall, and D. A. Rothery, 7-10. London: Geological Society. 1998.

Shoemaker, E. M., and R. F. Wolfe. Mass extinctions, crater ages, and comet showers. In *The Galaxy and the Solar System*, edited by R. Smoluchowski, J. N. Bahcall, and M. S. Matthews, 338-86. Tucson: University of Arizona Press, 1986.

Stothers, R. B. Galactic dark matter, terrestrial impact cratering and the law of large numbers. *Monthly Notices of the Royal Astronomical Society* 300 (1998): 1098-104.

Stothers, R. B. Impact cratering at geologic stage boundaries. *Geophysical Research Letters* 20

(1993): 887-91.
Stothers, R. B. Mass extinctions and missing matter. *Nature* 311 (1984): 17.
Thaddeus, P., and G. Chanan. Cometary impacts, molecular clouds and the motion of the sun perpendicular to the galactic plane. *Nature* 314 (1985): 73-75.
Urey, H. C. Cometary collisions and geological periods. *Nature* 242 (1973): 32-33.
Whitmire, D. P., and A. A. Jackson. Are periodic mass extinctions driven by a distant solar companion? *Nature* 308 (1984): 713-15.
Yabushita, S. Periodicity in the crater formation rate and implications for astronomical modeling. *Celestial Mechanics and Dynamical Astronomy* 54 (1992): 161-78.

第12章　地殻の大変動とダークマター

Abbas, S., and A. Abbas. Volcanogenic dark matter and mass extinctions. *Astroparticle Physics* 8 (1998): 317-20.
Chen, J., V. A. Kravchinsky, and X. Liu. The 13 million year Cenozoic pulse of the Earth. *Earth and Planetary Science Letters* 431 (2015): 256-63.
Clube, S. V. M., and W. M. Napier. Galactic dark matter and terrestrial periodicities. *Quarterly Journal of the Royal Astronomical Society* 37 (1996): 617-42.
Clube, S. V. M., and W. M. Napier. Giant comets and the galaxy: Implications of the terrestrial record. In *The Galaxy and the Solar System*, edited by R. Smoluchowski, J. N. Bahcall, and M. S. Matthews, 260-85. Tucson: University of Arizona Press, 1986.
Courtillot, V., A. Davaille, J. Besse, and J. Stock. Three distinct types of hotspots in Earth's mantle. *Earth and Planetary Science Letters* 205 (2003): 295-308.
Courtillot, V., and P. Olson. Mantle plumes link magnetic superchrons to Phanerozoic mass depletion events. *Earth and Planetary Science Letters* 260 (2007): 495-504.
Fischer, A. G., and M. A. Arthur. Secular variations in the pelagic realm. *Society of Economic Paleontologists and Mineralogists Special Publication* 25 (1977): 19-50.
Freese, K. Can scalar neutrinos or massive Dirac neutrinos be the missing mass? *Physics Letters B* 167 (1986): 295-300.
Gould, A. Resonant enhancements in weakly interacting massive particle capture by the Earth. *Astrophysical Journal* 321 (1987): 571-85.
Grabau, A. W. *Principles of Stratigraphy*. New York: Seiler, 1913.
Hallam, A., and P. B. Wignall. Mass extinctions and sea level changes. *Earth-Science Reviews* 48 (1999): 217-50.
Hays, J. D., J. Imbrie, and N. J. Shackleton. Variations in the Earth's orbit: Pacemaker of the ice ages. *Science* 194 (1976): 1121-32.
Hays, J. D., and W. C. Pitman III. Lithospheric plate motion, sea level changes and climatic and ecologic consequences. *Nature* 246 (1973): 18-22.
Johnson, G. L., and J. E. Rich. A 30 million year cycle in Arctic volcanism? *Journal of Geodynamics* 6 (1986): 111-16.
King, S. D., J. P. Lowman, and C. W. Gable. Episodic tectonic plate reorganizations driven by mantle convection. *Earth and Planetary Science Letters* 203 (2002): 83-91.
Krauss, L. M., M. Srednicki, and F. Wilczek. Solar system constraints and signatures for dark-matter candidates. *Physical Review D: Particles and Fields* 33 (1986): 2079-83.
Napier, W. M. Galactic periodicity and the geological record. In *Meteorites: Their Flux with Time and Impact Effects*, edited by M. M. Grady, R. Hutchison, G. J. H. McCall, and D. A.

Rothery, 19-29. London: Geological Society, 1998.
Ogawa, M. Mantle convection: A review. *Fluid Dynamics Research* 40 (2008): 379-98.
Prokoph, A., H. El Bilali, and R. Ernst. Periodicities in the emplacement of large igneous provinces through the Phanerozoic: Relations to ocean chemistry and marine biodiversity evolution. *Geoscience Frontiers* 4 (2013): 263-76.
Prokoph, A., A. D. Fowler, and R. T. Patterson. Evidence for periodicity and non-linearity in a high-resolution fossil record of long-term evolution. *Geology* 28 (2000): 867-70.
Rampino, M. R. Dark matter in the galaxy and potential cycles of impacts, mass extinctions and geological events. *Monthly Notices of the Royal Astronomical Society* 448 (2015): 1816-20.
Rampino, M. R., and K. Caldeira. Episodes of terrestrial geologic activity during the past 260 million years: A quantitative approach. *Celestial Mechanics and Dynamical Astronomy* 54 (1992): 143-59.
Rampino, M. R., and K. Caldeira. Major episodes of geologic change: Correlations, time structure and possible causes. *Earth and Planetary Science Letters* 114 (1993): 215-27.
Rampino, M. R., and A. Prokoph. Are mantle plumes periodic? *Eos, Transactions of the American Geophysical Union* 94 (2013): 113-14.
Rampino, M. R., and R. B. Stothers. Geological rhythms and cometary impacts. *Science* 226 (1984): 1427-31.
Rich, J. E., G. L. Johnson, J. E. Jones, and J. Campsie. A significant correlation between fluctuations in sea-floor spreading rates and evolutionary pulsations. *Paleoceanography* 1 (1986): 85-95.
Shaviv, N. J., A. Prokoph, and J. Veizer. Is the solar system's galactic motion imprinted in the Phanerozoic climate? *Scientific Reports* 4 (2014): 6150.
Sheridan, R. E. Pulsation tectonics as the control of long-term stratigraphic cycles. *Paleoceanography* 2 (1987): 97-118.
Stothers, R. B. Mass extinctions and missing matter. *Nature* 311 (1984): 17.
Stothers, R. B. Periodicity of Earth's magnetic reversals. *Nature* 322 (1986): 444-46.
Svensmark, H. Imprint of galactic dynamics on Earth's climate. *Astronomische Nachrichten* 327 (2006): 866-70.
Tiwari, R. K., and K. N. N. Rao. Correlated variations and periodicity of global CO_2, biological mass extinctions and extra-terrestrial bolide impacts over the past 250 million years and possible geodynamical implications. *Geofizika* 15 (1998): 103-16.
Tiwari, R. K., and K. N. N. Rao. Periodicity in marine phosphorus burial rate. *Nature* 400 (1999): 31-32.
Valentine, J. W., and E. M. Moores. Plate-tectonic regulation of faunal diversity and sea level: A model. *Nature* 228 (1970): 657-59.
Wegener, A. *The Origin of Continents and Oceans.* Translated by John Biram. New York: Dover, 1967. 邦訳：アルフレッド・ウエゲナー著、竹内均全訳・解説、『大陸と海洋の起源』、講談社学術文庫 (1990)、ほか。
Wise, K. P., and T. J. M. Schopf. Was marine faunal diversity in the Pleistocene affected by changes in sea level? *Paleobiology* 7 (1981): 394-99.

【訳者紹介】

小坂　恵理（こさか　えり）

翻訳家。慶應義塾大学文学部英米文学科卒業。
訳書にヤーレン『ラボ・ガール』（化学同人）、アグラワル他『予測マシンの世紀』（早川書房）、ソニ他『クロード・シャノン　情報時代を発明した男』（筑摩書房）ほか多数。

繰り返す天変地異 —— 天体衝突と火山噴火に揺さぶられる地球の歴史

2019年7月31日　第1刷　発行

訳　者　小坂　恵理
発行者　曽根　良介
発行所　（株）化学同人

検印廃止

〒600-8074 京都市下京区仏光寺通柳馬場西入ル
編集部　Tel 075-352-3711　Fax 075-352-0371
営業部　Tel 075-352-3373　Fax 075-351-8301
振替　01010-7-5702
E-mail　webmaster@kagakudojin.co.jp
URL　https://www.kagakudojin.co.jp
印刷・製本　創栄図書印刷（株）

ISBN 978-4-7598-2009-6